U0155390

羊绒羊毛纤维显微视觉特征表达与识别算法研究

■ 路凯 著

WUHAN UNIVERSITY PRESS
武汉大学出版社

图书在版编目(CIP)数据

羊绒羊毛纤维显微视觉特征表达与识别算法研究/路凯著.—武汉：武汉大学出版社,2023.11
ISBN 978-7-307-24132-9

Ⅰ.羊…　Ⅱ.路…　Ⅲ.羊绒织物—质量控制—动物纤维—图像识别—机器学习—研究　Ⅳ.TS137

中国国家版本馆 CIP 数据核字(2023)第 219612 号

责任编辑:鲍　玲　　责任校对:汪欣怡　　版式设计:马　佳

出版发行:**武汉大学出版社**　(430072　武昌　珞珈山)
(电子邮箱:cbs22@whu.edu.cn　网址:www.wdp.com.cn)
印刷:湖北云景数字印刷有限公司
开本:720×1000　1/16　印张:14.25　字数:231 千字　插页:2
版次:2023 年 11 月第 1 版　2023 年 11 月第 1 次印刷
ISBN 978-7-307-24132-9　定价:59.00 元

前　言

羊绒是纺织服装工业高档服装的原料，被美誉为“软黄金”和“纤维钻石”。我国是羊绒原料和产品最大的输出国和加工国，国际市场上大部分羊绒制品也都来自我国。羊绒和羊毛纤维的鉴别一直是纺织领域的难题，因为它们在形态学特征、物理性能和化学性能方面非常相似。长期以来，人们通过研究和实践提出了多种纤维识别方法，但基于显微镜的人工鉴别方法仍然是目前最主要的实用检测方法。然而，这种方法需要检测人员长时间在显微镜下观察纤维的形态，不仅费时费力且效率低下，而且结果很大程度上依赖于检测人员的主观经验。

目前纺织服装领域信息化、智能化生产程度越来越高，而与之联系紧密的纤维检测领域仍在使用传统的人工方法，检测技术严重滞后，研发和推广自动化智能检测方法已成为我国纤维质检领域乃至纺织服装行业一个亟待解决的关键共性技术问题。

近年来，计算机视觉和机器学习技术取得了长足的发展，尤其是深度学习模型在图像分类和目标检测等领域的成功应用。针对羊绒和羊毛纤维的识别问题，本书主要基于计算机视觉技术，对纤维的显微视觉特征提取和基于视觉特征的纤维识别方法进行了深入研究。本书的研究内容如下：

第一，根据人工鉴别经验，尝试着使用多种显微镜采集纤维图像，比较和分析了纤维图像的质量、效率和成本等因素，选定了适合快速采集纤维图像的设备，并规定成像标准。拍摄 6 万余幅显微镜图像，建立了一个羊绒和羊毛纤维图像数据集，为深入研究基于视觉形态的羊绒和羊毛的识别问题提供了大样本支持。

第二，研究了传统基于纤维表面形态几何特征提取方法，从纤维图像中提取了纤维的直径、鳞片周长、面积等形态特征，并基于这些特征进行纤维的识别；还研究了基于纹理特征分析的纤维识别方法，分别使用灰度共生矩阵统计特征和投影曲线描述纤维表面的纹理特征，并基于这些特征进行纤维识别。

第三，基于计算机视觉特征的纤维识别方法，尝试着使用 SIFT 特征和局部二进制模式来描述纤维图像特征，并评估基于这些特征的纤维识别效果。

第四，基于深度学习模型的纤维识别方法，建立 Fiber-Net 模型，研究卷积神经网络和迁移学习在纤维识别上的应用效果。

本书综合以上研究成果，并对羊绒和羊毛纤维的视觉特征提取和识别方法进行了全面而深入的探讨，相信这些研究成果能为羊绒纤维的识别作出贡献，同时也为计算机视觉和人工智能技术在纤维领域的应用提供了新的思路和方法。

借出版之际，感谢我的博士生导师钟跃崎教授，本书是在钟老师的指导和帮助下完成的。钟老师学识渊博、思维敏捷、谈吐幽默，他雷厉风行的工作作风和严谨的治学态度一直是我学习的榜样。

另外，还要感谢东华大学数字化虚拟实验室的柴新玉、王鑫、朱俊平、郭腾伟等师弟和师妹的帮助。感谢东华大学王荣武老师和于伟东老师给予的帮助和宝贵建议，感谢鄂尔多斯羊绒集团朱虹主任、马海燕工程师提供纤维样本和纤维鉴别技术指导，感谢上海纤维检验所所长李卫东博士和王浩工程师提供在上海纤维检验所学习的机会及技术上的帮助，感谢北京服装学院王柏华老师对纤维拍摄给予的建议，感谢上海蔡司显微镜工程师王海涛给予的帮助，感谢上海交通大学分析测试中心提供仪器和实验室。

本书的出版得到了河南省高等学校重点科研项目（23B520016、22B420006）、河南省科技厅科技攻关指导项目（212102210402、202102310236、212102210138、222102320186）的经费支持，在此一并表示感谢。

本书是作者多年研究和实践经验的积累，虽经过不断完善，但疏漏之处在所难免。诚望广大读者及同行对本书的不足之处提出宝贵意见。

作　者

2023 年 5 月

目　录

第1章　绪　　论

山羊绒(Cashmere)，简称羊绒，是绒山羊的主要产品，属于特种动物纤维，被认为是现在世界纺织工业中用于生产的最珍贵的纤维材料[1]。羊绒轻盈纤细并富有弹性、手感柔软滑糯、光泽柔和、保暖性好，常常作为纺织工业高档服装的原料，被美誉为“软黄金”和“纤维钻石”，在国内和国际市场都非常受欢迎。由于羊绒纤维和羊毛纤维在外观与物理特性上非常相似，长期以来，市场上使用其他动物纤维特别是用绵羊毛掺混羊绒的现象非常普遍，因此羊绒的识别一直是纺织行业的难题。另外，近年来羊绒“羊毛化”(纤维粗化)的现象也非常显著，这进一步增加了羊绒识别的难度。本章将介绍羊绒和绵羊毛纤维的基本情况、羊绒识别的研究现状，以及本书的具体研究内容。

1.1　羊绒纤维概述

1.1.1　羊绒纤维

羊绒是山羊在冬季为抵御严寒在毛根处生长的一层丰厚而细密的绒毛，在春季天气变暖后这些绒毛开始脱落，在这些绒毛即将脱落而未落之际，牧农将这些绒毛抓梳下来成为原绒。羊绒的产量很低，一只成年绒山羊每年产的羊绒去掉杂质后得到的净绒仅为50~80克。羊绒制品绒面丰满、手感柔软、光泽自然柔和、高雅华贵，是常用的高档面料。历史上亚洲的克什米尔地区是羊绒向欧洲输送的集散地，羊绒因此得名，所以也用其谐音称为“开司米”。

绒山羊主要有白山羊、黑山羊和青山羊，羊绒按颜色分类，主要分为白绒、青绒和紫绒等 3 种羊绒，其中白绒价值最高，青绒次之。白绒是白山羊生产的羊绒，其纤维为白色、亚白色或青白色；青绒是青山羊和棕红山羊所产的绒，纤维呈浅青色并带灰白，允许有少量黑色；紫绒是黑山羊生产的绒，呈紫褐色或棕色，其中允许有白、青绒夹入。白绒、青绒和紫绒的长度、细度和断裂强力有一定差异，通常情况下白绒比青绒、紫绒细度大，长度长，断裂强力也略大一些；紫绒最细且长度最小，断裂强力和青绒接近。几种山羊绒的物理性能见表 1-1。

表 1-1　不同颜色羊绒的物理特性分析

品种	平均细度（μm）	细度范围（μm）	平均长度（mm）	长度范围（mm）	粗毛化率（%）	断裂强力范围（cN）	平均断裂强力（cN）
白绒	14.71	13.74~17.09	40.75	34.64~57.93	11.20	4.16~5.55	4.80
青绒	14.27	13.27~16.42	39.78	33.01~40.07	17.00	4.27~4.95	4.52
紫绒	14.01	13.23~15.23	35.40	30.66~40.80	18.50	4.00~5.16	4.68

因为受自然条件限制，羊绒产地只集中在少数一些国家，主要有中国、蒙古国、巴基斯坦、阿富汗、土耳其、坦吉尔吉斯斯坦、哈萨克斯坦等，其中中国是最大的羊绒生产国，年产量占世界羊绒年产量的 60%~70%，而且中国生产的羊绒品质也优于其他羊绒生产国。羊绒一直是我国重要的农畜产品及纺织原料，1996 年我国羊绒的年产量为 9585 吨，到 2021 年已经增至 15102 吨[2]。我国羊绒的主要产地是内蒙古、西藏、青海、宁夏、陕西、辽宁、河北、甘肃、山东、山西等省和自治区。

1.1.2　羊绒和羊毛的结构与形态

绵羊毛(Wool)简称羊毛，是毛纺工业中最常用的原料，细羊毛的形态及物理化学性能与羊绒很相似。羊绒和羊毛纤维主要由鳞片层、皮质层组成，图 1-1 是羊毛纤维的结构示意图。鳞片层是由鳞片细胞组成的，形成“鳞片”状较薄的外壳，其排列像屋顶瓦片一样层层堆叠并包裹在纤维外层。皮质层是由皮质细胞组成，位于鳞片层里面。

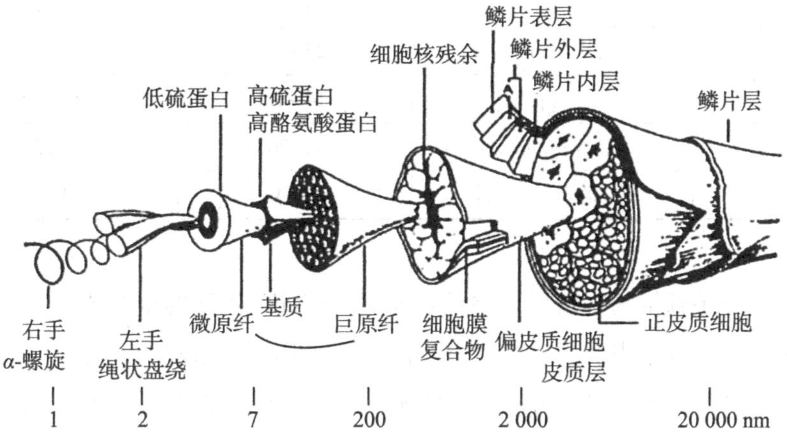

图 1-1 羊毛纤维组织结构示意图[3]

羊绒和羊毛纤维的外观形态主要指纤维的细度、长度、卷曲形状，以及纤维表面的鳞片厚度、鳞片模式特征等，外观形态是羊绒和羊毛鉴别的最常用的依据，表 1-2 和表 1-3 是羊绒与细羊毛的外观形态的比较[4]。纤维细度(直径)是羊绒品质的一个重要指标，通常是细度越细羊绒价值越高，在工业上羊绒细度越细纺纱的价值也越高。羊绒的细度和山羊的品种、产地、饲养条件、年龄、绒毛生长的位置都有关系，比如同一只山羊其背部、身体侧面和肩部的羊绒通常比较细，而其他部位采集的羊绒较粗。

表 1-2 羊绒和细羊毛的鳞片厚度及形态[4]

	羊绒	细羊毛
鳞片边缘厚度(μm)	0.33~0.41	0.7~1.0
表面鳞片特征	环状包裹整个毛干，鳞片表面光滑，边缘清晰，光泽好，鳞片薄，与毛干的倾角较小	环状，部分呈瓦状包裹毛干，鳞片较厚，与毛干的倾角较大

表 1-3　羊绒和羊毛的长度与细度[5]

		羊绒	羊毛
长度(mm)	长度(mm)	25~45	60~180
	细度(μm)	14~16	14~25
细度(μm)	密度(g/cm³)	1.220	1.272
	卷曲度(个/cm)	3~4	4~6

羊绒和羊毛纤维的表面形态差异成为这两种纤维辨别的重要依据。从图 1-1 可以看到，羊毛纤维表面的皮质层中包含了偏皮质层与正皮质层，这两种皮质层在羊毛纤维两侧分布，排列方向发生转换，卷曲近似正弦形状。而羊绒纤维皮质层包含的是间质皮质，与羊毛纤维不同的是两侧排列方向不变且呈螺旋状弯曲。由于羊绒和羊毛纤维皮质层纤维皮质细胞的分布差异，造成二者存在一些纺织特性上的差异。如二者呈现不同的卷曲形态不同，羊毛纤维的卷曲回复率小于羊绒纤维，而羊毛的卷曲数多于羊绒纤维。羊绒纤维的保暖性要明显优于羊毛纤维，耐酸碱能力弱于羊毛纤维，电阻值和回潮率比羊毛小[3]。

在显微镜下观察，很多羊绒和羊毛纤维的横截面也不同，分别为近圆形(或圆形)与椭圆形。从表面上看，多数羊绒纤维的整体上规则性稍好，部分鳞片呈有规则的环状，直径较小，鳞片较薄，鳞片边缘较为平滑，鳞片间距较大；而羊毛多是呈现瓦状、不规则的斜环状或块状，纤维鳞片间距紧凑且边缘较为粗糙，纤维直径较大，鳞片厚度大。图 1-2 是羊绒和羊毛纤维的电子显微镜图像[6]。

从图 1-2(d)中可以看到，羊绒纤维的鳞片分布比较稀疏且更为均匀；从图 1-2(a)(b)(c)中可以看到，有些羊毛纤维鳞片分布不规则，有些较为均匀，而有些较为杂乱，其中图 1-2(a)中的羊毛与羊绒非常相似，而(b)(c)中的羊毛与(d)中的羊绒差别较大。

1.1.3　羊绒和羊毛的物理化学特性

1)羊绒和羊毛常用的物理性能

羊绒和羊毛在工业上常用的物理性能有纤维的拉伸性能和摩擦性能。表 1-4 列出了细羊毛和蒙古白绒(羊绒)的纤维强伸性能，从中可以看到羊毛的断裂强

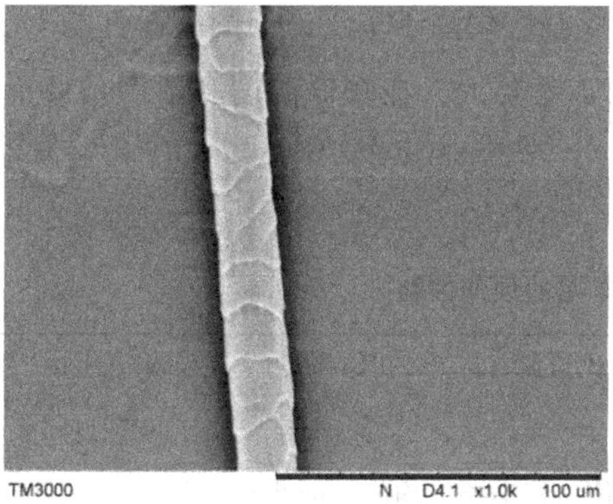

（a）羊毛环状鳞片

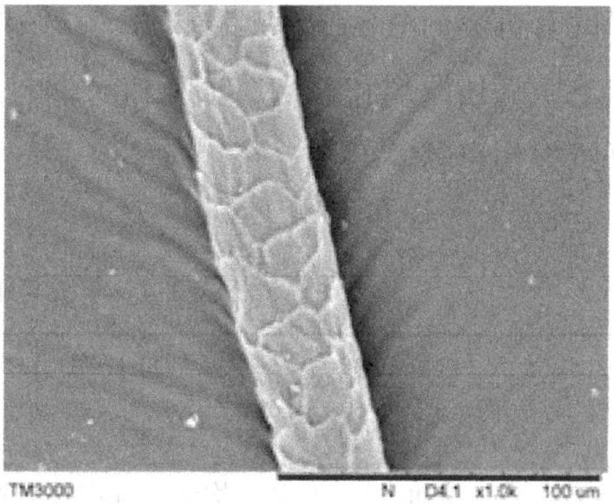

（b）羊毛瓦块状鳞片

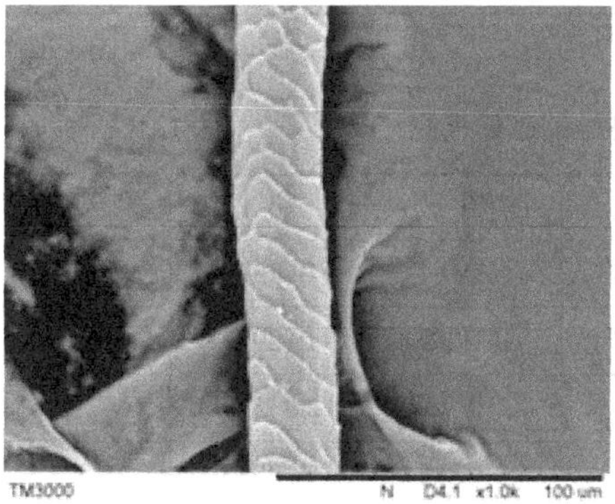

（c）羊毛斜环状鳞片

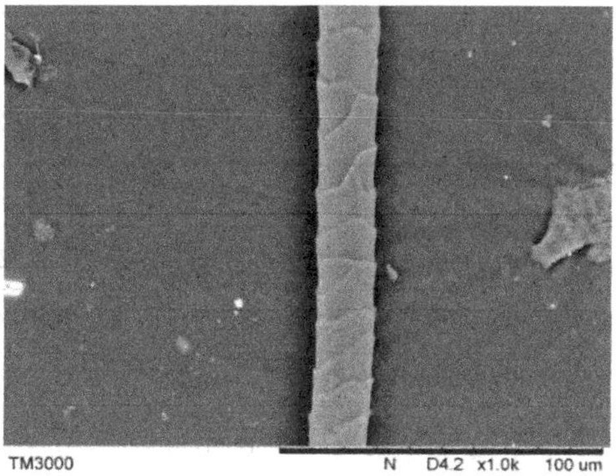

（d）羊绒环状鳞片

图 1-2　羊绒和羊毛纤维的电子显微镜图像

力较高，而断裂伸长率、比强度、断裂比功几个指标都低于羊绒。表 1-5 是羊绒和羊毛等几种动物纤维的摩擦性能比较，从中可以看出羊绒的各个摩擦系数均小于羊毛，所以羊绒面料要更光滑一些。

2）羊绒和羊毛常见的化学性能

羊绒和羊毛均为动物蛋白质纤维，除了纤维中包含的矿物质、水分以及各种杂质以外，其主要成分是有机化合物，其中主要成分是角蛋白，占了 99%以上，另外还包含有甾醇和磷脂等。动物纤维成分中的角蛋白是由各种氨基酸缩合而形成的网状大分子。羊毛的耐碱性较差而耐酸性较好，对氧化剂比较敏感，遇到常见的有机溶剂时化学稳定性较好。羊绒的吸湿性稍高于羊毛，但耐酸碱性均差于羊毛，遇还原剂和氧化剂时受到的影响比羊毛要大，在较低温度和浓度条件下，纤维损伤也较羊毛大。

表 1-4　羊绒与细羊毛的强伸性能

	断裂强力 (cN)		断裂伸长率 (%)		比强度 (cN/dtex)		初始模量 (cN/dtex)		断裂比功 (cN/dtex)	
	均值	标准差	均值	标准差	均值	标准差	均值	标准差	均值	标准差
蒙古白绒	3.85	1.25	43.12	5.86	1.63	0.43	35.17	8.34	0.45	0.15
80 支羊毛	4.80	1.29	42.56	6.96	1.43	0.32	25.08	6.73	0.41	0.14

表 1-5　几种动物纤维的摩擦性能

		70 支羊毛	山羊绒	牦牛绒	驼绒	兔毛
静摩擦	逆摩擦系数	0.4583	0.2924	0.3191	0.3529	0.2709
	顺摩擦系数	0.2598	0.1977	0.2095	0.2975	0.1103
	摩擦效应(%)	27.64	19.32	20.73	8.52	42.13
动摩擦	逆摩擦系数	0.5029	0.3551	0.3801	0.3985	0.3279
	顺摩擦系数	0.3166	0.2514	0.2762	0.3315	0.1846
	摩擦效应(%)	22.73	17.10	15.83	9.18	27.96

1.1.4　不同地区羊绒品质及外观变化分析

鄂尔多斯羊绒集团实验室(现东科公司)持续十多年对羊绒的外观及鳞片结构进行记录、调查和品质分析。这里对近年来各产地羊绒的品质主要特征指标变化(纤维直径、长度)和外观形态特征的变化(纤维鳞片密度和厚度等)进行分析，并与之前的对应指标进行比较，从而总结出羊绒外观形态及品质的变化。

检测样品来自鄂尔多斯原料公司收购的原绒，经分梳厂自梳的无毛绒。收购地区为内蒙古(鄂前旗、巴盟后旗、达旗、赤峰)，甘肃(肃北)，陕西(靖边、横山、榆林、镇川、神木、太白、西安、延安、绥德)，西藏，新疆(天山、伊犁)

等几个主要产绒区的羊绒，每一个地区至少抽取 20 批试样以进行检测分析，其中内蒙古地区为青紫绒，其他地区均为白绒。

实验仪器主要采用扫描电子显微镜、OFDA 细度仪、CU-5 光学显微镜。实验室采用手排法和机测法对国内各个产绒区分梳无毛绒长度的检测数据(每地区至少 30 批以上)，将 2014 年所测数据与 2004 年数据对比分析，结果见表 1-6。

表 1-6 不同地区羊绒长度(单位：mm)

	西藏	陕西	甘肃	新疆	内蒙古
2014 年	32.15	34.82	34.81	34.37	35.59
2004 年	37.00	37.20	35.64	35.50	37.70

实验室使用 OFDA 细度仪测试了 2014—2015 年国内主要产绒区的羊绒直径，并与 2004 年各地羊绒的直径进行对比，见表 1-7。

表 1-7 不同地区羊绒直径(单位：μm)

	西藏	陕西	甘肃	新疆	内蒙古
2014 年	15.23	15.58	15.13	15.14	15.45
2004 年	14.91	14.87	14.75	15.06	14.99

从表 1-6 和表 1-7 中可以看到：①目前国内产地白山羊绒的平均长度在 32~36mm 之间；内蒙古青紫绒长度在 36 mm 以上；②国内各地区白山羊绒纤维平均细度均分布在 15.0~16.0μm 之间；内蒙古青紫绒纤维细度较粗，在 16.0~17.0μm 之间。近年来山羊绒纤维的平均直径有较明显的变粗，所有产绒区的平均直径均比 2004 年的细度粗很多。可见气候及饲养环境的变化，各地区对绒山羊的杂交，绒山羊的基因的改变，均使得绒山羊没有得到良性改良和变化，这一现象已对山羊绒及其制品的品质产生了一定的影响。

采用扫描电镜放大 6000 倍的条件下来测量鳞片厚度、鳞片密度，每批试样随机测试 60 根纤维，计算其平均厚度。6 个产绒区以及山羊羔子绒纤维的平均鳞片厚度值以及平均鳞片密度值(厚度单位为 μm，密度单位为 mm)分别见表1-8。

从表1-8中可以看到：①各产绒区的白绒纤维鳞片厚度值范围在0.35～0.40μm之间，平均鳞片厚度值是0.38μm，其中甘肃地区羊绒纤维的鳞片平均厚度值最大，为0.40μm。试验所测得的各地区羊绒纤维鳞片平均厚度比2004年鄂尔多斯集团实验室所测得的羊绒纤维鳞片平均厚度0.34μm略厚，但仍在0.3～0.4μm之间；②各地羊绒纤维的鳞片平均密度均在60个/mm，赤峰地区羊绒纤维鳞片密度最小为57.4μm，这一结果与2004年的结果基本吻合，说明十年来羊绒纤维鳞片密度没有明显变化。

表1-8 不同地区羊绒鳞片厚度与密度

	西藏	陕西	甘肃	新疆	内蒙古
鳞片厚度	0.36	0.36	0.40	0.39	0.37
鳞片密度	60.4	59.8	58.4	60.5	58.7

山羊绒纤维的品质受一系列因素，如气候、饲养环境、饲料喂养以及基因的制约，其品质好坏对山羊绒制品产生很大影响。总体来讲，近年来羊绒纤维的平均长度变化不大，平均直径明显变粗，直接影响了羊绒及其制品的品质和价值提升，也影响到羊绒的鉴别准确度。

1.1.5 全球羊绒消费状况

羊绒一直是我国重要的纺织原材料，我国还是羊绒产品最大的输出国和加工国，世界上90%以上的羊绒在我国完成初加工，国际市场上大部分羊绒制品也来自我国。在消费市场上，我国以中低端羊绒制品为主，国际市场上如美国、一些欧洲国家和日本是高档羊绒制品的主要消费国。由于羊绒产量和质量受自然条件影响比较大，并且随着国家对环境保护的重视，在我国“退耕还林还草”和“退牧还草”等政策出台的背景下，短期内羊绒产量难以有较大增长，而国际市场和国内市场对羊绒需求仍然在上升，羊绒已成为一种稀缺的原料资源，并且资源属性凸显。

市场上羊绒价格较高，通常是羊毛价格的十几倍或者更高，所以羊绒经常和羊毛等纤维做成混纺制品。近年来市场上对羊绒的消费需求不断上升，而羊绒的年产量有限，羊绒混纺产品日益增多。一方面，由于羊绒和细羊毛等纤维在外观和物理化学性能上比较相似，许多不法商家或个人使用细羊毛等纤维掺杂在羊绒中冒充纯羊绒进行销售或加工，或故意标高羊绒在混纺制品中的含量，或使用价格较低的羊绒品种掺杂在价格高的羊绒品种中，以牟取不当利益。另一方面，近年来绒山羊的杂交培育也使得羊绒的特性有所改变，这也给羊绒制品含量的检测增加了难度。

早在20世纪90年代，Wortmann等[7]和McCarthy[8]就指出市场上羊绒中通常含有10%~15%的羊毛或其他动物纤维。因此，羊绒和羊绒制品在市场上的口碑褒贬不一，市场上被用于冒充羊绒的纤维通常是些细羊毛、土种羊底绒、牦牛毛、驼绒和人造纤维等，其中最普遍的是细羊毛。为保护消费者利益，以及规范毛绒产业健康发展，羊绒识别技术非常有必要。在工业界和学术界，人们对羊绒和羊毛两种纤维的识别做了很多研究，下面来对这些识别方法进行介绍。

1.2　研究现状

羊绒和羊毛纤维的比较相似，人们通过分析和研究纤维的外观形态，物理、化学或生物特性，找到它们之间的差异并进行辨别。目前鉴别的主要依据有：①外观差异。羊毛和羊绒纤维表面鳞片形态有一定差异，甚至同一种类不同品系、不同产地也会有一些差别。例如，同是羊绒，但白绒、青绒、紫绒外观形态存在差异。②组成成分不同。不同种类的动物纤维的组成成分是有区别的，通过检测动物纤维中的有机物组成成分的差别来识别。③生物遗传特性。动物纤维的毛干中存在动物的DNA，所以可以利用不同种类纤维的DNA差别来鉴别纤维。近几十年来，国内外许多学者基于动物纤维的差别提出了很多种识别方法，主要分为以下几类：显微镜检测法、近红外光谱法、DNA检测法、蛋白质组学检测法、基于图像处理和计算机视觉方法等。[9]目前的研究热点是基于DNA分析技术、基于图像处理和计算机视觉技术两个方向。下面介绍羊绒/羊毛鉴别的各种方法：

1.2.1 显微镜检测法

显微镜检测法指检测人员利用显微镜来观察和分析纤维的纵面和横截面等形态特征，凭借主观经验识别纤维的种类。这里的形态特征主要指纤维直径，纤维直径的均匀程度，纤维表面鳞片的形状、高度、厚度、密度，鳞片表面光泽等特征。检测过程中也可测量纤维直径以供参考，或通过图像对比来协助鉴别。显微镜检测法是目前最常用的动物纤维鉴别方法，检测中使用的显微镜主要是光学显微镜(Optical Microscope，OM)和扫描电子显微镜(Scanning Electron Microscope，SEM)。

国外学者很早就开始了动物纤维的识别研究，并获得一些重要发现。早在 1929 年，Bergen[10]通过实验计算出羊毛纤维表面鳞片的平均高度为 9.09μm，而羊绒纤维表里鳞片的平均高度为 14.83μm，据此 Bergen 提出可以使用纤维鳞片的高度来鉴别羊绒和羊毛纤维。后来又在实践中发现可以使用鳞片高度的立方除以直径的值作为标准来识别动物纤维的种类，比如羊毛的值是低于 150，而马海毛的值要高于 150。在 1961 年，Wildman[11]阐述了根据动物纤维的表面鳞片模式进行辨别纤维种类，后来很多学者都按照这个方向进行研究。

Langley 等[12]通过在光学显微镜下观察了羊毛、马海毛、羊绒、羊驼毛、安哥拉兔毛等不同种类的动物纤维，通过实验指出仅通过动物纤维表面的鳞片的高度、直径均匀度、鳞片角度、(鳞片高度)^3/直径等几个标准来鉴别纤维是不可靠的，这些参数只能作为鉴别的参考依据，要准确鉴别纤维种类还是需要有经验的检测人员依靠经验才能做到。Langley 还指出光学显微镜图像比较模糊，而扫描电子显微镜拍摄的图像放大倍数高，景深大，图像中纤维表面清晰，更有利于正确地鉴别纤维种类。

Kusch 等[13]使用扫描电子显微镜对羊毛纤维和几种特种动物纤维进行测量，发现样本中羊毛纤维表面鳞片厚度在 0.7~1μm 之间，而羊绒在 0.33~0.41μm 之间，因而提出使用纤维面鳞片厚度来鉴别动物纤维的方法。

Wortmann[14]等也通过实验，发现羊毛表面鳞片的厚度大于 0.7μm，而羊绒纤维表面鳞片的厚度要小于 0.5μm。Wortmann 等[7]还指出使用纤维直径和鳞片密度两个参数的组合，要比单独使用一个参数来鉴别动物纤维更可靠。

Varley[15]通过研究发现羊毛和羊绒纤维的鳞片高度有较大重合，重合度比之前文献中提到的大，因此 Varley 对通过测量纤维 SEM 图像中鳞片高度来鉴别动物纤维的方法表示质疑。Varley 的观察一定程度上说明了基于显微镜图像的各种测量方法对于鉴别羊绒和羊毛还是有一定困难的。

赵永聚等[16]比较了羊绒和羊毛的扫描电子显微镜图像，指出羊毛纤维表面鳞片的间距比较小，鳞片密度较大，相互交搭鳞片较多，鳞片多呈不规则环状、斜环状、瓦状和龟裂状，斜环状和环状鳞片边缘相互覆盖，纤维边缘两侧的锯齿状明显，鳞片边缘翘起明显，鳞片较厚；而羊绒纤维表面鳞片间距较大，鳞片密度小，鳞片长度通常大于宽度，许多鳞片呈较为规则的环形，排列较为规则和均匀，鳞片边缘较薄，纤维条杆比较均匀。

Robson 等[17]获取了几种动物纤维的 SEM 图像，通过图像处理后测量了这些纤维的横截面和纵截面的几何指标，发现羔羊毛和羊绒纤维的数据间具有非常明显的重叠。

目前国内和国际上鉴别羊绒等特种动物纤维的标准仍然是使用显微镜人工检测法。我国制定的国家标准相关标准有 GB/T 14593—2008《山羊绒、绵羊毛及其混合纤维定量分析方法 扫描电镜法》和 GB/T 16988—2013《特种动物纤维与绵羊毛混合物含量的测定》，以及新近颁布的 GB/T 40905. 1—2021《纺织品　山羊绒、绵羊毛、其他特种动物纤维及其混合物定量分析　第 1 部分：光学显微镜法》和 GB/T 40905. 2—2022《纺织品　山羊绒、绵羊毛、其他特种动物纤维及其混合物定量分析　第 2 部分：扫描电镜法》，这些标准给出了羊绒等特种动物纤维在扫描电子显微镜和光学显微镜下鉴别的方法。

国际上普遍使用的标准有国际毛纺织组织（International Wool Textile Organisation，IWTO）制定的 IWTO-58—2000《扫描电子显微镜对特种动物纤维、羊毛及其混合物的含量分析》，美国纺织化学师与印染师协会（American Association of Textile Chemists and Colorists，AATCC）制定的 AATCC 20—2013《纤维分析：定性》和 AATCC 20A—2014《纤维分析：定量》，这些标准也提供了显微镜下纤维鉴别的参考方法。

目前鉴别羊毛和羊绒等特征动物纤维最常用的方法就是使用光学显微镜。通常是从将纤维取样后切成小段并放置于显微镜的载物台上，将 CCD 摄像机连接显微镜与计算机，通过图像采集卡将图像显示在显示器上，观察显示器中纤维的形态，并迅速判别纤维的种类。在操作过程中，检测人员常常使用软件测量纤维直径来辅助人工鉴别。该方法采集图像方便，操作简单，成本低，是目前企业与质检、商检等机构最常用的鉴别方法。然而，该方法识别精度很大程度上依赖操作人员的主观经验，要求检测人员具备非常丰富的实践经验，而且不同的检验人员得到检测结果通常会有偏差。检测过程操作过程枯燥乏味、耗时耗力，可重复性差[15]。另外，由于分辨率不高，光学显微镜获取图像也不如扫描电子显微镜清晰，如纤维表面的鳞片厚度等参数无法获取。

扫描电子显微镜放大倍数高(通常可以放大几千倍到几万倍)，景深大，立体感较强，采集图像清晰，能够观察和分析纤维表面微观结构，易于进行图像处理和表面形态参数的测量，如可以测量纤维表面鳞片厚度，而许多文献中都提到鳞片厚度是能够较好地区分动物纤维的。但扫描电子显微镜价格比较高，通常只有大型企业、高校、国家检验和科研机构才会购买这样昂贵的设备，并且制作样本较慢，检测成本高。

1.2.2　近红外光谱法

近红外(Near Infrared，NIR)光是指波长介于中红外光和可见光之间的电磁波，其波长范围在 780~2526nm。近红外光谱技术是指根据近红外吸收光谱的特征峰强度来测定物质各组成成分的含量，主要应用于有机物的定性和定量分析，在工业上已有广泛的应用。使用近红外光谱技术，不同比例的混纺纤维可以得到不同的光谱，可以通过对原始图谱建立模型，进而检测到混纺纤维中羊绒纤维的含量。

赵国樑等[18]选取 3 批羊绒的 18 个图谱，2 批羊毛的 12 个图谱建立图谱数据库，随后利用标准正规变差和二阶导数光谱处理等方法建立数学模型，进而对羊绒和羊毛纤维进行鉴别。吕丹等[19]扩展了图谱数据库，选取了 87 个羊绒图谱和 41 个羊毛图谱作为训练集，使用二阶导数对数据进行预处理，然后采用主成分分析法(Principal Components Analysis，PCA)提取特征，进而通过比较测试集和训练集数据的标准偏差来判定测试集的纤维类别。

吴桂芳等[20]使用 PCA 对棉、麻、羊毛、蚕丝、天丝等 5 种纤维 200 个样本的光谱数据进行特征分析，选用前6个主成分进行建模，然后使用最小二乘支持向量机模型进行分类，取得较好的鉴别结果。

Zoccola 等[21]使用近红外光谱技术来检测混纺纤维中的羊毛、羊绒、牦牛毛和安哥拉兔毛的含量。在取得光谱数据后，使用软独立建模分类法(Soft Independent Modelling by Class Analogy，SIMCA)进行有监督分类，实验结果表明该方法可以用于混纺纤维的初检。

Zhou 等[22,23]使用近红外光谱仪获取纤维混合物样品的光谱信号，借助多元方差分析对获取的光谱信号进行分析。实验中发现随着样品中羊绒含量的增加，近红外光谱的吸收强度呈递减趋势，通过构建多元线性回归模型能够检测纤维的含量。

还有其他研究者采用类似的方法，用近红外光谱技术检测混纺纤维中各种纤维的比例[24,25]。近红外光谱能够快速无损地对纤维进行定量分析，但目前研究中使用样本集较小，证明该方法的有效性还需要通过加大样本量来提高。

1.2.3 DNA 检测法

DNA 是生物体细胞中的遗传信息的载体，20世纪80年代末人们发现可以从动物毛干中提取 DNA，这使得人们可以利用 DNA 技术来鉴别动物纤维。Hamlyn 利用 DNA 技术来鉴别动物纤维，但检测过程非常缓慢，要耗费几天时间。通过技术改进，1992年 Hamlyn 等[26]提出可以利用 DNA 探针技术来鉴别马海毛、羊绒和羊毛分离出来的 DNA。同年，其他研究者也提出可以使用原核素分析羊毛和羊绒的 DNA 点位，进而辨别这两种相似纤维。上述这些方法需要大量完整的 DNA 片段，然而从动物纤维中提取完整的 DNA 片段是比较困难的，特别对于经过加工处理的动物纤维，这在一定程度上限制了 DNA 技术在纤维检测中的应用。

利用聚合链式反应(Polymerase Chain Reaction，PCR)技术，只需一小段的 DNA 就可通过扩增技术区别出各种纤维基因序列的不同，一些研究者发现 PCR 技术可以应用于纤维鉴别中。2005年，Subramanian 等[27]利用聚合酶链反应——限制性片段长度多态性(Polymerase Chain Reaction-Restriction Fragment Length Polymorphism，PCR-RFLP)方法，通过 PCR 扩增动物纤维线粒体 DNA 细胞的色素 b 基因的保守区，选择合适的酶切位点分析相应保守区的单核苷酸多态性

(Single Nucleotide Polymorphism, SNP),根据酶切后片段长度的多态性来鉴别纤维的种类，该方法可以有效用于羊绒、羊毛纤维鉴别[28]。

Tang等[29]提出一种基于TaqMan荧光定量PCR方法，该方法可用于检测羊绒羊毛中的线粒体DNA，进而确定羊毛羊绒混合物比例。荧光定量PCR是分子生物学中PCR的改进技术，具有高敏感性和特异性。与传统的PCR方法相比，可以在扩增DNA的同时实现定量检测。使用不同地区及不同混合比羊绒和羊毛纤维进行检验，实验结果与预设混合比例没有明显的差别。

还有其他一些学者也使用PCR技术进行羊绒和羊毛等动物纤维的鉴别[30-33]。目前我国使用的行业标准有GB/T 36433—2018《纺织品山羊绒和绵羊毛的混合物DNA定量分析荧光PCR法》与SN/T 3507—2013《进出口纺织品中山羊绒和绵羊毛的鉴别 PCR法和实时荧光PCR法》，国际上使用的标准有ISO18074—2015《纺织品———一些动物纤维的DNA分析鉴别法——羊绒、羊毛、牦牛绒及其混合物》。基于PCR技术的纤维鉴别是一种可靠的方法，然而DNA分析法操作复杂，设备昂贵，检测过程需要专业检测人员操作，这影响了该方法的推广。随着DNA检测方法成本的不断下降，该方法有望发挥更大的作用。

1.2.4 蛋白质组学检测法

羊绒和羊毛等动物纤维属于蛋白质纤维，其中角蛋白质是纤维中的重要的组成成分，由于不同蛋白质的具有不同的氨基酸序列，因此可以通过检测纤维成分中的蛋白质氨基酸顺序来鉴别羊绒和羊毛等动物纤维。人们在羊毛等动物纤维特征蛋白质序列测定邻域已经取得了很大进展，为基于蛋白质组学法鉴别纤维提供了可行性。英国科学家Sanger首次完成了蛋白质中的氨基酸序列的测定，并证明了所有蛋白质都有一个特有的确定的氨基酸序列。因此，可以通过检测纤维蛋白质中的氨基酸序列来进行动物纤维的鉴别。Clerens等[34]在研究中发现了羊毛的72种蛋白质序列和30种部分蛋白质序列，并确定了113个羊毛蛋白质，完善了动物纤维蛋白质数据库。近些年，一些学者开始研究基于蛋白质组学的方法来鉴别羊绒和羊毛。张娟等[35]研究了质谱技术在羊绒和羊毛鉴别领域的应用。该方法首先将羊绒等纤维进行清洗，然后使用还原法和酶解法制备纤维的蛋白质溶液，先后在靶点滴入溶液和基质溶液(α-氰基-4-羟基肉桂酸)，干燥后使用

MALDI TOF5800 质谱仪进行扫描，通过羊绒和羊毛中提取的多肽的质谱图特征峰值分析，可以在质谱网络数据库中检索得出两种纤维包含的氨基酸的不同序列。

基于蛋白质组学的检测法方法是利用纤维所含蛋白质进行判别，所以不受纤维拉伸和脱鳞等纤维处理的影响。国际标准 ISO 20418《纺织品-某些动物毛发纤维的定性和定量蛋白质组学分析》包含 2 个部分，第 1 部分是利用液相色谱-电喷雾电离质谱(LC-ESI-MS)对特种动物角蛋白多肽进行分离检测；第 2 部分是利用基质辅助激光解析电离飞行时间质谱(MALDI-TOF-MS)进行多肽的定性定量检测[36,37]。

1.2.5 基于图像处理与计算机视觉的方法

随着计算机技术的广泛应用，很多学者开始研究图像处理技术在纤维检测中的应用。早期人们主要使用图像处理技术测量纤维的一些表面形态几何特征，如纤维直径、纤维均匀度等。近年来一些学者开始使用计算机视觉技术来提取一些纤维图像中抽象的特征来识别纤维[38,39]。

前面介绍的显微镜检测法中也常常借助图像处理技术来辅助鉴别纤维，但显微镜检测法是以人工鉴别为主，只是借助图像处理技术来测量纤维的单一参数(通常是纤检直径)来帮助工作人员做出判断，仍然依赖检测人员的主观经验，目前检测机构也大多采用这样的方法。而基于图像处理与计算机视觉技术的鉴别方法，不是由人工做出判断，而是通过图像处理和计算机视觉技术，测量出纤维的多个几何参数，或提取纤维图像的视觉特征，通过建立判别模型来鉴别纤维，检测过程由计算机程序完成，速度较快。

图像处理技术很早就被用于测量纺织品纤维的检测，较早用于测量纤维细度的商用仪器有显微图像分析仪(Micro Image Analyser)和纤维细度影像分析仪(Fiber Diameter Video Analyser)。

1)基于图像处理的方法

图像处理技术很早就被用于测量纺织品纤维的检测，较早用于测量纤维细度的商用仪器有显微图像分析仪(Micro Image Analyser)和纤维细度影像分析仪(Fiber Diameter Video Analyser)[40,41]。

早在20世纪70年代，就有研究者使用计算机图像技术测量羊毛纤维的横截面面积。还有研究者使用计图像处理技术测量棉纤维横截面的胞壁面积、胞壁周长等参数，或测量棉纤维的横向和纵向几何特征，通过这些几何特征来表征棉纤维的成熟度。

在羊毛和羊绒纤维鉴别上，比较早的是 Robson 等[42,43]将羊绒和羊毛纤维的扫描电子显微镜图像进行处理，得到清晰的二值化纤维图像，进而用图像处理技术得到纤维的直径、鳞片面积、鳞片周长等多个参数，然后对二值化图像进行傅里叶变换得到二值化图像的频域图，从中提取参数，根据这些参数建立了一个线性纤维判别方程来区分羊绒和羊毛纤维，判别方程如式(1-1)所示：

$$P6 = 5.141-0.167\times P2 \tag{1-1}$$

其中 $P2$ 和 $P6$ 分别是求得的鳞片高度和鳞片周长，使用该判别方程对样本进行识别，羊绒和羊毛的识别率分别为86%和91%。Robson 还使用了全部15个参数进行样本识别，最后平均识别率能够提高3个百分点。Robson[44]测量出羊毛和羊绒纤维的鳞片厚度，并提出另一个线性纤维判别方程

$$P6=-0.376+0.0608\times P16 \tag{1-2}$$

其中 $P6$ 和 $P16$ 分别为鳞片周长和鳞片厚度，使用该判别方程对其收集的样本进行识别，羊绒和羊毛的识别率分别为98%和95%。

Kong[45]等研究了马海毛和羊毛纤维的光学显微镜图像的鉴别，使用两层的人工神经网络作为分类器，将纤维图像输入到第1层网络进行无监督学习以提取特征，第2层网络进行有监督学习，从而将纤维图像分为两类。She 等[46]改进了 Kong 等提出的分类模型，使用图像处理技术从马海毛和羊毛纤维的光学纤维图像中提取鳞片相关的9个参数，使用 BP(Back propagation)神经网络作为分类器，进行有监督地学习分类，该模型取得了94.6%的平均识别率。

周剑平等[47]提出一种自动检测羊绒和羊毛纤维 SEM 图像的方法。该方法首先对纤维图像二值化，然后使用聚类方法确定边界线，进而分割图像。在分割后的边缘图像中提取纤维鳞片长度、细度等参数，最后使用贝叶斯网络进行分类，最高达到了93.2%的识别率。

杨建忠等[48]研究了羊绒和羊毛扫描电子显微镜图像的表面形态，使用灰度插值、模板代换、细化轮廓跟踪等图像处理方法，测量了纤维直径、鳞片高度、

鳞片厚度、鳞片周长、鳞片面积等几个直观特征指标，而后计算得到鳞片的外方形因子和内方形因子等2个相对特征指标。通过分析，得出羊绒纤维中鳞片的内方形因子通常在0.5231~0.9164之间，外方形因子取值范围在0.7148~0.9384之间；羊毛纤维中鳞片的内方形因子在0.1064~0.4174之间，而外方形因子通常在0.5030~0.7764之间。

彭伟良等[49]对羊绒和细羊毛的SEM图像进行分割，然后提取纤维鳞片的周长、面积、直径等3个几何参数，通过统计学习，建立一个纤维种类判别模型，如式(1-3)所示：

$$D = \omega_1 \cdot x_1 + \omega_2 \cdot x_2 + \omega_3 \cdot x_3 \tag{1-3}$$

其中 $x_i(i = 1, 2, 3)$ 为纤维鳞片周长、面积和表征周长(周长/直径)，$\omega_i(i = 1, 2, 3)$ 为 x_i 相应的系数。在使用该判别式鉴别样本，平均识别率达到92%。

沈精虎等[50]选用500张羊毛和羊绒SEM图像，通过边缘检测、二值化处理、膨胀腐蚀、骨架提取等操作，而后进行手工修补，然后测量图像中鳞片的相对宽度、可见高度、鳞片厚度等11个几何参数，进而使用主成分分析得到6个特征指标，使用二类非线性判别和概率相乘方法获得了95%平均识别率。

Qian等[51]研究了羊绒和羊毛纤维对于染色剂不同的上染率，将染色后的羊绒和羊毛混纺纤维制作横截面切片，获取纤维横截面的光学显微镜图像。采用图像处理技术去除背景，并根据颜色差异使用支持向量机将羊绒和羊毛纤维分离，然后对分离后的图像进行二值化处理，最后统计出图像中的各个类别纤维数量。

Shang等[52]提出一种改进的羊绒纤维直径测量方法，并研究了羊绒和羊毛纤维的直径、径高比、鳞片高度、鳞片投影宽度、鳞片厚度、鳞片直径偏差等6个参数的分布，最后使用贝叶斯网络，对4种羊毛和羊绒纤维进行分类。

Zhang等[53]提出一种基于小波纹理分析的动物纤维鉴别方法。该方法使用的样本为羊绒和超细美利奴羊毛纤维的SEM图像，首先将样本图像处理成512 × 512像素大小的单纤维图像(一幅图像只包含一根纤维)，接下来对预处理后的图像使用二维双树复数小波变换，从4个尺度上的细节子图像提取归一化的能量作为纹理特征，使用二次判别函数作为分类器对28个样本进行识别，取得了较好的识别率。

李桂萍等[54]对羊绒和羊毛纤维光学显微镜图像进行表面纹理的提取和聚类，

然后将得到的灰度图像进行膨胀、距离收缩和二值化，再将所得图像沿着中轴线进行投影，能够得到纤维图像的特征谱线图，选取谱线片段离散度、谱线横向平均值等特征值建立纤维判别方程。实验中对2060个羊毛和羊绒混合样本进行测试，取得了96.63%的识别率。蒋高平等[55,56]提出一种类似的方法，区别是取得纤维图像谱线图后，对谱线进行分割，然后选取谱线峰值、宽度、单位峰CV值等多个指标，建立决策树进行纤维种类鉴别。实验中对2060个样本进行测试，取得了95.2%的识别率。

Shi等[57]使用图像处理技术对羊绒和羊毛纤维光学显微镜图像进行分割、细化，得到单像素的二值图像，然后测量纤维直径、鳞片间距、归一化的鳞片周长和归一化的鳞片面积等4个参数，使用模糊神经网络作为分类器，实验中取得了超过90%的识别率。Shi等[58]在另外一篇文献中使用了类似的参数提取方法，实验中分别使用了多参数贝叶斯网络模型和学习向量量化(Learning Vector Quantizaton，LVQ)神经网络作为分类器，识别率也分别达到90%和91%左右。

石先军[4]使用阈值分割与边缘检测相结合的方法对羊绒和羊毛纤维光学显微镜图像进行分割，然后提取纤维图像中纤维直径、纤维直径变异系数、鳞片面积、鳞片周长、鳞片高度、相对鳞片面积、相对鳞片周长、径高比、鳞片的矩形度等绝对特征指标和相对特征指标，及这些指标衍生出的变异系数共18个指标。石先军对这些指标进行了统计分析，讨论了多指标的最优组合，最后分别建立贝叶斯统计模型、BP神经网络模型、模糊聚类模型、神经网络和模糊系统组合模型等分类模型，并在这4个模型上比较全部指标与5种最优指标的识别精度，结果神经网络与模糊系统组合模型识别效果最好。

刘亚侠等[59]从羊绒和羊毛光学显微镜图像中提取了纤维鳞片翘角、鳞片厚度、纤维直径、鳞片高度、密度等11个特征，使用支持向量作为分类器得到了90.25%的识别率。陶伟森等[60,61]从羊绒和羊毛纤维的光学显微镜中提取纤维直径、鳞片密度、鳞片面积、鳞片相对面积，以及提取的8个纹理特征，使用支持向量机作为分类器，获得的羊毛和羊绒的总识别率为93.1%。

2)基于计算机视觉特征方法

由于近年来计算机视觉技术的快速发展，涌现出很多新的算法，因而目前基于计算机视觉的纤维鉴别方法成为研究热点。

Yuan 等[38]提出一种基于纹理分析的羊绒和羊毛鉴别方法，该方法首先对纤维的光学显微镜图像进行预处理，然后从处理后的纤维图像中提取了粗糙度、对比度、规整度、方向、粗略度和线性度等 6 个 Tamura 纹理特征，再使用 2 层 BP 神经网络作为识别模型。训练集包含 1200 张纤维图像(500 张羊毛、700 张羊绒)，测试集包含 565 张纤维图像，最后获得识别率在 80%左右。

Xing 等[62]拍摄了绵羊毛、黄羊毛、山羊毛和羊绒 4 种纤维的 65 幅原始光学显微镜图像，然后，通过图像旋转和随机裁剪等数据增强方法得到 390 幅图像。实验中比较了几种不同的卷积神经网络，其中得到最高的识别率为 99.15%。该方法的识别率虽然很高，但是原始样本只有 65 幅图像，平均每类样本不到 17 个，该方法还需要使用更多的样本来验证。Xing 等[63]还提出了一种基于小波多尺度分析的方法来鉴别羊绒和羊毛纤维，该方法能够较好地提取到纤维图像中的纹理特征。实验中首先采集羊绒、山羊毛和绵羊毛的光学显微镜图像，然后通过图像处理的方法去除背景，再对预处理后的图像进行小波变换，利用高斯马尔可夫随机场模型对小波分解得到的四个子图像进行分析，从每个子图像中得到一个 8 维特征向量，并使用这些特征向量来描述每幅纤维图像。实验中使用支持向量机作为分类器，并通过 10 折交叉验证实验得到的平均值作为纤维识别的准确率，最终得到的识别率为 90.07%。

Xing 等[64]还提出了一种基于灰度共生矩阵和 Gabor 小波变换的方法用于充分提取动物纤维表面鳞片的纹理信息，这样可以将提取了纤维图像中的空间域和频域的信息进行融合，并利用这些信息鉴别羊绒和羊毛两种纤维的类别。为了从空间域中提取纤维的纹理特征，首先构建图像的灰度共生矩阵，从中计算空间域的对比度、角二阶矩、相异度和能量四个纹理特征向量，以及对比度、角二阶矩、均值和熵四个纹理特征向量。在频域提取纹理特征是通过 Gabor 小波变换和灰度差分统计方法得到的，然后将对比度和角度二阶矩分别作为纤维图像在空域和频域的描述符，再通过引入权重将二者进行线性相加融合，可以得到一个 6 维特征向量。实验数据集包含羊绒和羊毛纤维的扫描电子显微镜图像各 100 幅，通过上述方法每幅纤维图像都可以得到一个 6 维的特征向量，将这些特征向量送入 Fisher 分类器，得到的最高识别率和最低识别率分别是 93.33%和 91.67%，实验结果说明了基于空间域和频率域纹理特征的融合方法能够比单独使用空间域或频域特征得到的识别率要高。

孙春华等[65]提出了一种基于稀疏字典学习的羊绒和羊毛纤维鉴别方法。实验中首先使用暗通道先验去雾算法和中值滤波方法对原始样本图像进行处理，然后使用随机的图像旋转、水平和垂直翻转、水平和竖直偏移等几种方式对纤维图像进行数据增强；然后使用局部二值模式方法提取每幅纤维图像中的纹理特征，并将这些特征组成数据集的多维特征矩阵；使用字典学习的方法从特征矩阵中获取字典和稀疏编码，并将其优化；最后使用几种不同的分类器进行比较，可以得到最高91%的识别率。

朱耀麟等[66]提出一种改进的双线性卷积神经网络(Bilinear Convolutional neural network，B-CNN)模型，该模型能够用于从动物纤维原始图像和骨架图像中提取不同层次的特征向量，然后通过拼接这两种不同向量以充分挖掘纤维图像中的特征信息，增强特征的表达能力。实验数据集包含了398幅羊绒和363幅羊毛的扫描电子显微镜图像，实验中采用在ImageNet数据集上预训练的权重对B-CNN模型进行初始化，并且只训练模型最后的全连接层，以提高模型和的泛化能力，模型的识别率约为97.07%。

Zang等[67]提出一种基于多尺度几何分析和深度卷积神经网络的纤维识别方法，作为一种具有多尺度和多方向性的信号分析新工具，曲波变换不仅具有小波变换的多尺度和多分辨率特性，还具有很强的方向性，能够提供具有大量纤维轮廓信息的纤维图像最优稀疏表示。所提出的方法基于多尺度几何分析，以减少羊毛/羊绒纤维图像的维度并减少冗余数据的计算量。卷积神经网络用于对羊毛/羊绒纤维图像进行分类和识别。然后，分别采集了包括羊毛和羊绒纤维样品在内的400张纤维图像，并经过包括随机截取和旋转在内的方法处理，以获取总共600张纤维图像用于实验分析。结果表明，识别准确率达到96.67%。

Zang等[68]提出一种基于多焦面图像融合的方法来鉴别纤维图像。由于纤维切片不平和纤维之间重叠导致了拍摄的纤维图像并不是所有区域都是最清晰的状态，对此，该方法在图像预处理中采用多焦面图像融合的方法，将图像的亮度域和色度域同时进行融合，使得交叉重叠的纤维更为清晰，图像预处理中还使用了图像处理技术将图像中重叠的纤维分离。实验中使用的数据集包含羊绒和羊毛纤维图像各1000幅，将数据集按9：1、8：2、7：3、6：4等比例分别划分训练集和测试集，获得了最高识别率和最低识别率分别为98.7%和96.9%。

Zhu等[69]提出了特征融合的纤维鉴别方法，该方法使用灰度共生矩阵作为纤维表面纹理的特征值，然后再提取纤维的直径的值，并将这两种特征进行融合。实验中采集了羊绒和羊毛纤维各600幅扫描电子显微镜图像，并采用两种特征的方法得到96.71%的识别率。还有一些其他的基于计算机视觉特征的纤维识别方法[70-73]。

1.2.6 其他纤维鉴别技术

1)染色法

染色法主要利用羊绒和羊毛表面吸附染料不同，从而使得通过染色后的混合纤维颜色差异来区别纤维类别[74]。

2)溶液法

溶液法主要是利用在同一种溶液中，两种纤维卷曲伸展等形态有较为明显的区别并以此来辨别纤维种类的一种方法。Marshall 等[75]提出使用电泳的方法辨别动物纤维。Fujishige 等[76]将美利奴羊毛和羊绒浸泡在 7 号基本蓝的水溶液(0.2wt%)中，可以观察到两种纤维卷曲形态有明显不同。

3)拉伸和摩擦性能分析法

Subramaniam 等[27]提出一种基于动物纤维的拉伸性能间的差异来鉴别纤维的方法，但该方法对要求纤维的细度必须大于 30μm。侯秀良等[77]比较了羊毛和羊绒的拉伸性能，发现羊毛纤维比羊绒纤维的比强度、松弛时间、拉伸模量都要小，羊毛纱线的拉伸应力松弛速度要快于羊绒纱线。陈前维等[78]使用 Y151 型摩擦因数测定仪检测了羊毛等纤维的顺鳞片和逆鳞片两个方向的动、静摩擦因数，发现羊绒要明显低于羊毛。

1.3 存在的问题和研究内容

1.3.1 存在的问题

目前在实际中使用的羊绒和羊毛鉴别方法主要还是基于光学显微镜的人工鉴别方法，该方法的原理是基于纤维外观形态。由于人工检测耗时耗力、重复性差等缺点，人们开始探索纤维的自动识别方法，并做了许多研究工作。其中基于纤维显微镜图像的自动识别方法是近年来的研究热点，但从已有的研究工作来看，仍存在一些不足：

(1)当前基于纤维图像的研究中，提取的纤维外观形态特征主要是纤维直径、纤维表面鳞片高度、密度及形状等几何形态特征，但由于光学显微镜的放大倍数低、景深小，并且只能在焦平面下观察到较为清晰的纤维图像，偏离焦平面会出现图像变形、模糊不清等问题，这些情况极大地影响了纤维鳞片各个参数的准确测量[4]。

(2)目前基于纤维图像的研究所使用的样本量都偏小，而羊绒和羊毛纤维直径等特征的离散度相对较大，不同品种不同产地的羊绒纤维特征也有差异，许多研究成果是否在大样本上同样适用还需要进一步验证。

(3)关于羊绒和羊毛的鉴别研究目前主要是将纤维分为羊绒和羊毛的两个类别来研究，而在实践中会遇到需要鉴别不同种类的羊绒的情况(如紫绒、青绒和白绒)，关于这些研究鲜有文献提出。

1.3.2 研究内容

本书的主要研究内容是如何利用计算机视觉技术来研究羊毛和羊绒外观形态特征，建立羊绒纤维自动识别模型。具体研究内容主要包括以下几个方面：

(1)采集不同种类和地区的羊绒和羊毛光学显微镜图像的样本，在较大的样本容量下研究基于纤维表面形态的纤维识别方法。

(2)研究基于计算机视觉的纤维图像特征提取方法，比较不同特征描述方法在羊绒羊毛纤维识别中的应用，建立基于特征与分类器相结合的纤维识别模型，并讨论模型中关键参数的选择。

(3)研究深度学习技术在纤维识别中的应用，建立适合纤维图像识别的卷积神经网络模型。评估训练好的卷积神经网络模型在纤维识别中迁移学习的效果，在三维空间进行可视化模型提取的特征，探索纤维特征在空间上的分布。

1.4 研究意义

我国是羊绒制品生产、加工和出口大国，羊绒制品在贸易中也占有重要份额，羊绒制品的成分分析与检测对加工企业、商检以及贸易双方都是一个不可或缺的技术环节。在消费市场上，羊绒制品的掺假现象比较严重，经常出现羊绒制品中羊绒含量与企业标称含量不符的情况，羊绒及羊绒制品掺假和虚标的现象比较严重[79-81]。一个重要原因是羊绒和细羊毛等动物纤维比较相似，识别技术上有一定难度；另一个重要原因是目前羊绒识别方法仍以人工主观识别为主，效率不高，技术上滞后。

研究和开发羊绒纤维的快速、准确、客观的识别方法，在提高羊绒制品检测效率，降低生产成本，维护企业、商家与消费者权益，打击假冒劣伪，鉴定毛绒品质，规范毛绒制品行业等方面都起到积极作用，并为保护我国这一优势特种动物纤维资源的良性发展提供技术手段。在当前国际政治经济复杂多变的环境下，加强控制羊绒这一绝对优势原材料的生产、加工制造、质量监控等各个环节，对我国在国际贸易的博弈中处于主动地位的意义尤为突出。

1.5 本书组织结构

本书共分成 11 章，内容结构安排如下：

第 1 章是绪论，首先介绍羊绒纤维的概述及课题的研究背景，然后阐明羊绒纤维识别的研究现状，接下来是分析目前研究存在的问题与本书的主要研究内容。

第 2 章主要介绍本研究用到的图像分类的相关内容，包括图像分类技术的发展阶段，图像特征与表达方法的概述，及其常用的分类器的简介，最后介绍了卷积神经网络的基本结构。

第 3 章是羊绒和羊毛纤维图像采集设备的选择，借鉴人工鉴别的经验，比较了不同显微镜采集纤维的图像，选择了适合本书内容研究的显微镜，并建立羊毛和羊绒图像数据集。

第 4 章研究了基于纹理特征分析的动物纤维的方法，该方法从羊绒/羊毛图像中纤维表面提取了 14 个灰度共生矩阵的统计特征，然后使用主成分分析法提取前 4 个主成分，基于提取的主成分对纤维进行识别。

第 5 章研究了基于纤维表面的几何特征进行纤维识别的方法，该方法通过一系列图像处理的方法得到纤维的轮廓骨架图，从中提取纤维直径、鳞片周长、鳞片面积、鳞片密度等几何形态特征，并基于这些特征进行纤维识别。

第 6 章研究了基于投影曲线的纤维鉴别方法，首先将羊绒/羊毛纤维图像转化为投影曲线，然后使用离散小波变换、递归定量分析、曲线的直接几何描述等 3 种方法从投影曲线中提取特征，再将特征输入 3 种分类器进行识别，并比较了不同特征提取方法和不同分类方法的识别率。

第 7 章研究了基于词袋模型和空间金字塔匹配的羊绒和羊毛纤维识别方法。首先对纤维图像进行预处理，使用 SIFT 方法提取图像特征，然后基于空间金字塔匹配的词袋模型，使用特征直方图来描述纤维图像，最后使用支持向量机对纤维进行分类。

第 8 章研究了基于局部二进制模式的羊绒和羊毛纤维识别方法。首先介绍局部二进制模式及其改进方法的原理，然后使用不同的局部二进制模式方法对纤维图像提取特征并进行分类，最后对本书使用的几种方法进行比较和分析。

第 9 章研究了基于深度学习模型的纤维识别方法，构建了一个卷积神经网络 Fiber-Net，在 5 种纤维数据集上尝试多分类纤维识别。并以 VGG-16 模型为例，研究了迁移学习在纤维识别上的应用。实验中将卷积神经网络提取的特征进行降维，以更直观的形式观察纤维特征在三维空间中的分布。

第 10 章研究了基于残差网络的纤维识别方法，在大样本纤维图像数据集上训练了几个经典深度学习模型，通过比较残差，得出网络 ResNet18 识别率最高，训练和测试的速度最快。实验中将特征图可视化以帮助理解残差网络的运行机制。

第 11 章是对全书进行总结，并展望下一步工作。

第2章　图像分类方法概述

通过显微镜图像来识别纤维本质上是模式识别问题，羊绒和羊毛两类纤维图像的差别主要在于纤维表面形态的差异，特别是表面鳞片模式的差别。本书主要使用图像处理、计算机视觉和图像分类技术，首先从纤维图像中提取视觉特征，然后利用提取的特征进行分类，从而将纤维识别任务转化为图像分类任务。本章将介绍所用到的图像特征表达方法、图像分类方法、图像处理方法等相关内容。

图像分类是计算机视觉领域的核心问题之一，其主要思想是根据图像中包含的信息，将图像划分到其所属的类别中[82,83]。图像分类常用的思路是首先从图像中提取特征，接下来将特征表达为向量等形式，然后根据这些特征用分类器决定其类别，通常将图像分类的过程分为特征提取和分类两个步骤。

特征提取方法的质量能够很大程度上决定计算机视觉应用系统的性能，指定特征提取方法后，接下来的分类或学习算法只是对应用系统性能理论上界的无限逼近[84]。下面首先介绍图像处理相关技术，然后是特征提取方法和分类方法的概述，最后介绍几种卷积神经网络模型。

2.1　图像分类技术的发展概述

图像分类技术发展至今，可以分为3个阶段：①传统的图像分类方法；②现代主流的图像分类方法；③端到端的多层特征学习方法，如图2-1所示。

(1)传统的图像分类方法使用的是人工指定特征的方法，如图2-1(a)所示，图像分类的过程分为两个步骤：①人工设计特征提取方法；②使用分类器对提取的特征信息进行训练和测试。

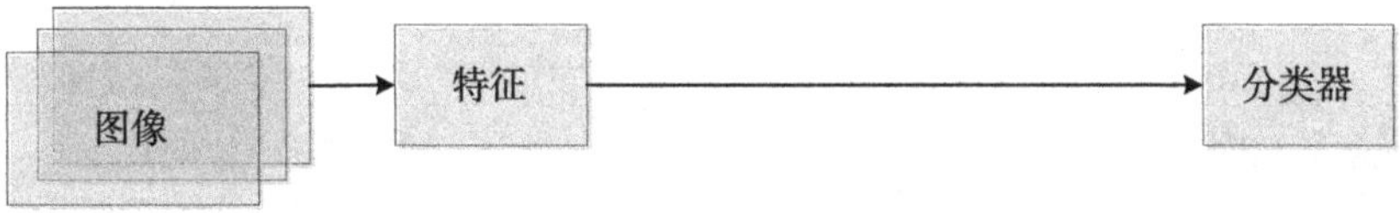

（a）传统的图像分类方法

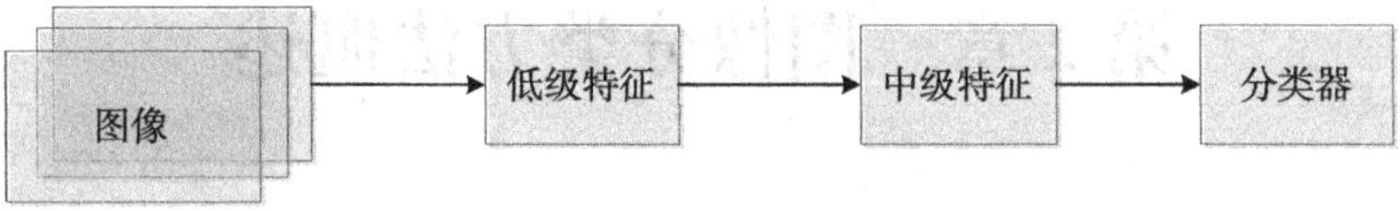

（b）现代主流的图像分类方法

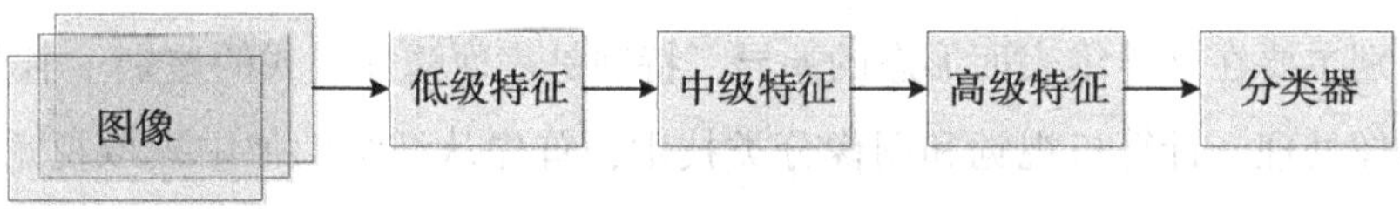

（c）端到端的多层特征学习方法

图 2-1　图像分类技术发展的三个阶段

（2）现代主流的图像分类技术将分类过程划分为 3 个步骤，如图 2-1（b）所示，该方法也是使用人工设计特征，第 1 步使用指定的特征提取方法对图像提取特征，这里称为低级特征；第 2 步是将低级特征表达为中级特征，通常使用的是无监督的学习方法（如聚类等），然后使用中级特征描述图像；第 3 步是使用中级特征训练分类器，进而完成图像分类任务，如后面使用的词袋模型就属于该类方法。

（3）最新的图像分类方法使用的是端到端（End-to-end）的多层特征学习方法，该方法不需要人工设计特征，而是从训练数据出发，经过多个层级的学习，形成一种分层表征图像特征的方法。端到端的学习分类过程可以表示为：数据→低级特征→中级特征→高级特征→可训练的分类器，最后输出得到分类结果。卷积神经网络是一种典型的端到端层级学习方法，网络中每一层都可以为了最终的任务来更新参数，最终实现各层之间的通力合作，因而可以较大程度地提高任务的准确度，许多研究指出，层次较深的卷积神经网络可以更好地获取数据中的特征，从而得到更高的分类性能[85,86]。

图像分类的主要依据是图像特征，下面将首先对常用的图像特征进行介绍，包括全局特征、局部特征和纹理特征。

2.2 图像特征

依据特征描述的空间和范围的不同，可以将特征分为局部特征与全局特征。全局特征将图像看作整体，从整幅图像中提取有用信息，全局特征主要有形状特征、纹理特征、颜色特征等，该类特征属于像素级别的原始特征属性，通常可以比较直观地描述图像中的整体信息。局部特征的基本思想认为图像是由不同区域组成的，从区域中可以提取到与其邻域不同的某种模式信息。局部特征方法通常分为区域选定和区域描述两个部分，比较典型的方法是尺度不变特征转换(Scale Invariant Feature Transform，SIFT)特征[87]。

2.2.1 全局特征

1)颜色特征

颜色特征能够直观地表达图像中的信息，具有较强的稳定性，不受图像缩放和旋转的影响。用于描述颜色特征的方法有颜色矩、颜色直方图和颜聚合向量等，其中常用就是颜色直方图，该方法使用图像中不同颜色出现的频率来描述图像。颜色特征提取简单，计算速度快，但单独使用时不能很好地描述图像的空间信息，通常和其他特征一起使用[88]。

2)形状特征

形状特征也是一种比较直观的特征，主要用于描述图像中的目标形状信息，可分为基于形状区域和基于轮廓的两种描述方法。基于形状区域的描述方法利用整个目标区域中的形状信息，比较有代表性的有形状上下文方法；而基于轮廓的描述方法只利用形状的外边界信息，比较常用的有傅里叶描述子。

3)纹理特征

纹理特征也是常用的图像特征，目前仍然是计算机视觉领域研究的重要方向之一[89,90]。人类是通过物体自身发出或反射的光线来看到物体的，由于物体自身的形状、结构、表面和色彩的不同，通过物体自身发出或反射的光线，人们可以看到物体表现为不同的纹理，这是人类视觉系统感知物体表面的结果。这些纹理包含着丰富的信息，人们获取这些信息并以此来识别物体。在本书中使用基于纹理分析的方法识别纤维。在下面的小节中将对纹理特征进行比较完整的介绍。

2.2.2 局部特征

颜色特征、形状特征、纹理特征主要用于描述整幅图像，属于全局特征。全局特征通常不能较好地描述图像中局部信息，而局部细节往往可以反映图像的本质信息，并且在复杂环境下能保持较好性能[91,92]。局部特征通常是先在图像中局部区域提取特征，然后将这些局部特征联合起来。局部区域的获取有多种方式：①基于网格划分的方式(也称基于稠密采样的方式)，即按照一定的步长将图像均匀地划分为若干个正规网格作为局部区域，该方法可以最大限度地利用图像内容，但也容易造成计算复杂、特征信息冗余等问题；②基于图像分割的方式，即使用图像分割算法对图像进行分割以获得局部区域，该方法获取的局部区域内呈现出内容上的相似性，并携带了一定的语义特性，但依赖于分割算法的性能；③基于兴趣点检测的方式(也称基于稀疏采样的方式)，该方法是指通过感兴趣检测算子检测图像中在各个方向灰度变化较大的区域或者特征点，从而形成局部区域，例如连接点、角点和端点等，这类方法获取的局部区域能够稳定地反映局部内容特性，因此能提供有辨别力的信息。

目前图像分类中局部特征是最常用的特征提取方法，与全局特性相比，局部特征有一些优点：①当图像中目标被部分遮挡时，使用局部特征能够对其他区域进行描述；②对于图像中目标背景复杂等情况，局部特征可以对各个显著子区域分别进行表示和描述；③作为一种底层特征，局部特征包含了较为丰富的信息，同时局部特征还可以通过一些方法(如聚类算法)转换为图像中高层次特征描述[93]。常用的局部特征描述子包括 SIFT 特征、加速稳健特征(Speed Up Robust Features，SURF)[94]、方向梯度直方图特征(Histogram of Oriented Gradient，HOG)[95]等。其中 SIFT 特征在计算机视觉领域具有非常广泛的应用，其对尺度变化和旋转平移保持不变性。SIFT 特征提取方法包括以下 4 个步骤：①尺度空间关键点检测；②关键点定位；③关键点方向的确定；④关键点描述。我们在后文中将使用 SIFT 方法提取纤维图像特征，进而对图像进行分类。

2.2.3　纹理特征

1)纹理的定义

20 世纪 60 年代开始，越来越多的研究者开始关注图像纹理的相关研究，纹理是一种抽象的概念，很难用直观的定义来描述，人们从不同的角度给出纹理的定义。一种定义是：纹理反映了像素在图像中的空间分布，其排列呈现出局部不规则而整体上相似的特点。另一种定义是：纹理是同类物体表面呈现的一种视觉特征，这种特征是物体表面的结构形态，并与周围有一种稳定的关系。这些定义反映了纹理不同视角的不同特点。

目前人们普遍认同的一个纹理的定义是：纹理就是图像中呈现某种规则性排列的基元组成的视觉信息。常见的纹理有自然纹理和人工纹理，自然纹理是真实的物体表面呈现出来的纹理，特点是随机性强，如木材上的纹理、水面上的波纹等；而人工纹理指的是通过人工形成的纹理，通常纹理呈现出较强的规律性，如窗帘上的印花。纹理图像可以用一个公式来简单表示成

$$I = R(S_k) \tag{2-1}$$

上面的公式中 I 是目标图像，R 是规则，该规则表述了纹理基元在图像空间中的组合和排列关系，S_k 为构成纹理基元的区域。下面介绍纹理特征的几个特点。

2)纹理特征的特点

(1)纹理的规则性：

纹理的规则性是指图像中存在一种纹理基元，这种基元在图像中的排列遵循某种规则的程度。人们用随机性和方向性描述纹理的规则性。图 2-2 包含两幅纹理图像，分别呈现出纹理基元的方向性及随机性。

(2)纹理的尺度：

纹理的尺度指的由于观察的尺度不同导致图像中纹理呈现出不同结构的视觉特征。当人们使用不同尺度来观察同一幅图像，得到的却是不同的结果，类似于观察者在宏观和微观下观察同一事物却得到不同的视觉感受。图 2-3 是同一幅图像不同尺度下的效果。

3)纹理特征的提取方法

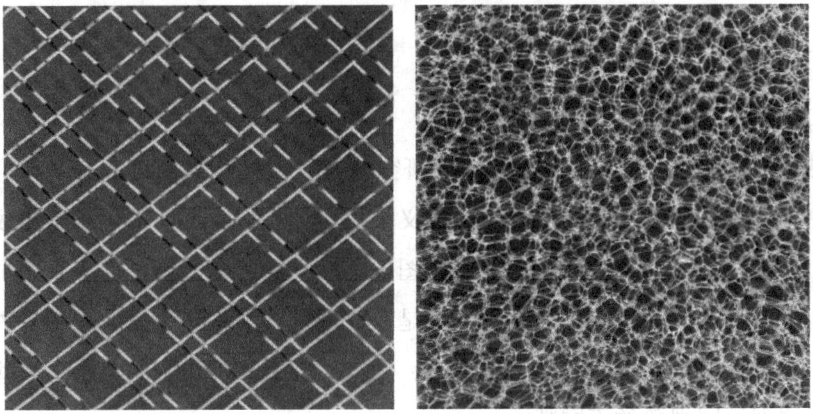

（a）纹理图像1　　（b）纹理图像2

图 2-2　纹理基元的方向性与随机性

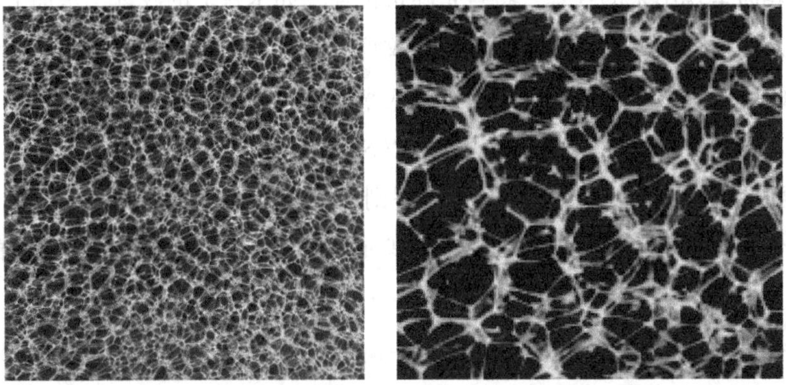

（a）小尺度纹理　　（b）大尺度纹理

图 2-3　不同的尺度下的纹理

纹理可以用纹理基元在空间的组成结构来描述，这些基元的规则就是纹理特征提取的主要研究内容。人们提出了各种纹理特征提取的方法，常用的纹理特征提取方法可以分为 4 个类别：统计法、模型法、结构法与频谱分析法[96,97]。下面来详细介绍一些常用的纹理提取方法。

(1)基于统计的方法：

基于统计的方法是指通过统计图像中局部区域像素的灰度值，以此来观察像素在图像空间的分布情况，用灰度在图像中的分布来刻画纹理特征，从而表示出纹理的方向性、周期性以及粗糙度等特点。当纹理基元未知时通常使用统计方法对局部纹理的特征进行分析，以描述局域内的相似性和局域之间的相异性。由于统计方法比较容易描述纹理的随机性，与其他方法相比，基于统计的方法对排列不规则的自然纹理有较好的分析结果，如大理石、木材上的纹理。基于统计的方法研究得比较早，该方法原理简单，容易实现，也有学者指出人类视觉识别纹理就是使用类似统计的方法。

灰度共生矩阵(Grey Level Co-occurrence Matrices，GLCM)是一种应用得比较广泛的基于统计的纹理特征提取方法，是由Haralick等最早提出的，该方法基于图像的灰度的概率密度函数，计算图像中一定方向和距离两个像素灰度值组成的序数对出现的概率，以此来描述纹理在图像中的结构分布[98]。这与纹理在图像空间中反复出现的情况比较吻合，所以灰度共生矩阵是比较有效的一种纹理分析方法，是早期人们使用得比较多的一种方法[99,100]。该方法也是基于统计方法中生命力最强的，直到今天还被使用并在不断改进。

还有一种方法是计算纹理图像的能量谱函数，该方法获取到纹理的方向性以及粗细度。如半方差图能够通过变差函数来反映图像中灰度值的随机性与结构性，该方法擅长雷达图像纹理分析，并且在人造纹理和自然纹理中表现得都比较好。基于统计的方法借助统计出来的区域特征的分布来描述纹理，依据统计时所用的统计量的个数，通常分为一阶统计法、二阶统计法、高阶统计法[101]。图像处理很常用的灰度直方图就是一阶统计方法。而在纹理提取常见的是二阶统计法，主要有：灰度共生矩阵、灰度-梯度共生矩阵、灰度游程长度、自相关函数，等等。

(2)基于频谱分析的方法：

基于频谱分析的方法也被称为滤波方法，这类方法将纹理图像从空间域转化到频域，从频域中分析纹理图像的特征，通过频谱能量取得图像功率谱，进而获得基元尺度，最后提取纹理特征。基于频谱分析的方法比较适用于一些前景区域和背景区域灰度值比较近似的情况，此时将目标和背景分离比较困难，而使用频域滤波的方法比在空间域更能够较为容易地提取纹理特征。基于频谱分析常用的方法有傅里叶变化方法、小波变换方法、Gabor变换方法以及离散余弦变换等。

基于 Gabor 滤波的方法是一种基于频谱分析的纹理特征提取方法，该方法使用 Gabor 滤波器对纹理图像预处理，然后在图像的频域中提取纹理特征，该方法中挑选合适的 Gabor 滤波尤为重要[102]。小波变换也是比较常用的纹理提取方法，在图像中的纹理尺度不一、对比度也强弱有别时，使用小波变换通常有比较好的效果。

(3)基于模型的方法：

基于模型的方法假设纹理是依照某种模型组合排列的，将纹理图像建立模型后，然后将特征提取转化为参数估计任务，因此，参数估计的优化成为该类方法的主要研究内容。典型的方法有马尔可夫随机场模型法(Markov Random Field，MRF)、Wold 模型法等。其中马尔可夫随机场模型是该类中最重要的方法，其主要思想是通过图像中的像素点的邻域像素的条件概率分布来刻画纹理的特征，这种方法能够描述图像空间中各种相关变量的相互作用关系[103]。

(4)基于结构的方法：

基于结构的方法把纹理基元作为基本组成单位，纹理基元可以认为是构成纹理的非常小的元素，纹理图像是由这些基元遵循某种规则组合排列得到的。这种方法最重要的一点是怎样描述纹理基元，以及寻找基元排列组合的规则。常见的基于结构的方法有使用复杂曲线来描述纹理基元间的拓扑关系，以此来刻画基元排列规则的方法。还有一些学者使用纹理的局部区域方向性和规则性表述纹理的缺陷，或使用几何特征来描述纹理的结构。也有一些学者提出两种方法的结合，如基于小波分析来描述基元的结构组合，该方法是基于结构和基于频谱分析两种方法的结合；如基于结构方法和统计方法的融合，该方法统计纹理基元的频率，并将其结合基元的局部特征共同对纹理进行分类。

局部二进制模式(Local Binary Patterns，LBP)是一种常用的纹理特征提取方法，该方法可以认为是基于结构的方法。基于结构的方法原理简单，非常容易实现，具有良好的光照不变性，其改进算法更是具有旋转不变性等优点[104]。作为一种图像信息的特征描述子，现在 LBP 已不仅仅局限于纹理图像的分析，其在人脸识别、图像检索、目标检测、医学图像分析等领域也取得了很好的效果，直到现在 LBP 仍然被众多学者研究和改进。本书在后面的章节将详细介绍局部二进制模式的特征提取方法，并使用该方法来识别羊绒羊毛纤维图像。

2.3 特征表达方法

前面介绍的各种特征都属于低级特征，这些特征按照某种规则来描述图像，但这些特征通常是不能表达更为抽象的图像语义特征，所以直接使用低级特征进行图像分类往往效果不够理想。针对这些问题，研究者对提取的低级特征进行统计、编码以获取图像中层次更深的特征信息，这些特征信息通常被称为中级特征。与图像的低级特征相比，中级特征通常具有更强的描述能力，更能反映图像的语义信息，其中比较著名的特征表达方法之一是词袋模型(Bag of Word)[105]。词袋模型首先提取图像集中所有图像的局部特征，然后使用聚类算法将这些局部特征进行聚类，每个聚类中心可以看做一个视觉单词，这些视觉词汇的集合构建一个视觉词典。接下来统计图像中视觉单词在视觉词典中的频率直方图，使用向量化的直方图来描述图像。从词袋模型提出以后，人们提出大量的改进方法，其中 Lazebnik 等[106]提出了一种空间金字塔匹配(Spatial Pyramid Match, SPM)方法，该方法考虑了视觉单词之间的空间分布关系，增强了视觉单词对图像的描述能力。本文后面的章节将对词袋模型和空间金字塔匹配方法进行详细介绍，并在实验中使用该方法对羊毛和羊绒纤维图像进行分类。

2.4 分类方法

2.4.1 分类方法概述

图像分类最后的阶段是使用分类模型对图像特征进行分类，常用的分类方法有 K-最近邻、支持向量机、人工神经网络、核岭回归，等等，这里对 K-最近邻做简单说明，然后介绍本文主要使用到的支持向量机、核岭回归和人工神经网络。

K-最近邻(K-Nearest Neighbor, KNN)也是一种常用的分类器，该方法原理简单，容易理解，参数少，且训练时不需要先验知识。其方法的主要原理是：计算全部训练样本和测试样本之间的距离，然后选取 $K(K\geqslant 1)$ 个距离最近样本，并对它们的类别进行统计，样本数目最多的类别确定为测试样本的类别[107]。K-最近邻分类器需要确定参数只有 K，K 值的确定通常需要多次尝试，不同的 K 值往往会得出不同的结果。

2.4.2　核岭回归

核岭回归(Kernel Ridge Regression，KRR)也是一种常用的非线性分类方法，其集成了岭回归和核函数的技术，与其他方法相比，该方法有参数少，训练速度快等优点，下面介绍一下其基本原理。

设在空间R^m 上有一个数据集，使用非线性映射函数 $\phi(\cdot)$ 将样本映射到高维特征空间，定义映射后的样本为 $\phi(\boldsymbol{X}_j)$，$j=1, 2, 3, \cdots, n$，这里 n 为样本数量。然后在高维空间上使用岭回归算法，回归方程为：

$$\hat{y}_j = \boldsymbol{A} \cdot \phi(\boldsymbol{X}_j) + a_0 \tag{2-2}$$

这里 $\boldsymbol{A}=(a_1, a_2, \cdots, a_m)$ 为方程的权系数向量，$\boldsymbol{X}_j$ 是矩阵 $\boldsymbol{X}$ 的第 j 元素构成的列向量，$\boldsymbol{A} \cdot \phi(\boldsymbol{X}_j)$ 是内积，a_0 为常数，对应的损失函数为：

$$\boldsymbol{L}(\boldsymbol{A}, a_0) = \gamma \boldsymbol{A} \cdot \boldsymbol{A} + \boldsymbol{Q} \tag{2-3}$$

对于标准差标准化变量，损失函数表示为：

$$\boldsymbol{L}(\boldsymbol{A}) = \gamma \boldsymbol{A}\boldsymbol{A}^{\mathrm{T}} + (\boldsymbol{Y} - \boldsymbol{A}\boldsymbol{X})(\boldsymbol{Y} - \boldsymbol{A}\boldsymbol{X})^{\mathrm{T}} \tag{2-4}$$

其中 $\boldsymbol{X}=(\phi(\boldsymbol{X}_1), \phi(\boldsymbol{X}_2), \cdots, \phi(\boldsymbol{X}_n))$，权系数向量 $\boldsymbol{A}=(a_1, a_2, \cdots, a_m)$。然后对 $\boldsymbol{A}$ 求偏导，并令其值为 0，可得：

$$\lambda \boldsymbol{A} + \boldsymbol{X}^{\mathrm{T}}\boldsymbol{A}\boldsymbol{X} = \boldsymbol{X}^{\mathrm{T}}\boldsymbol{Y} \tag{2-5}$$

将式(2-4) 改写成：

$$\boldsymbol{A} = \lambda^{-1}\boldsymbol{X}^{\mathrm{T}}(\boldsymbol{Y} - \boldsymbol{A}\boldsymbol{X}) = \boldsymbol{X}^{\mathrm{T}}\alpha \tag{2-6}$$

其中 $\alpha = \lambda^{-1}(\boldsymbol{Y} - \boldsymbol{A}\boldsymbol{X})$，将 $\boldsymbol{A}$ 变换位的样本点线性组合，α 可以改为：

$$\alpha = (\boldsymbol{X}\boldsymbol{X}^{\mathrm{T}} + \lambda \boldsymbol{I})^{-1}\boldsymbol{Y} = (\boldsymbol{K} + \lambda \boldsymbol{I})^{-1}\boldsymbol{Y} \tag{2-7}$$

这里 $\boldsymbol{K}$ 为核矩阵，$k_{ij} = \phi(\boldsymbol{X}_i) \cdot \phi(\boldsymbol{X}_j)$ 是核函数，记为 $\boldsymbol{K}(\boldsymbol{X}_i, \boldsymbol{X}_j)$。对于新样本 $\boldsymbol{X}_i$，y 的估计值为：

$$\hat{y}_j = \alpha \cdot \phi(\boldsymbol{X}_j) = \boldsymbol{Y}^{\mathrm{T}}(\boldsymbol{K} + \lambda \boldsymbol{I})^{-1}k \tag{2-8}$$

其中 k 为 $\phi(\boldsymbol{X}_i)$ 和 $\phi(\boldsymbol{X}_j)$ 的内积，其中元素为 n 维列向量。通过上面一系列变换后，可以避免显式计算 $\phi(x_i)$，巧妙解决了非线性回归问题[108]。

2.4.3 支持向量机

支持向量机(Support Vector Machine, SVM)能够使用最优化方法来解决机器学习中的回归和分类等问题，是目前最常用的分类器之一，广泛应用于模式识别等各个领域。SVM 的指导思想是在空间中找到一个能将不同类别样本分开的最优分界面，并且样本到分界面有最大分类间隔。实际情况中，很多样本不是线性可分的，这时支持向量机通常使用核函数，将样本数据映射在更高维度的特征空间，从而使得在低维线性不可分的样本在高维线性可分。下面对 SVM 原理进行简要说明。

SVM 最初是针对二分类问题的，假设在输入空间 X 中有样本 $\{(x_i, y_i)\}_{i=1}^{n}$，其中 $x_i \in \mathbb{R}^d$，其中 d 是样本维度，y_i 表示 x_i 的类别，二分类中 $y_i \in \{-1, +1\}$，表示负类和正类。SVM 的原理是：使用非线性函数 $\Phi(\cdot)$ 把输入的样本映射到在维度更高的空间 H，即 $\mathbb{R}^d \to \mathbb{R}^D$，这里 D 为高维空间的维度，然后构建一个到空间 H 中各个数据点距离最大的超平面，从而使得在低维空间中线性不可分的样本在高维空间中线性可分，分类的判别函数为

$$f(x) = (\boldsymbol{w}, \Phi(x)) + b \tag{2-9}$$

其中 $\boldsymbol{w}$ 为权向量，是一个 d 维向量，$\Phi(x)$ 是空间中的样本，b 为偏置。若 $f(x)$ 的值小于 0，判别函数判定 x 为负类，反之为正类[109]。

SVM 求解下面约束最小化问题

$$\min_{w,\, b,\, \xi} \frac{\|\boldsymbol{w}\|^2}{2} + C\sum_{i=1}^{n}\xi_i \tag{2-10}$$

$$\text{s.t.}\quad y_i f(x_i) \geqslant 1 - \xi_i,\ \xi_i \geqslant 0;\ i = 1, \cdots, n$$

其中 C 为正则参数，用来控制经验风险 $\sum_{i=1}^{n}\xi_i$ 和模型复杂度 $\frac{\|\boldsymbol{w}\|^2}{2}$ 间的平衡，$\xi = [\xi_i, \cdots, \xi_n]^{\mathrm{T}}$ 被称为松弛变量。超平面 $f(x) = 0$ 与 $f(x) = \pm 1$ 的间隔为 $\frac{1}{\|\boldsymbol{w}\|^2}$，最大化间隔相当于最小化 $\|\boldsymbol{w}\|^2$。

上面提到核函数的作用是数据从低维空间映射到高维空间，从而使得数据在高维空间中线性可分，并且找到最优线性超平面来进行分类。比较常用的核函数

有线性核、多项式核、高斯径向基核、直方图交叉核函数等。

(1) 线性核函数：

$$K(x_i, x_j) = x_i \cdot x_j \tag{2-11}$$

线性核函数参数少，速度快，主要用于线性可分的情况，这时候其输入和输出的维度一致。

(2) 多项式核函数：

$$K(x_i, x_j) = [(x_i, x_j) + 1]^q \tag{2-12}$$

其中 q 为阶数项。多项式核可以用于从低维度的输入空间映射到高纬度的特征空间，当 q 比较大时，其复杂度较高。

(3) 径向基核函数(Radial Basis Function，RBF)：

$$K(x_i, x_j) = \exp\left(-\frac{\|x_i - x_j\|^2}{2\sigma^2}\right) \tag{2-13}$$

其中 σ 是核函数的宽度，RBF 是最常用的核函数。

2.4.4　人工神经网络

人工神经网络(Artificial Neural Network，ANN)是近年来常用的一种机器学习方法，它起源于对生物神经系统信息处理功能的模拟，广泛用于自动控制、模式识别、信号处理等领域。神经网络通常由多个层次组成，每层包含多个神经元，根据处理信息的类型这些层次可分为：输入层、隐藏层和输出层，相邻层次的神经元相互连接。神经网络以并行的方式处理信息，具有高度非线性，输入信号与每层神经元的计算结果通过输出层输出，目前使用得比较广泛的神经网络模型之一是 BP(Back Propagation)神经网络。

McCulloch 等[110]最早提出用于模拟动物神经元的模型，该模型原理是：神经元接收 x_1，x_2，…，x_n 为输入，每个输入值都对应一个权重。神经元的输入 x_1，x_2，…，x_n 对应的权重为 w_1，w_2，…，w_n，在模型中，每个输入 x_i 与其对应权重 w_i 相乘，再求和，得到的结果再输入到激活函数 $f(\cdot)$ 中，激活后的结果就是该神经元的输出 y'[111]。该流程也可以用式(2-14) 表示

$$y' = f(w_1x_1 + w_2x_2 + w_3x_3 + b) \tag{2-14}$$

其中 b 为偏置项[112]。

基于人工神经元模型，Rosenblatt 等[113]提出感知机(Perceptron)。感知机由 1 个输入层、1 个隐藏层和 1 个输出层组成[114]。感知机的提出大大推进了人们对人工神经网络的研究，但是感知机更适合于线性可分的输入数据，对于非线性可分的输入数据效果并不理想。Rumelhart 等[115]提出了 BP 神经网络，该网络模型使用反向误差传递的原理，大大增强了人工神经网络解决问题的能力。传统的人工神经网络属于全连接网络，对于图像分类，如果直接将图像输入到人工神经网络往往效果不佳，其主要原因为：

(1)计算量过大。数字图像是由像素点排列生成的，直接将图像的像素点作为图像特征输入到人工神经网络中，这会导致输入数据过于巨大，参数过多，给计算带来巨大的压力。

(2)丢失重要信息。图像中的像素点位置是图像中的重要信息，而人工神经网络没有直接考虑图像中像素点的空间信息关系，如果将图像中的像素点作为人工神经网络的输入，则图像的像素点的空间位置信息将会丢失，通常很难得到好的效果。

(3)误差反馈困难。通常多层的人工神经网络有更强的描述能力，而多层的全连接人工神经网络，使用梯度下降方法训练网络经常会出现梯度消失的情况，从而很难将误差反向传递。

鉴于上述原因，图像并不是特别适合直接使用全连接网络的人工神经网络进行分类。若使用全连接人工神经网络，通常是人工指定特征类型，先从图像中提取特征，然后再将这些特征输入到全连接人工神经网络进行分类，目前对于图像分类主要使用卷积神经网络。卷积神经网络是一种端对端的网络，可以将图像特征提取和图像分类在一个网络模型中完成，下面对卷积神经网络进行介绍。

2.5 卷积神经网络

2.5.1 深度学习的萌芽

在应用中，研究者发现人工设计的特征在图像分类中性能不够理想。受到人类视觉神经系统的启发，人们希望计算机能够像人类视觉神经系统那样去分析、理解图片，而不是人工设计的颜色、纹理等特征。Hinton 等[116]于 2006 年在 *Science* 上最早提出深度学习(Deep Learning)的概念，希望借鉴人脑的多层抽象机制来实现对数据(图像、语音及文本等)的抽象表达，整合特征提取和分类器，建模到一个学习框架下。

深度学习使用分层结构来处理复杂的高维数据，每层由包含特征检测器的单元组成，低层检测简单特征并反馈给高层，从而能够检测出更复杂的特征。就图像识别而言，深度学习网络通常是先从图像像素提取出边缘特征等信息，再由这些信息的组合得到形状特征，最后根据形状特征抽象出整个目标的模型[117]。经典的深度学习模型有：深度置信网络[118](Deep Benefit Neural Networks，DBNs)、深度受限玻尔兹曼机[119](Deep Restricted Boltzmann Machine，DRBM)、卷积神经网络[119](Convolutional Neural Network，CNN)等，其中 Hinton 等在 2006 年提出的深度置信网络使深度学习开始引起了研究者的广泛关注。Hinton 等[118]指出：带有多个隐藏层的神经网络可以获取数据中更为本质的特征信息，从而表现出比浅层神经网络更强的学习能力，通过无监督学习和分层预训练能够解决多隐藏层神经网络训练困难的问题。深度学习模仿人脑的多层抽象机制来分层处理数据，将低层检测的特征输入到高层继续检测，进而抽象出较为复杂的特征。Bengio 等[120]也提出一种分层(Layer-wise)训练多层网络的方法的深度学习网络，这些工作使得多层神经网络开始成为人们的研究热点。

工业界也很快推出了基于深度学习的研究成果，2012 年，机器学习专家 Andrew Ng 和计算机系统专家 Dean 一起领导开发了 Google 公司的 Google 大脑项目，该项目搭建了一个巨型的并行化计算平台用于训练深度学习网络，并在图像识别和语音识别中取得了很大成功。同年，微软公司展示了一个基于深度学习的语音识别系统，该系统能够实现同声传译的功能，当演讲者在前台使用英文演讲时，在后台语音识别系统可以完成语音识别、自动从英文到中文的翻译、中文语音合成。

2.5.2　卷积神经网络的发展

卷积神经网络是目前最流行的深度学习模型，其使用权值共享的方法，和全连接的人工神经网络相比，这种方法极大地减少了权值的个数。Hubel 等[121]在研究中发现动物的脑皮层是分级处理视觉信息，负责视觉的细胞只在一个局域内感受到信息，并且对边缘信息更为敏感，这一发现为人们研究视觉信息处理，以及大脑视觉系统的研究作出重要贡献。对于人类的视觉机制的研究发现：人类的眼睛接收外界信号之后，人类大脑皮层的负责视觉处理的细胞先感知到物体的边缘和方向，接下来人类大脑再感知物体的形状，最后大脑再判断物体的具体信息。这些发现启发了卷积神经网络的发明，Lecun 等[122]早在 1998 年就提出了一个卷积神经网络模型——LeNet，这也是最早被人们熟知的经典卷积神经网络模型，LeNet 在美国成功应用于识别银行支票上的手写数字，卷积神经网络的工作原理图如图 2-4 所示。

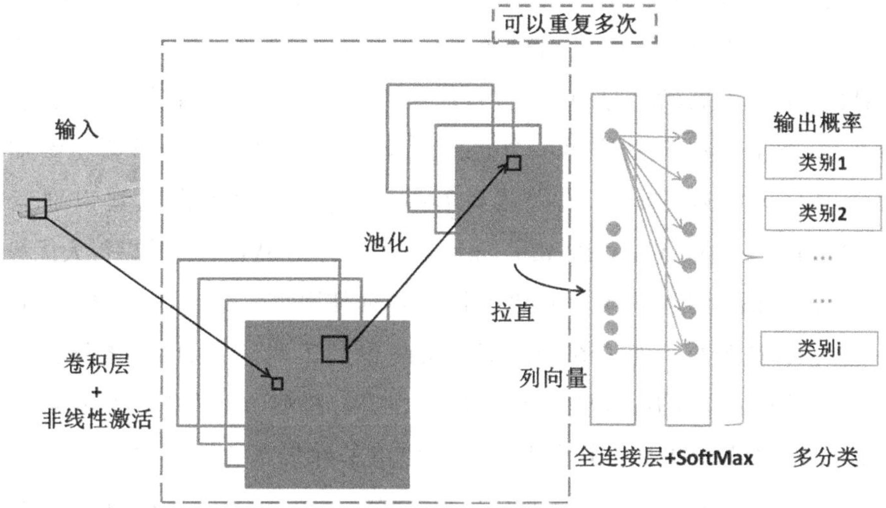

图 2-4 卷积神经网络工作机制示意图

卷积神经网络 LeNet 主要由卷积层、池化层、全连接层组成，其中全连接层和传统的人工神经网络一样。LeNet 模型如图 2-5 所示，其中卷积层使用 5×5 的卷积核，滑动步长为 1，每个特征图(Feature Map)使用一个卷积核，卷积层采用局部连接、权重共享的方法；池化层中使用尺寸为 2×2，步长为 2 的方法进行降采样；然后再连接卷积层，降采样层以及三个全连接层。

与传统的全连接人工神经网络相比，卷积神经网络更善于处理图像，特别对

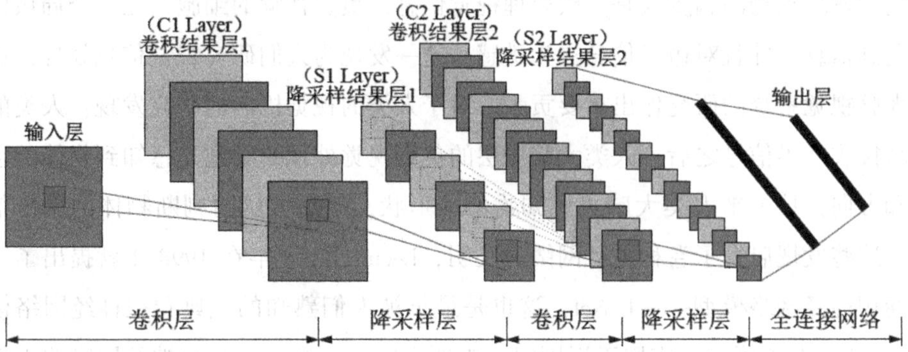

图 2-5　LeNet 模型[122]

于大规模图像处理任务。由于卷积神经网络需要比较大的计算量，但受限于计算机硬件资源，在 LeNet 提出后十多年里，卷积神经网络没有引起广泛关注。而随着计算机硬件的发展(特别是 GPU 并行计算的应用)、海量的数据标记的出现，Krizhevsky 等在 2012 年提出另一个卷积神经网络——AlexNet，该模型参加了 2012 年的全球权威的计算机视觉竞赛——ImageNet 大规模视觉识别竞赛(ImageNet Large Scale Visual Recognition Competition，ILSVRC)，并以很大优势获得了当年图像识别的冠军[123]。在比赛中 AlexNet 使用两个 Nvidia GTX580 GPU 训练 ImageNet2012 数据，通过 6 天的训练最终得到了测试集的 Top-5 错误率为 15.32%，而第二名的 Top-5 错误率要高出 AlexNet 模型 10%左右。AlexNet 不仅仅是对 LeNet 简单的扩展，其在训练时还使用了许多新的技术和方法。例如，AlexNet 使用了 Dropout 方法来防止模型在训练时过拟合；AlexNet 还使用了数据扩增(Data augmemt)技术，通过对数据集中原有图像进行翻转、加噪声、平移等方法生成新的图像样本来增加数据集的大小，数据增广可以避免训练时出现过拟合(Overfitting)；使用线性整流单元(Rectified Linear Unit，ReLU)代替了神经网络中常用的 Sigmoid 激活函数，以防止梯度弥散和加快模型的训练速度。

AlexNet 的成功引起人们对卷积神经网络的广泛关注，很多研究者开始对 AlexNet 进行研究和改进，在 2013 年的 ILSVRC 比赛中大部分参赛人员使用了卷积神经网络模型，其中 Zeiler 使用反卷积来观察网络，并根据观察的结果来对 AlexNet 进行微调，最终 Zeiler 等获取了当年的图像分类冠军。此后出现了很多优秀的卷积神经网络模型，比较经典的模型有 VGGNet[124]、GoogLeNet[125] 和 ReSNet[126] 等。下面来介绍卷积神经网络的基本结构，主要介绍卷积层、池化层(降采样层)、全连接层、分类层以及常用的技术方法。

2.5.3　卷积神经网络的基本结构

1) 卷积层

卷积层的主要功能是从图像中提取特征，卷积层设计了一组可学习的卷积核(Kernel)，也称为滤波器(Filter)。一般情况下，卷积核的高度和宽度都比较小，其深度和输入数据(原始输入图像或上一层的输出结果)相同，卷积工作原理示例图如图 2-6 所示。卷积运算的过程也是提取图像中特征的过程，不同的卷积核可以认为是不同的特征提取方法。原始图像中的区域中的像素值与卷积核中对应的值相乘并求和，卷积核在图像上滑动后再进行相乘求和。在进行卷积运算时，卷积核的权值是共享，这样可以减少运算中参数的数量。

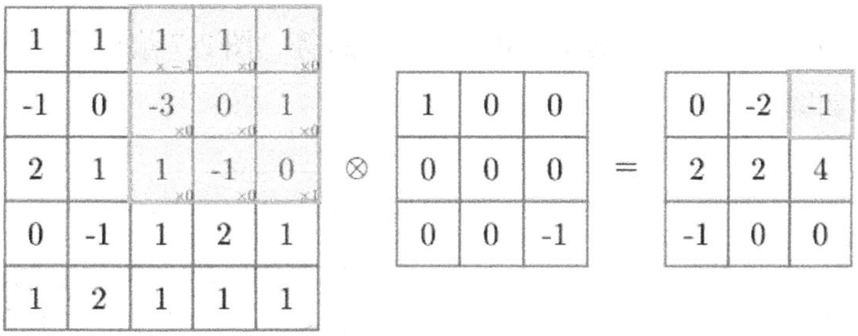

图 2-6　卷积工作原理示例图

在网络前向传播时，每个卷积核按照设定的步长(Stride)与输入数据进行卷积运算，运算结果通过非线性激活变换后生成该层的特征图(Feature map)，卷积层输出的特征图可以表示为：

$$X_j^l = f\left(\sum_{i \in M_j} X_i^{l-1} * K_{ij}^l + b_j^l\right) \tag{2-15}$$

其中 X_j^l 表示输出层(第 l 层)的第 j 个特征图，X_i^{l-1} 表示输入层(第 $l-1$)层第 i 个特征图，M_j 表示选择的输入特征图组合，K_{ij}^l 表示输入和输出特征图之间的卷积核，∗ 表示卷积运算，b_j^l 是特征图对应的偏置项，$f(x)$ 表示卷积网络中的激活函数，比较常见的是 ReLU、Tanh 和 Sigmoid 函数，如式(2-16)、(2-17) 和(2-18)所示。

$$\text{ReLU}: f(x) = \max(0, x) \tag{2-16}$$

$$\text{Tanh}: f(x) = \frac{e^x - e^{-x}}{e^x + e^{-x}} \tag{2-17}$$

$$\text{Sigmoid}: f(x) = \frac{1}{1 + e^{-x}} \tag{2-18}$$

2)池化层

池化层也叫降采样层、下采样层或聚合层，其主要作用是对特征图进行降维。降维使得特征数量减少了，同时使得网络模型的参数也减少了，其复杂度也降低了。池化层对特征图中区域的值进行聚合统计，将一个区域的值映射为一个值，从而减小了特征图的尺寸，使用池化还可以在一定程度上增强图像特征的鲁棒性，还能使网络训练的速度加快，有益于避免网络训练时容易出现的过拟合。目前使用最多的池化方式是最大值池化(Max pooling)，另外还有随机池化(Stachastic pooling)和平均值池化(Mean pooling)等，图 2-7 给出了最大池化和平均池化的示例图。

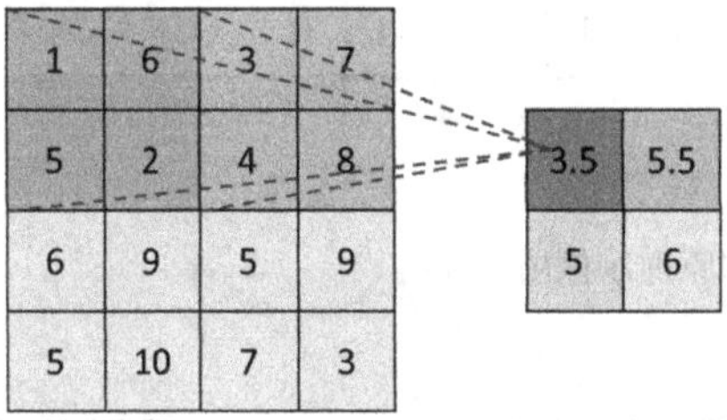

(a) 平均池化

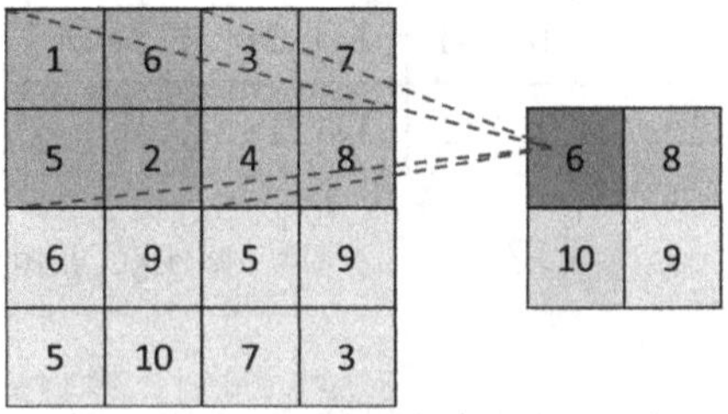

(b) 最大池化

图 2-7　不同池化的示例图

平均池化与最大池化的工作原理可以用式(2-19)和式(2-20)表示。

$$Y_{m,n}^d = \max_{i \in R_{m,n}^d} x_i \tag{2-19}$$

$$Y^{d}_{m,n}=\frac{1}{|R^{d}_{m,n}|}\sum_{i\in R^{d}_{m,n}}x_i \tag{2-20}$$

其中输入为 $X\in\mathbb{R}^{M\times N\times D}$，池化操作的区域用 $R^{d}_{m,n}$ 表示，输出为 Y^{d}。

在图像分类中，最大值池化通常有更好的表现，因此最大值池化是最常用的池化方法[127]。

3)全连接层

全连接层是传统神经网络的结构，指的是相邻两层神经元结点之间的相互连接。全连接层可以将多维的特征图转换为一维的向量，同时保留特征中有用的信息，图 2-8 是二维的特征图转换为一维向量的示意图。

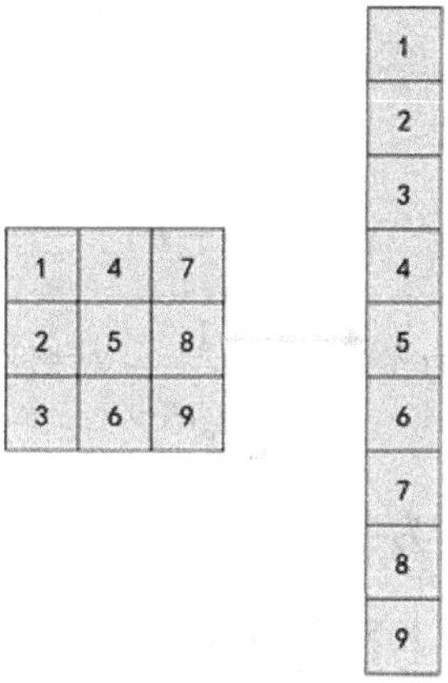

图 2-8 特征图向量转换示意图

在图像分类任务的卷积神经网络架构中，全连接接层通常放在网络的尾部，将特征输入分类器中[128]。卷积神经网络模型通常使用 1 个或多个全连接层，全连接层能够整合模型中前面层次提取的信息，起到模型中分类的作用。全连接层包含了整个卷积神经网络的大部分参数，而且全连接层也并不是卷积神经网络必须有的，有研究发现在样本数据充足时，去掉全连接层并不会降低网络的性能[129]。

4)分类层

卷积神经网络中的分类层在训练和测试时承担不同的功能。在训练时，分类层能够计算网络预测值与真值之间的误差，这样可以使用卷积网络的反向传播和梯度下降法最小化模型的损失；在测试时，分类层计算样本图像为各个类别的概率，并将样本图像归类为最大概率的类别。卷积神经网络最常用的分类器使用的是 Softmax 回归，下面对其做简单介绍。

Softmax 回归是用来解决多分类任务，是将 logistic 回归方法推广到多分类任务上。对于 Softmax 回归的数据集 $\{(x^{(1)}, y^{(1)}), \cdots, (x^{(i)}, y^{(i)}), \cdots, (x^{(m)}, y^{(m)})\}$，其中 y 的类别是 k，即 $y^{(i)} = \{1, 2, \cdots, k\}$，对输入 x，需要使用假设函数求出 x 对于每种分类 j 结果的概率值 $p(y = j \mid x)$，这里 k 个概率值用一个 k 维向量表示，所以假设函数的形式为：

$$\boldsymbol{h}_\theta(x^{(i)}) = \begin{pmatrix} p(y^{(i)} = 1 \mid x^{(i)};\ \theta) \\ p(y^{(i)} = 2 \mid x^{(i)};\ \theta) \\ \vdots \\ p(y^{(i)} = k \mid x^{(i)};\ \theta) \end{pmatrix} = \frac{1}{\sum_{j=1}^{k} e^{\theta_j^T x^{(i)}}} \begin{pmatrix} e^{\theta_1^T x^{(i)}} \\ e^{\theta_2^T x^{(i)}} \\ \vdots \\ e^{\theta_k^T x^{(i)}} \end{pmatrix} \tag{2-21}$$

其中 $\theta_1, \theta_2, \cdots, \theta_k \in R^{n+1}$ 为参数，$\frac{1}{\sum_{j=1}^{k} e^{\theta_j^T x^{(i)}}}$ 对概率分布归一化，所有概率和为 1。Softmax 的损失函数可以写为：

$$J(\theta) = -\frac{1}{m}\left[\sum_{i=1}^{m}\sum_{j=1}^{k} 1\{y^{(i)} = j\} \log \frac{e^{\theta_j^T x^{(i)}}}{\sum_{l=1}^{k} e^{\theta_l^T x^{(i)}}}\right] \tag{2-22}$$

其中 $1\{y^{(i)} = j\}$ 表示指示函数(Indicator function)，取值规则为 1{值为真的表达式} = 1，1{值为假的表达式} = 0。Softmax 回归中计算输入 x 分类为类别 j 的概率为：

$$p(y^{(i)} = j \mid x^{(i)};\ \theta) = \frac{e^{\theta_j^T x^{(i)}}}{\sum_{l=1}^{k} e^{\theta_l^T x^{(i)}}} \tag{2-23}$$

5) Dropout

深度神经网络训练时倾向于适应训练集中的样本，容易出现过拟合现象，Dropout 是解决过拟合问题的有效方法之一。Dropout 预定义一个概率 p，按照概率 p 随机丢弃神经网络某层部分神经元，丢弃的神经元的输出为零，同时保持网络输入和输出的神经元不变，然后网络在训练集上进行学习和参数更新，图 2-9 是标准的神经网络和使用 Dropout 之后的神经网络。因为神经元是随机丢弃的，所以每一次训练都好像在训练一个新的网络，这样整个模型的训练就好像在训练多个网络的集成模型，训练完后取多个网络的平均值。

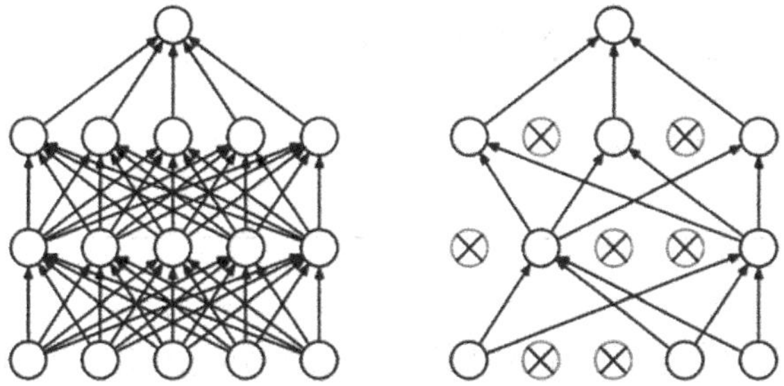

（a）标准神经网络　　（b）使用Dropout后的神经网络

图 2-9　使用 Dropout 前后的神经网络

6）局部响应归一化（Local Response Normalization，LRN）

LRN 借鉴了神经生物学中的侧抑制（Lateral inhibitio）的概念，建立一个同层相邻卷积核生成的特征图间的竞争机制。LRN 使显著的特征能够进一步被放大，而抑制相邻的特征，从而增强了模型的泛化能力。

2.5.4　优化方法

深度卷积神经网络模型在数据集上进行训练时，通常需要使用到优化方法来求损失函数的最小值的最优解。比较常用的优化方法有随机梯度下降法（Stochastic Gradient Descent，SGD）、动量（Momentum），以及目前最流行的具有自适应学习率的算法：AdaGRad、RMSProP 和 Adam 等算法[130,131]。

1）SGD

SGD 中的梯度一般指的是最小 batch（mini-batch），在整体样本中抽取 m 个小批量（独立同分布）样本，迭代计算小批量的平均梯度均值，然后更新参数。表 2-1 是 SGD 算法的描述。

表 2-1　SGD 算法

算法：SGD 在第 k 个训练迭代的更新
设置参数：学习率 ϵ_k，初始参数 θ
While 没有达到停止准则 do；
从训练集中选取一个批量样本 $(x^{(1)}, \cdots, x^{(m)})$，其中 $x^{(i)}$ 对应目标为 $y^{(i)}$；
计算梯度提出估计 $\hat{g} \leftarrow \frac{1}{m}\nabla\theta \sum_i L(f(x^{(i)};\theta), y^{(i)})$
计算速度更新：$\theta \leftarrow \theta - \epsilon\hat{g}$
End while

在实际使用中，学习率通常不固定，而是逐渐减小的。常用的方法是设置一个阈值 τ，在 τ 次迭代前，使用先将学习率线性衰减，线性衰减通常使用公式如下：

$$\epsilon_k = (1-\alpha)\epsilon_0 + \alpha\epsilon_\tau \tag{2-24}$$

其中 ϵ_0 是初始学习率，$\alpha = \frac{k}{\tau}$，在第 τ 次迭代后，学习率再设置为固定的[132]。这里初始学习率 ϵ_0 的设置比较重要，如果 ϵ_0 设置得太小，训练时间会非常缓慢，如果设置得比较大，损失函数会很大，学习曲线也会出现比较严重的振荡。SGD 是最基础的方法，也是比较常用的优化方法，但是该方法训练过程较慢，并且选择一个相对合适的学习率也比较困难，另外 SGD 比较容易收敛到局部最优。对此，在 SGD 的基础上，人们提出了其他方法。

2) Momentum

SGD 的原理比较简单，但是学习过程有时会很慢，因此有学者提出基于动量(Momentum)算法的优化方法，目的是加快学习速度，特别是在处理高曲率或是带噪声的梯度。Momentum 方法借鉴了物理中动量的思想，用于模拟物体运动时的惯性，即更新参数的时候还在一定程度上保留原来的方向，同时还使用之前的梯度来影响梯度的最终方向。为了表示动量，还引入了一个变量 v。v 是之前的梯度的累加，累积了梯度 $\nabla\theta \sum_i L(f(x^{(i)};\theta), y^{(i)})$，但是每回合都有一定的衰减。这里还定义一个参数 α，$\alpha \in [0, 1)$，由 α 来决定之前的梯度对当前梯度的影响程度，当 α 相对于 ϵ 比较大时，当前梯度受之前的影响比较大。使用动量可以加快学习速度，也增加了稳定性，另外还一定程度上有助于避免陷入局部最小值。带动量的 SGD 算法如表 2-2 所示。

表 2-2 Momentum 算法[133]

算法：Momentum 算法
设置参数：学习率 ϵ，动量参数 α，初始参数 θ，初始速度 v；
While 没有达到停止准则 do
从训练集中选取一个批量样本$(x^{(1)}, \cdots, x^{(m)})$，其中 $x^{(i)}$ 对应目标为 $y^{(i)}$；
计算梯度提出估计：$\hat{g} \leftarrow \frac{1}{m} \nabla\theta \sum_i L(f(x^{(i)}; \theta), y^{(i)})$；
计算速度更新：$v \leftarrow \alpha v - \epsilon \hat{g}$；
应用更新：$\theta \leftarrow \theta + v$；
End while

3) AdaGrad

前面几种优化方法都使用相同的学习率来训练模型中的每一个参数，而实际中各参数的重要性是不同的，AdaGrad 方法是对不同参数动态地采取不同的学习率，从而让目标函数收敛得更快。AdaGrad 先计算每个参数每次迭代的梯度，然后求梯度的平方和的平方根，再用求得的值去除学习率，以此来自动调整学习率[134]。具体算法如表 2-3 所示。

表 2-3 AdaGrad 算法

算法：AdaGrad 算法
设置参数：学习率 ϵ，初始参数 θ，常数 δ，梯度累积变量初始值 r
While 没有达到停止准则 do
从训练集中选取一个批量样本$(x^{(1)}, \cdots, x^{(m)})$，其中 $x^{(i)}$ 对应目标为 $y^{(i)}$
计算梯度提出估计：$\hat{g} \leftarrow \frac{1}{m} \nabla\theta \sum_i L(f(x^{(i)}; \theta), y^{(i)})$

续表

算法：AdaGrad 算法
累积平方梯度：$r \leftarrow r + g \odot g$
计算速度更新：$\theta \leftarrow -\dfrac{\epsilon}{\delta + \sqrt{r}} \odot g$（逐元素地应用求平方根与除运算）
应用更新：$\theta \leftarrow \theta + \Delta\theta$
End while

其中常数 δ 为了数值稳定，通常设置在 10^{-7} 左右。AdaGrad 算法通常会随着算法的迭代，学习率会逐渐变小，实践中 AdaGrad 在很多模型上的表现效果都比较好。而 AdaGrad 的缺点也是比较明显的，在训练的后期，学习率会过量和过早地减小，从而使训练提前结束。

4）RMSProP

RMSProP 算法是 AdaGrad 算法的改进，其在非凸条件下的神经网络模型表现出来的效果更好。RMSProP 使用指数衰减平均以去除历史信息的影响。RMSProP 算法如表 2-4 所示。

表 2-4　RMSProP 算法

算法：RMSProP 算法
设置参数：学习率 ϵ，初始参数 θ，常数 δ，梯度累积变量初始值 r，超参数 ρ
While 没有达到停止准则 do
从训练集中选取一个批量样本（$x^{(1)}$，…，$x^{(m)}$），其中 $x^{(i)}$ 对应目标为 $y^{(i)}$
计算梯度提出估计：$\hat{g} \leftarrow \dfrac{1}{m} \nabla\theta \sum_i L(f(x^{(i)};\theta), y^{(i)})$
累积平方梯度：$r \leftarrow \rho r + (1-\rho) g \odot g$
计算速度更新：$\theta \leftarrow -\dfrac{\epsilon}{\delta + \sqrt{r}} \odot g$（逐元素地应用求平方根与除运算）
应用更新：$\theta \leftarrow \theta + \Delta\theta$
End while

从 RMSProP 算法中可以看到，它与 AdaGrad 算法唯一不同的地方是在累积平方梯度的时候，增加了一个超参数 ρ，实践中已经证明 RMSProP 算法在深度神经网络中非常有效，是深度学习中常用方法之一[135]。

4) Adam 算法

Adam 算法是自适应时刻估计方法(Adaptive Moment Estimation)的简称，它也是一种自适应学习率的优化算法，可以看做 RMSProP 算法和动量方法的结合，并修正其偏差，其算法如表 2-5 所示[136-138]。

表 2-5 Adam 算法

算法：Adam 算法

设置参数：学习率 ϵ，初始参数 θ，常数 δ，矩估计指数衰减速率 ρ_1 和 ρ_2，初始化一阶和二阶变量 $s = 0$，$r = 0$，初始化时间 $t = 0$

While 没有达到停止准则 do

  从训练集中选取一个批量样本($x^{(1)}, \cdots, x^{(m)}$)，其中 $x^{(i)}$ 对应目标为 $y^{(i)}$

  计算梯度提出估计 $\hat{g} \leftarrow \frac{1}{m} \nabla\theta \sum_i L(f(x^{(i)};\theta), y^{(i)})$

  $t \leftarrow t + 1$

  更新偏一阶矩估计：$s \leftarrow \rho_1 s + (1-\rho)g$

  更新偏二阶矩估计：$r \leftarrow \rho_2 r + (1-\rho)g \odot g$

  修正一阶矩的偏差：$\hat{s} \leftarrow - \frac{s}{1-\rho_1^t}$

  修正二阶矩的偏差：$\hat{r} \leftarrow - \frac{r}{1-\rho_1^t}$

  计算更新：$\theta \leftarrow - \epsilon \frac{\hat{s}}{\delta + \sqrt{\hat{r}}} \odot g$(逐元素运算)

  应用更新：$\theta \leftarrow \theta + \Delta\theta$

End while

初始学习率初始值通常建议设置为 0.001，矩估计指数衰减速率 ρ_1 和 ρ_2 都在区间[0, 1)里，通常设置为 0.9 和 0.999，常数 δ 用于数值稳定，建议设置为

10^{-8}[137,138]。Adam 可以解决其他优化算法中出现的学习率消失、损失函数波动过大等问题。Adam 在实际应用中通常比其他自适应学习率算法收敛得更快，并取得了很好的效果，其已成为许多研究者首选的优化算法。

前面介绍了深度神经网络中几种常用的优化算法，对于如何选择优化算法[131]。Schaul 等[139]在大量学习任务中比较了各种优化算法，结果表明自适应学习率算法通常表现得更为鲁棒，但也并不是某种算法具有绝对优越性。在实际使用中，研究者通常是根据实际问题和对某种算法的掌握程度来选择优化算法。

2.5.5　AlexNet

AlexNet 包含了 5 个卷积层、3 个池化层、3 个全连接层和 1 个用于分类的 Softmax 层，如图 2-10 所示。AlexNet 网络使用了两个 GPU 在两路分支同时训练，这样的并行计算大大加快了训练的速度，并在网络中的全连接层将信息融合。为了防止出现过拟合的问题，在训练网络参数模型时，先对数据进行随机裁剪、水平翻转以及颜色光照的调节，以达到数据增强的目的。AlexNet 中使用的是 ReLU 激活函数，代替了以前常用的 Sigmoid 函数，从而解决了当卷积网络层数比较深时出现的梯度弥散问题。另外，AlexNet 还使用了 Dropout 方法，以缓解当训练样本不足时导致 CNN 训练出现的过拟合问题。

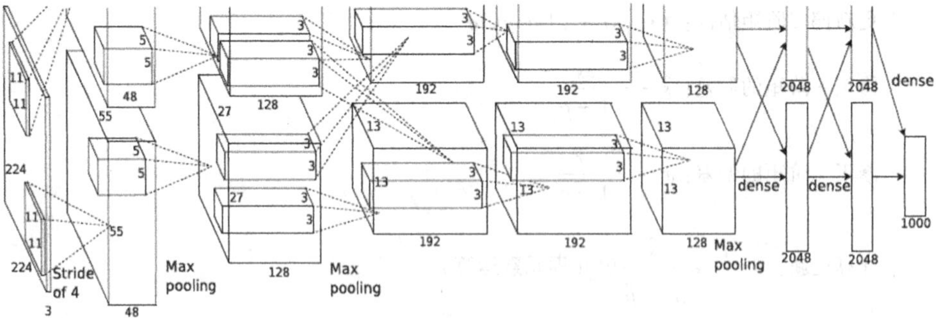

图 2-10　AlexNet 结构图[123]

2.5.6　VGGNet

VGGNet 是另一个经典的卷积神经网络模型，其网络结构更深。VGGNet 参加了 2014 年的 ILSVRC 比赛，获得了目标定位任务第 1 名和图像分类任务第 2 名的优异成绩[124]。与 AlexNet 相比，VGGNet 有几个明显的变化：①网络层次更深，如常用的 VGG-16 为 16 层；②VGGNet 中使用 3×3 的小卷积核，这样可以减少卷积层的参数；③VGGNet 使用更多的 ReLU 使得模型的决策更有判别性。VGGNet 的网络结构如表 2-6 所示，表中列出了从 11 层到 19 层等几种不同 VGGNet 模型的结构配置，其中 D 和 E 就是比较常用的 VGG-16 与 VGG-19，图 2-11 是常用的 VGG-16 的结构图。

表 2-6 VGGNet 网络结构[124]

VGGNet 卷积网络配置					
A	A-LRN	B	C	D	E
11 权重层	11 权重层	13 权重层	16 权重层	16 权重层	19 权重层
输入(224×224 RGB 图像)					
conv3-64	conv3-64 LRN	conv3-64 conv3-64	conv3-64 conv3-64	conv3-64 conv3-64	conv3-64 conv3-64
maxpool					
conv3-128	conv3-128 conv3-128	conv3-128 conv3-128	conv3-128 conv3-128	conv3-128 conv3-128	conv3-128 conv3-128
maxpool					
conv3-256 conv3-256	conv3-256 conv3-256	conv3-256 conv3-256	conv3-256 conv3-256 conv1-256	conv3-256 conv3-256 conv3-256	conv3-256 conv3-256 conv3-256 conv3-256
maxpool					
conv3-512 conv3-512	conv3-512 conv3-512	conv3-512 conv3-512	conv3-512 conv3-512 conv1-512	conv3-512 conv3-512 conv3-512	conv3-512 conv3-512 conv3-512 conv3-512

续表

VGGNet 卷积网络配置					
maxpool					
conv3-512 conv3-512	conv3-512 conv3-512	conv3-512 conv3-512	conv3-512 conv3-512 conv1-512	conv3-512 conv3-512 conv3-512	conv3-512 conv3-512 conv3-512 conv3-512
maxpoo					
FC-4096					
FC-4096					
FC-1000					
softmax					

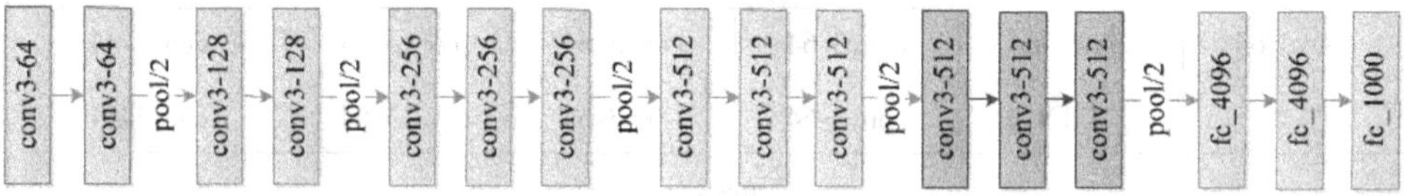

图 2-11　VGG-16 结构图

输入：VGGNet 的输入是 RGB 彩色图像，对输入图像进行随机裁剪，得到图像大小为 224×224。在图像预处理中，需要首先计算训练集图像中 RGB 三个通道的均值，然后用每幅图像都减去这个均值。

卷积层：卷积层中使用的是大小为 3×3 的卷积核，卷积的步长(Stride)为 1，填充(Padding)也设置为 1。

池化层：VGGNet 有 5 个池化层，窗口大小为 2×2，步长值为 2，都是使用最大池化(Max-pooling)的方法。

全连接层：一系列卷积层和池化层在叠加之后是 3 个全连接层，因为 VGGNet 在比赛中用的数据集是 1000 类，所以最后一个全连接层的结点数是 1000 个。

参数初始化方法：因为 VGG-16 或 VGG-19 网络层次较深，在大规模数据集上直接训练会非常费时。其采取的策略是先预训练浅层网络，然后将得到的权重对较深层次的网络进行参数初始化。比如可以先预训练表 2-6 中层数较少的 A 网络(11 层)，A 网络的参数使用的是随机初始化，再使用训练 A 网络得到的参数来初始化较深层次的网络。

VGGNet 使用更小的卷积核，使得卷积核中的参数更少，网络中多个卷积层，这些卷积层包含的卷积核数据也不同，卷积核数量从 64 到 512 不等。

2.5.7　GoogLeNet

GoogLeNet 是 Google 公司提出的新的卷积神经网络模型，是由 2014 年 Google 公司的 Szegedy 等人提出的。GoogLeNet 采用一种新的并行式的结构，曾获得 ILSVRC 图像分类比赛的冠军[125]。通常情况下，为了提高卷积神经网络的性能，最直接也是最容易想到的方法是增加网络中层次(深度)以及网络中卷积核数量(宽度)，但是如果只是简单地采取堆叠的方式增加卷积神经网络的深度和宽度，模型容易出现过拟合、陷入局部极值、梯度弥散(反向传播时梯度信息消失)等问题。

研究者发现采用稀疏连接的网络可以解决以上问题，并且臃肿的稀疏网络可能实现被简化的同时也不降低原来的性能的效果[140]。因此，GoogLeNet 使用一种 Inception 结构，该结构将前面的特征图并行输入不同的卷积核(1×1，3×3，5×5)后再拼接在一起，由后面的网络选择使用卷积核的信息。这样既能增加网络宽度、提高网络的适应性，又可以保持网络结构的稀疏性，还能利用密集矩阵的高计算性能。

在网络深度方面，GoogLeNet 使用了 22 层架构，为了避免梯度弥散问题，GoogLeNet 在模型中间的不同深度加入了 2 个分类器。在网络宽度方面，GoogLeNet 使用了不同的卷积核(1×1，3×3，5×5)，另外还直接做最大池化操作。为避免使用非常长的特征图，如图 2-12(a)中的 Naïve 版本的 Inception 模块示意图，不能将上述过程直接应用于前一层输出的特征图，在增加网络宽度的同时也增加了网络中的参数，带来计算量的增加。对此，Inception 结构采用了 Network in Network 思想，如图 2-12(b)所示，在前一层输出的特征图上，首先使用 1×1 的卷积核进行卷积运算，同时在进行 3×3 的最大池化后也进行 1×1 的卷积运算，这样可以起到降低特征图维度的作用，并且也能保留特征图的信息。

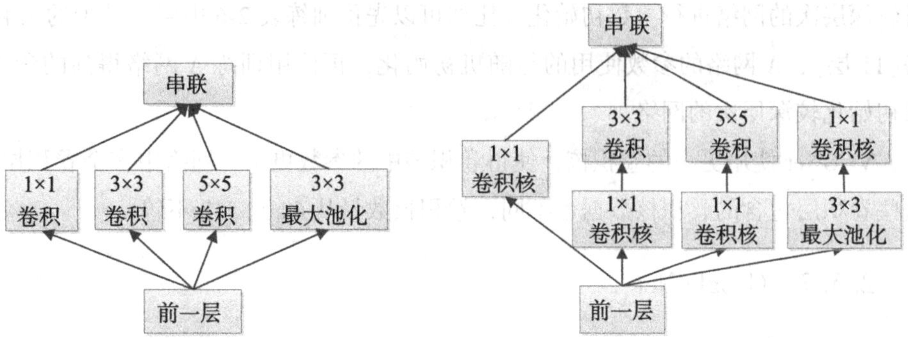

(a) Naïve 版本的 Inception 模块　　(b) 带降维的 Inception 模块

图 2-12　Inception 结构示意图

GoogLeNet 在接下来进行了改进，又有了 InceptionV2、InceptionV3、InceptionV4 等新的版本，其中 InceptionV2 比早先的 Inception 增加了批量归一化，以及将尺寸为 5×5 卷积核替换为两个相连的尺寸为 3×3 的卷积核，这样可以增加网络的宽度，并且提高网络内部的稳定性。类似地，InceptionV3 使用尺寸为 7×1 和 1×7 的卷积核替换了首层尺寸为 7×7 的卷积核，同时使用尺寸为 3×1 和 1×3 的卷积核替换了首层尺寸为 3×3 的卷积核，还将网络的输入样本尺寸扩增至 299×299×3 以获取更多的输入信息。

2.5.8　ResNet

在使用卷积神经网络进行特征提取时，网络提取数据的特征“等级”也随着网络层次的提高而逐渐提高，但是深度网络带来的梯度弥散问题往往导致网络很难收敛。对此人们在研究中也提出了一些技巧，如参数归一化初始化，各层输入归一化等，这些技巧的使用加快了深度网络的收敛速度。但随后人们发现深层网络收敛后容易出现“退化现象”，即深层网络的训练误差和测试误差都大于浅层网络。“退化现象”成为提高网络的深度层次的严重障碍。图 2-13 是 56 层和 20 层堆栈方式的卷积神经网络模型 CIFAR-100 数据集中出现的退化现象，可以看到 56 层的模型训练和测试时得到的损失都比 20 层模型的要大。针对这些难题，He 等人提出了残差网络(Residual Net，ResNet)[126]。

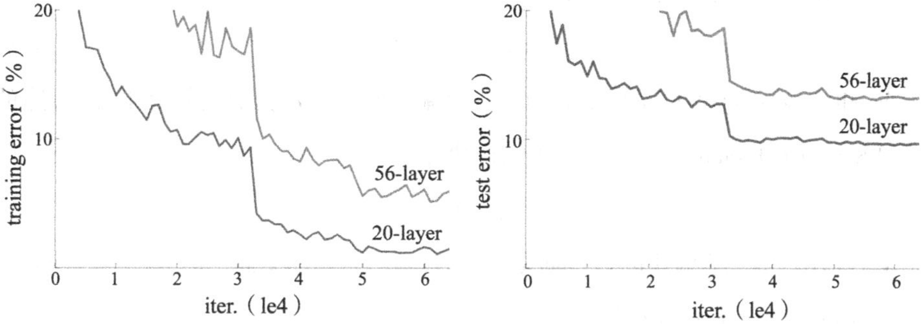

图 2-13 卷积神经网络的“退化现象”[126]

ResNet 在 2015 年大放异彩，不仅获得了当年的 ILSVRC 图像定位、图像检测和图像定位三个项目的比赛冠军，在另一个著名的比赛——常见物体图像识别（Common Objects in Context，COCO）的图像分割与图像检测两个主要项目上也获得了冠军。

ResNet 进一步提高了网络的深度，目前常见的有 34 层、50 层、101 层、1001 层。ResNet 使用了残差学习（Residual Learning）的概念，其主要思想是在浅层网络基础上叠加的网络层可以看做是恒等映射（Identity Map），这样就可以增加网络的深度，而不出现“退化现象”，学习恒等映射中的残差信息要比在相同的数据上构造一个恒等映射函数要容易。残差学习的网络结构如图 2-14 所示。

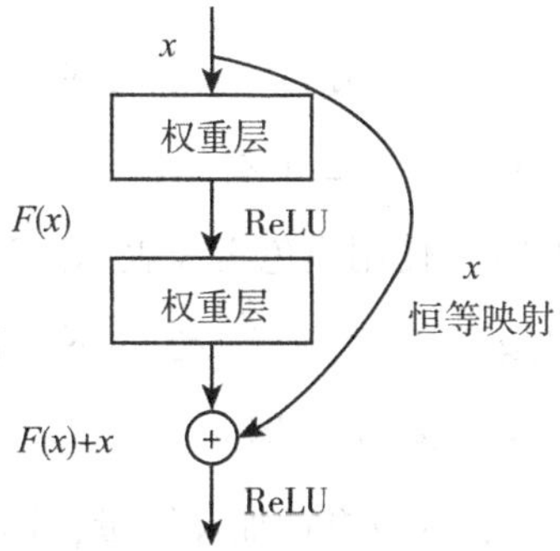

图 2-14 残差学习结构示例图[126]

图 2-15 中有两个权重层，第 2 个权重层的输出可以表示为

$$F = W_2\sigma(W_1\boldsymbol{x}) \tag{2-25}$$

其中 W_1 和 W_2 表示两个权重层的权重，$\boldsymbol{x}$ 为输入向量，σ 表示函数 ReLU。右边的弧线是短连接(shortcut)，图 2-14 中结构块输出为

$$y = F(x,\ \{W_i\}) + x \tag{2-26}$$

其中 $\boldsymbol{y}$ 表示图 2-15 结构块的输出向量，W_i 表示权重层的权重，$F(x)$ 是残差函数，表示恒等映射中的某种扰动信息。

当需要对输入和输出的维度变化时，在短连接时要对 x 做一个线性变化，输出为

$$y = F(x,\ \{W_i\}) + W_s x \tag{2-27}$$

其中 W_s 表示线性投影。

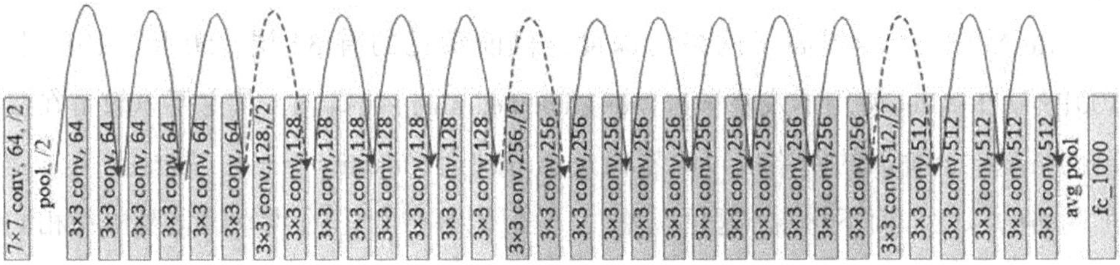

图 2-15　ResNet 结构

图 2-15 是 34 层的 ResNet，共使用了 5 组不同的卷积核，每经过一组卷积核，对获得的特征图进行一次下采样，每 2 个卷积核进行一次 shortcut，使用 1×1 的卷积运算来实现，并在图 2-16 中使用黑色实线表示。当 shortcut 连接的两个特征图不相同时，在 1×1 的卷积运算后再进行 1/2 的下采样，在图中以黑色虚线表示。最后的分类层仍然使用 Softmax 分类器。

ResNet 和 VGGNet 相比较，并没有增加计算量，训练时速度并没有减慢，并且可以构建层次更深的网络结构，常见的 ResNet 可以达到 152 层。

2.6 本章小结

本章是图像分类方法概述，首先介绍了图像分类方法发展的几个阶段，然后列举了常用的几种图像特征以及特征的表达方法，接下来简要介绍了常用的分类器，最后说明卷积神经网络中卷积层、池化层、全连接层、分类层等基本结构，卷积神经网络中常用的几种优化方式，以及目前几种流行的卷积神经网络。

第3章　显微镜系统的选择及纤维图像采集

本书主要研究基于计算机视觉技术的来鉴别纤维的方法，主要思路是从纤维图像中提取有效的特征信息，然后基于这些特征对纤维图像进行分类，从而达到快速准确地识别羊绒和羊毛纤维。

本章讨论的内容是通过借鉴人工鉴别纤维的经验，比较不同类型显微镜采集的羊绒和羊毛显微镜图像，寻求羊绒和羊毛纤维成像效果良好且拍摄速度快的图像采集设备，最终为纤维识别系统的开发提供合适的数据样本。采集设备的选择首先要考虑的是纤维图像的清晰度，因为高质量的图像的是保证识别效果的必要条件，同时还需考虑采集图像的效率和成本等因素。

3.1　实验制样与实验仪器

纤维图像采集主要使用光学显微镜与扫描电子显微镜，以及制样用的相关器材和试剂，下面对所用仪器和制样方法作简要介绍。

实验纤维样本：纤维样本使用的是由鄂尔多斯羊绒集团提供的蒙古紫绒、国产青绒、蒙古青绒、国产白绒、美利奴羊毛、土种毛等6种纤维。

制样器材：主要有哈氏切片器、刀片、载玻片、盖玻片、分析针、液体石蜡(化学纯CP)、镊子、剪刀、电镜样品台、导电胶、双面胶纸、乙酸乙酯(分析纯)、金。

光学显微镜上的制样方法：根据国家标准《特种动物纤维与绵羊毛混合物含量的测定》(GB/T 16988—2013)和《纺织品　山羊绒、绵羊毛、其他特种动物纤维及其混合物定量分析　第1部分：光学显微镜法》(GB/T 40905.1—2021)，首先用刀片或哈氏切片器将纤维切取长度在0.4~0.6mm的片段并放置于载玻片上，为了使纤维减少重叠，放入一个载玻片上的纤维片段不要过多，然后在载玻片上滴入液体石蜡，使用镊子或分析针轻轻搅拌，使得载玻片上的纤维片段尽量分散均匀，然后慢慢合上盖玻片，盖玻片和载玻片间尽量不出现气泡，将制好的样品贴上标签以标识其纤维类别，然后放置于光学显微镜的载物台上。

扫描电子显微镜上的制样方法：根据国家标准《山羊绒、绵羊毛及其混合纤维定量分析方法——扫描电镜法》(GB/T 14593—2008)和《纺织品　山羊绒、绵羊毛、其他特种动物纤维及其混合物定量分析　第2部分：扫描电镜法》(GB/T 40905.2—2022)，将纤维切成0.4mm左右的小片段，然后将纤维放入玻璃试管，在试管中加入少量的乙酸乙酯，均匀搅拌后倒在洁净的玻璃板上，等待乙酸乙醚挥发。在样本座上贴上双面胶带纸，使用样品座粘贴少许玻璃板上的纤维片段，最后使用喷镀仪在带有纤维片段的样本座上镀上一层金膜。

实验仪器：BEION F6型纤维细度仪，UVTEC CU-5纤维投影仪，HITACHI TM3000台式扫描电子显微镜，KEYENCE VK-X110型激光共聚焦显微镜，KEYENCE VHX-1000E数码显微镜，Nikon Eclipse LV100型光学显微镜。

3.2　图像采集与分析

3.2.1　人工识别羊绒和羊毛的经验

目前人工识别方法仍是企业和检测机构鉴别动物纤维的主要方法，人们在羊绒和羊毛识别方面积累了很多经验。通常认为羊绒纤维直径离散系数小，在显微镜下纤维前端与纤维末端包括各个部位的直径基本一致，并且在显微镜下羊绒纤维的边缘比较光滑，几乎没有因鳞片翘起而形成边缘小锯齿形翘角；而羊毛纤维通常翘角大，均匀度差，边缘较粗糙。山羊绒卷曲数小于细羊毛，在显微镜下均呈现出顺直的形态；而羊毛纤维通常卷曲程度较大。羊绒的鳞片间距一般较大，密度小，由于鳞片紧紧包裹毛干，鳞片薄，且可见度高，在显微镜中羊绒纤维比羊毛纤维亮，有明显光泽；而羊毛纤维鳞片间距较小，密度大，鳞片比羊绒的鳞片厚。这些人工识别经验对图像采集有很好的借鉴意义，本文的图像采集工作是在有丰富纤维识别经验的专业检测人员的指导下进行的。表 3-1 是检测人员在长期工作中总结出来的识别羊绒和羊毛纤维的经验标准。

表 3-1　人工鉴别羊绒和羊毛经验标准

	山羊绒	羊毛
圆	横截面一般为圆形，在显微镜下观察的山羊绒纤维有凸起的主体感	鳞片厚度厚
匀	每根纤维自身的直径离散系数小，在显微镜下纤维前端与纤维末端包括各个部位的直径基本一致	翘角大，均匀度差
亮	由于鳞片紧紧包裹毛干，鳞片薄，且可见度高，故在显微镜中羊绒纤维比羊毛纤维亮	鳞片间距较小，密度大
滑	在显微镜下纤维的边缘光滑，几乎没有因鳞片翘起而形成边缘小锯齿形翘角	边缘较粗糙
直	山羊绒卷曲数小于细羊毛，在显微镜下均呈现出顺直的形态	卷曲程度较大

3.2.2　纤维图像采集

本文使用了几种不同的显微镜来获取纤维图像，参照人工识别羊绒和羊毛的经验，通过对不同设备获取图像的质量、拍摄效率、成本等因素进行分析和比较，来确定课题最终使用的纤维图像采集设备，下面使用每种设备拍摄的羊绒和羊毛图像来说明。

1) BEION F6 纤维细度仪

BEION F6 纤维细度仪是一种光学显微镜，采用透射光源，放大倍数最高为 10×50，该设备采集图像如图 3-1 所示。从图中可以看到该设备采集的纤维图像整体清晰度不高，纤维和背景的对比度不强，纤维表面鳞片边缘也比较模糊，另外纤维表面的部分鳞片不能完整地显现，这会对从图像上提取纤维的特征信息造成一定程度的影响。

（a）BEION F6纤维细度仪

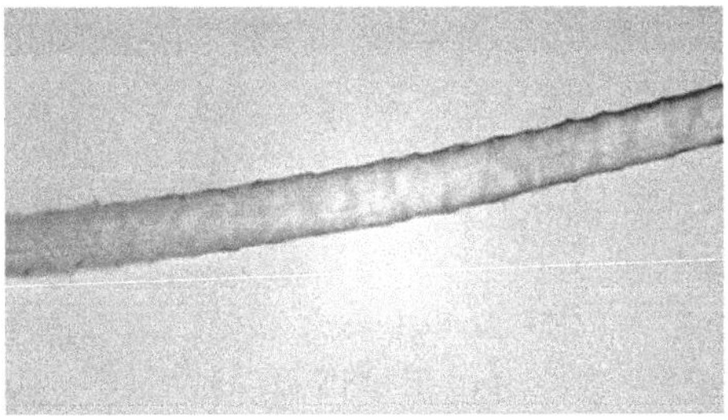

（b）羊绒图像

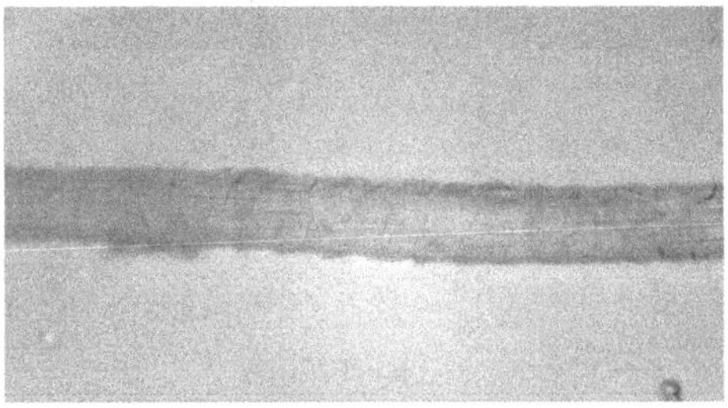

（c）羊毛图像

图 3-1 BEION F6 纤维细度仪采集纤维图像

2）UVTEC CU-5 纤维投影仪

UVTEC CU-5 纤维投影仪的光路系统为透射光，该设备采集图像如图 3-2 所示。相对于 BEION F6 纤维细度仪，其拍摄的纤维图像的清晰度有明显改善，纤维表面上的鳞片边缘较清晰，纤维的边缘轮廓比较明显，不足的是透射光源导致的背面鳞片对投影信息有一定的干扰。

3）KEYENCE VK-X110 型激光共聚焦显微镜

KEYENCEVK-X110 型激光共聚焦显微镜使用激光作为扫描光源，可以获得样品不同深度层次的图像，该设备采集纤维图像如图 3-3 所示。从图 3-3 可以看到，图像中纤维的清晰程度较之前基于普通光源的显微镜有了一些提高，鳞片的立体感也较强。但该显微镜系统成像速度慢，仪器昂贵，不适合快速采集纤维图像。另外，图像中纤维的两侧有些模糊，纤维边缘信息损失较多，纤维表面存在一定的干扰信息。

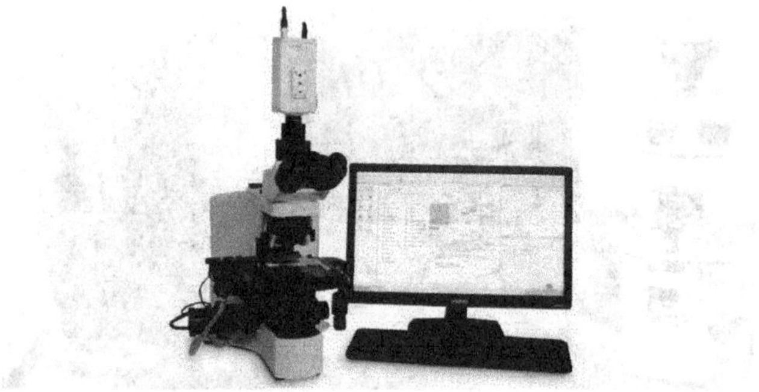

（a）UVTEC CU-5

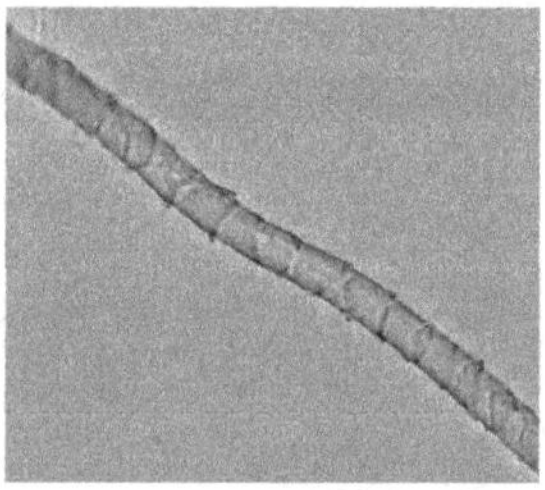

（b）羊绒图像

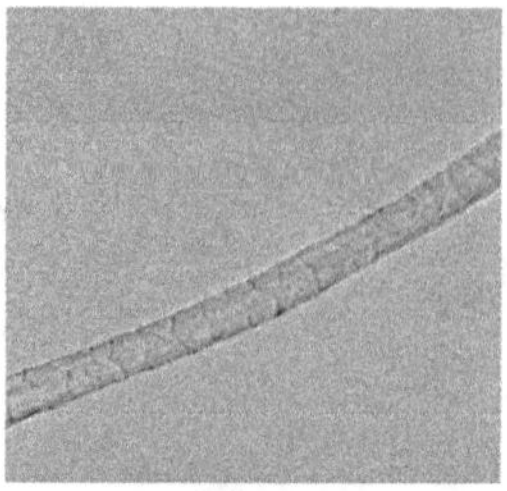

（c）羊毛图像

图 3-2　UVTEC CU-5 采集纤维图像

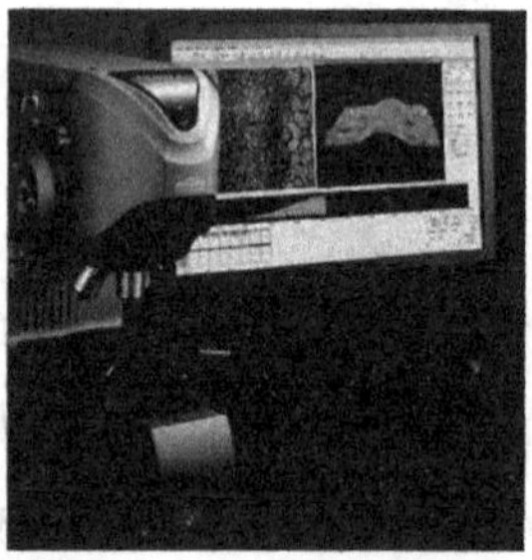

（a）KEYENCE VK-X110型激光共聚焦显微镜

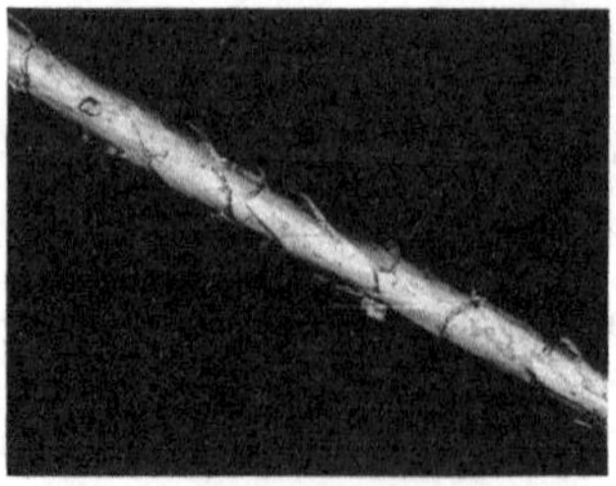

（b）羊绒图像

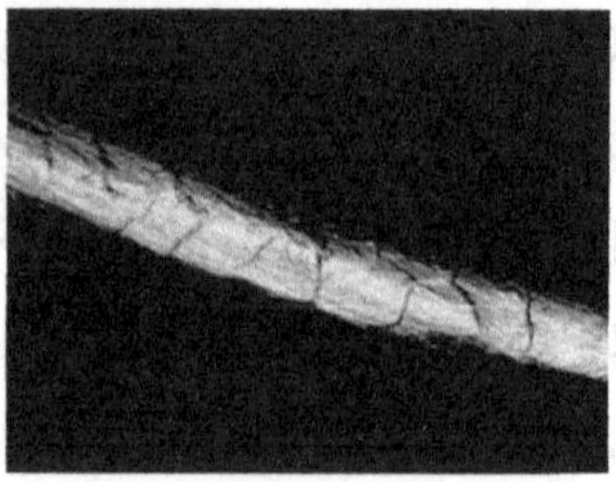

（c）羊毛图像

图 3-3　KEYENCE VK-X110 型激光共聚焦显微镜采集纤维图像

4) HITACHI TM3000 台式扫描电子显微镜

前面提到的几种显微镜都是光学显微镜，而 HITACHI TM3000 显微镜是一种台式扫描电子显微镜，该电子显微镜是利用电子束扫描样品表面来获取样品表面信息的，它能产生物体表面的高分辨率图像，且图像景深大、立体感强。如图 3-4所示，可以看到整体的视场光线均匀，干扰因素较少，图像中纤维表面鳞片边缘非常明显，并且纤维鳞片清晰、完整。但使用该显微镜进行纤维制样和采集图像的速度都非常慢，另外该仪器非常昂贵，采集图像成本高，不适合快速采集图像。

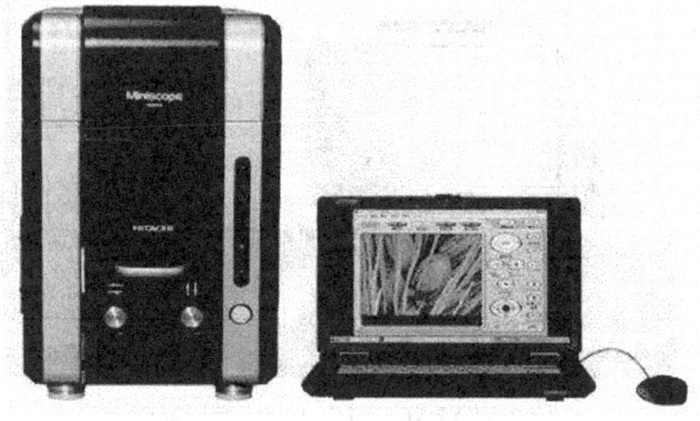

(a) HITACHI TM3000 台式扫描电子显微镜

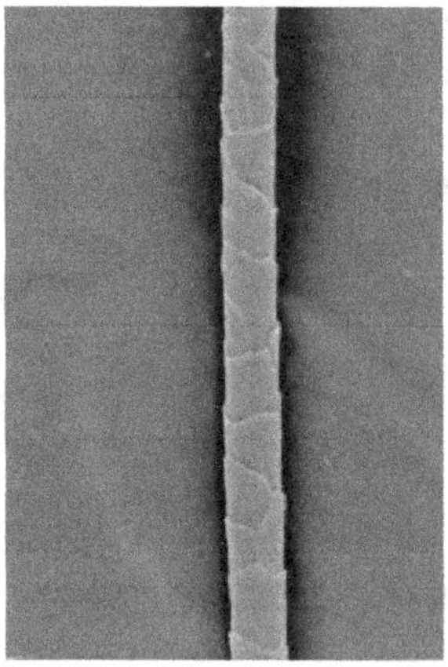

(b) 羊绒图像

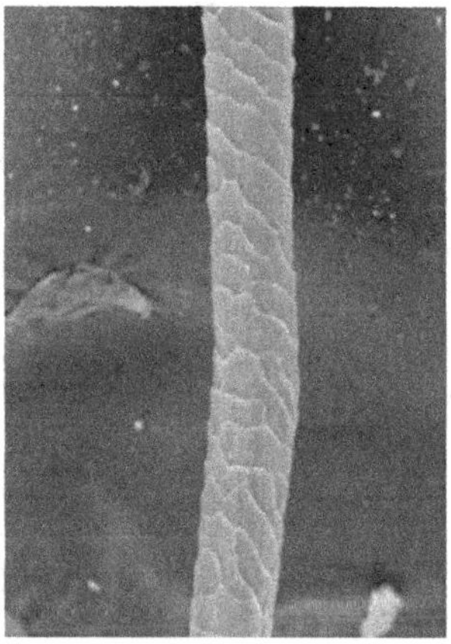

(c) 羊毛图像

图 3-4　HITACHI TM3000 台式扫描电子显微镜采集羊毛图像

5)KEYENCE VHX-1000E 数码显微系统

KEYENCE VHX-1000E 显微镜是一种新型的数码显微镜，其最大特点是能够自动把不同对焦位置的图像汇集起来得到完全对焦的图像，图 3-5(b)(c)是其采集的羊毛和羊绒纤维图像。从图 3-5 中可以看到，该显微镜采集的图像纤维鳞片边缘较为清晰，轮廓也比较明显，但图像中也有背面鳞片信息干扰，另外该设备价格较高，拍摄速度较慢。

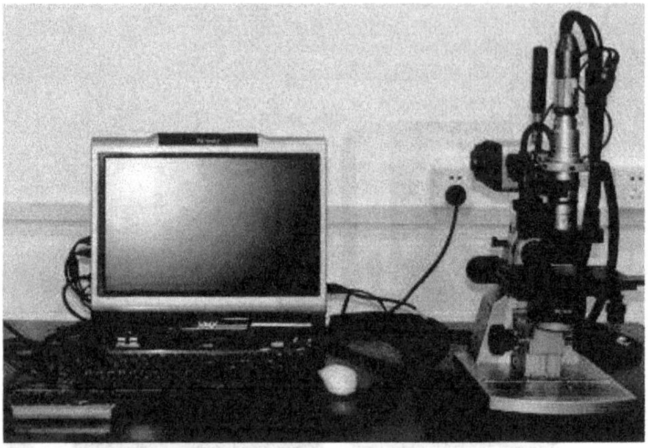

(a) KEYENCE VHX-1000E 数码显微系统

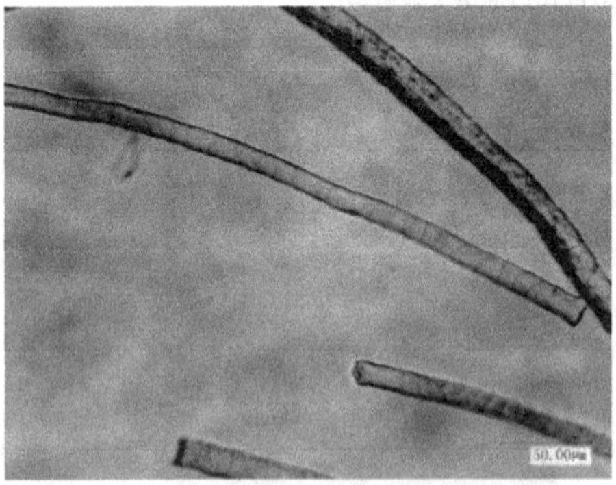

(b) 羊绒图像

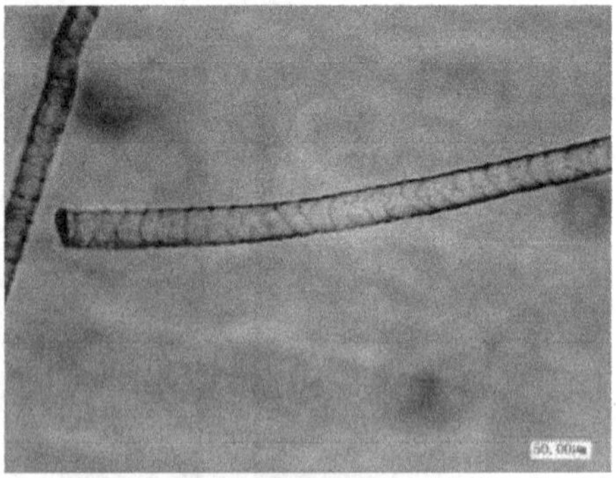

(c) 羊毛图像

图 3-5　KEYENCE VHX-1000E 数码显微系统采集的纤维图像

6)Nikon Eclipse LV100 型光学显微镜

Nikon Eclipse LV100 型也是一种光学显微镜，其拍摄的纤维图像如图 3-6 所示。从图 3-6 中的羊绒和羊毛纤维图像可以看出，Nikon Eclipse LV100 型光学显微镜采集的纤维图像纤维的鳞片显示不够完整，且纤维中轴部分的亮度较高。由于光源的缘故，造成视场中亮度不均匀，影响了纤维表面的清晰度，该显微镜无法满足识别要求。

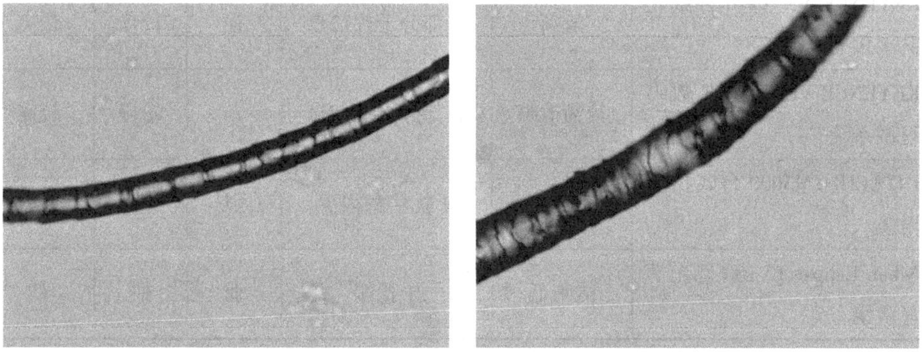

（a）羊绒图像　　（b）羊毛图像

图 3-6　Nikon Eclipse LV100 型光学显微镜采集的羊绒图像

3.3　分析与总结

上文列举了几种不同的显微镜采集的羊绒和羊毛图像，表 3-2 中是几种显微镜拍摄情况的比较结果，通过分析可以得知 HITACHI TM3000 台式扫描电子显微镜拍摄图像最清晰，图像非常适合做纤维识别。但是该设备制样和拍摄速度慢，成本很高，不能满足效率及成本要求。KEYENCE VK-X110 型激光共聚焦显微镜采集的图像清晰度较好，立体感强，但同样仪器价格高，采集图像速度慢，不适合快速大量获取图像。BEION F6 纤维细度仪的清晰度也不满足课题要求，UVTEC CU-5 纤维投影仪所采集的图像中纤维鳞片较为清晰，亮度均匀，背景噪声较少，并且仪器成本低，拍摄速度快，基本可以满足本研究中纤维识别的要求。因为实验所需图像量大，考虑到实际拍摄的效率以及系统使用便利性，最终确定使用 UVTEC CU-5 纤维投影仪来采集实验所用样本。

表 3-2　几种显微镜拍摄情况的比较

显微镜型号	图像清晰度	背景及噪声干扰情况	立体感	采集速度	设备成本
BEION F6 型纤维细度仪	清晰度较低	有部分干扰信息	弱	快	低
UVTEC CU-5 纤维投影仪	较为清晰	干扰较少	弱	快	低
KEYENCE VK-X110 型激光共聚焦显微镜	清晰	有部分干扰信息	强	较慢	较高
KEYENCE VHX-1000E 数码显微系统	较为清晰	有部分干扰信息	弱	较慢	较高
HITACHI TM3000 台式扫描电镜	非常清晰	干扰信息很少	强	慢	高
Nikon Eclipse LV100 型光学显微镜	清晰低	干扰多	弱	快	低

3.4　图像采集

为了满足课题要求，我们使用 UVTEC CU-5 纤维投影仪(光学显微镜)拍摄了 6 万余幅纤维图像，包括蒙古紫绒、国产青绒、蒙古青绒、国产白绒、美利奴羊毛、土种毛等 6 种纤维，其中每种纤维拍摄 1 万余幅图像。为了避免拍摄环境、图像背景等因素的影响，6 种纤维需要在同一条件下拍摄，所以拍摄计划中安排每次拍摄任务对 6 种纤维都进行制样并拍摄。在拍摄时显微镜设置的不同的焦距会呈现不同的图像，另外，由于该显微镜光源为透射光，当焦距设置得不合适时，纤维背面的鳞片信息也会非常明显地投影在上表面。图 3-7 是显微镜设置 8 个不同焦距拍摄的国产白绒纤维得到的图像。

从图 3-7 中可以看到当设定不同焦距时，同一根纤维呈现出不同的显微镜图像，不同的图像中纤维表面的纹理模式有很大区别。由于显微镜透射光源，图像中纤维背面的鳞片信息投影到了图像上，造成一定的干扰。在大量拍摄图像之前，需要确定一个拍摄标准，尽量避免拍摄时因为不同图像聚焦设置差距过大而造成的影响，这里主要参照人工检测纤维时的经验。在人工鉴别纤维种类时，检测人员主要是根据纤维表面鳞片模式与纤维边缘凸起情况(鳞片厚度)来判断纤维种类的，所以要尽可能地保留这两种信息。从图 3-7 中的 8 幅图像中可以看到，“焦距 4”和“焦距 5”这两幅图像中较好地保留了纤维边缘，而其他几幅图像中的纤维边缘则比较模糊，并且这两幅图像中只存在少量背面投影信息的干扰。通过与专业检测机构工作人员交流，本课题确定拍摄时以图 3-7 中“焦距 4”和“焦距 5”的成像为准。

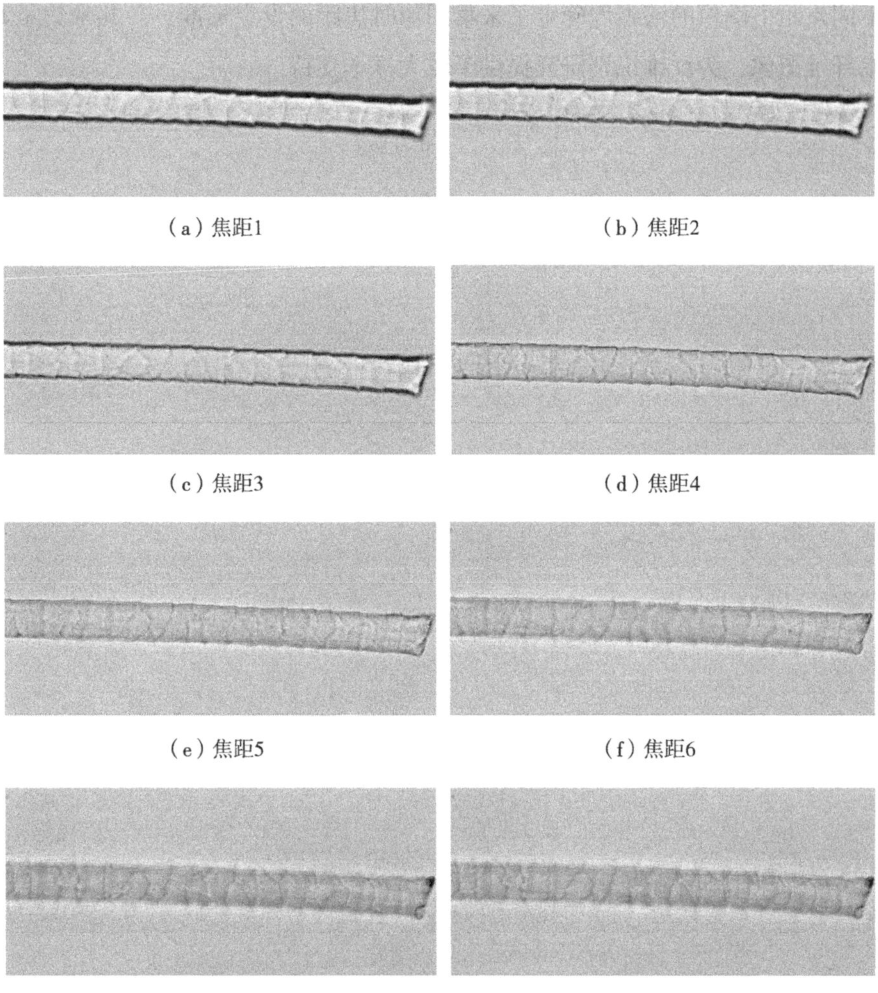

(a) 焦距1　(b) 焦距2

(c) 焦距3　(d) 焦距4

(e) 焦距5　(f) 焦距6

(g) 焦距7　(h) 焦距8

图 3-7　8 个不同显微镜焦距下羊绒纤维图像

3.5 本章小结

本章使用几种不同显微镜采集的羊绒和羊毛纤维图像，并比较图像的清晰度、拍摄效率及成本。结合人工根据显微镜图像鉴别羊绒和羊毛纤维的经验，最终选择了 UVTEC CU-5 纤维投影仪为本课题研究中的纤维图像采集设备，通过对比不同焦距下图像的清晰度确定了采集图像时焦距的设定标准。一共采集了 6 万余幅纤维图像，为纤维识别研究提供了较大样本支持。

第 4 章　基于灰度共生矩阵纹理特征分析的纤维鉴别

在羊绒和羊毛显微镜图像中可以看出，纤维表面的鳞片形态呈现出一种有规律的排列，这种规律性的排列被视为纤维的纹理特征，这些纹理特征是识别这两种动物纤维的重要依据[141,142]。灰度共生矩阵是图像纹理分析的经典工具，本章的主要研究内容是使用灰度共生矩阵对羊绒和羊毛纤维图像进行纹理分析，从纤维的显微镜图像中提取纹理特征，并依据这些特征进行纤维的识别。

4.1　羊绒和羊毛纤维图像表面纹理分析

人工识别羊绒和羊毛纤维时，主要也是依据它们表面的纹理特征间的差异进行判断。通常羊绒的鳞片较为整齐规则，鳞片间距较大，且鳞片边缘较薄，许多鳞片呈环状贴着毛干；相对而言，羊毛纤维鳞片的边缘较厚，鳞片形状规则性较差且排列间距较小。使用纹理分析的方法观察羊绒和羊毛纤维，能够得出以下结论：

1)纹理周期

在图像中的某些区域内，某些纹理基元重复出现的频率被称为纹理周期。通过人工纤维鉴别的经验，通常羊毛的表面鳞片间距较小，也就是纹理周期较大；而羊绒纤维表面鳞片间距较大，纹理周期较小[143]。

2)复杂度

图像中较为规则的纹理和不规则的纹理在复杂度上度量不同。比较而言，羊绒表面纹理的复杂度较低；而羊毛表面纹理的复杂度较高[61]。

3)清晰度

图像中最亮的区域和最暗的区域差别越大，图像显得越清晰，这时认为图像的清晰度越高[144]。在人工进行纤维鉴别时，动物纤维表面的光泽通常是一个判断的指标。相比较而言，羊毛纤维表面通常光泽较好，清晰度稍高一点[60]。

4)均匀性

纹理基元的形状和排列对于纹理特征中的均匀性也起着关键作用。就比较而言，羊绒纤维的表面纹理相对均匀，而羊毛纤维的表面纹理则较不均匀[145]。

4.2　灰度共生矩阵方法

4.2.1　灰度共生矩阵的定义

灰度共生矩阵是一种利用统计学方法的图像全局特征，它利用图像中灰度结构的概率密度来描述图像的纹理特征。具体而言，通过计算图像中特定距离和方向上像素点灰度值序对出现的概率，灰度共生矩阵方法可以描绘图像中纹理信息在空间上的分布结构[146]。

灰度共生矩阵的定义：若图像用 I 表示，图像大小用 $N_x \times N_y$ 表示，用 N_g 表示该图像的灰度级，则图像的灰度共生矩阵可以表示为

$$\boldsymbol{P}(i, j, d, \theta) = \#\{(x, y), (x+a, y+b) \in N_x \times N_y \mid f(x, y) = i, f(x+a, y+b = j\} \tag{4-1}$$

用矩阵 $\boldsymbol{P}$ 来表示图像 I 中像素灰度值，该矩阵的尺寸为 $N_g \times N_g$[147, 148]。$\#\{\cdot\}$ 是一个集合中元素数量，(x, y) 和 $(x+a, y+b)$ 分别是图像 I 中两个像素点的坐标，这两个像素点的灰度值分别为 i 和 j 表示，且两个像素点间距离用 d 表示。作两个像素点之间的连线，该连线和图像中的水平坐标轴的夹角定义为 θ，则有 $a = d\cos\theta$，$b = d\sin\theta$，如图 4-1 所示。那么，两个像素点间的灰度共生矩阵可以使用 $p(i, j, d, \theta)$ 来表示。假设用 (i, j) 表示这两个像素点的组合，则灰度级为 N_g 的图像包含有 $N_g{}^2$ 个类似 (i, j) 的像素组合，这些像素组合的空间相关性可以使用灰度共生矩阵来描述。为了方便计算，通常令 $\theta = (0°, 45°, 90°, 135°)$，$d = \sqrt{a^2 + b^2}$。

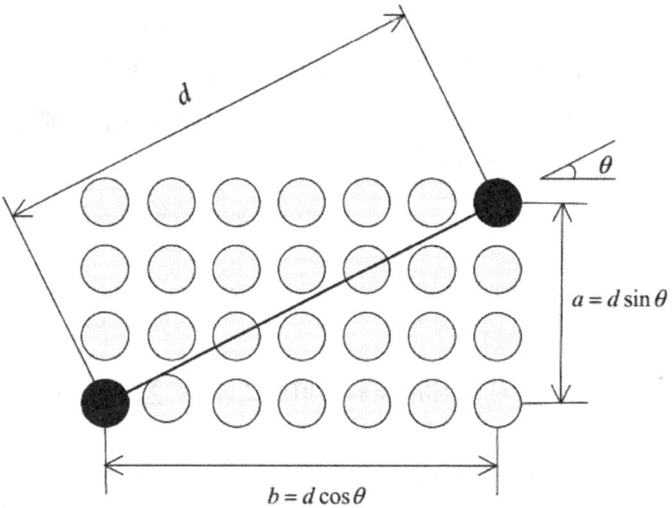

图 4-1 灰度共生矩的定义

在图 4-1 中，用各个圆代表像素点，像素组合 (i, j) 用两个黑色的圆，使用距离 a、b、d 和角度 θ 表示它们简单的位置关系。在实用中，经常使用相邻的像素组合，此外，为了让获取的特征具有选择不变性，通常 θ 取值为（0°，45°，90°，135°）。

4.2.2 灰度共生矩阵的统计特征参数

灰度共生矩阵常常用于捕捉图像中像素点之间的空间关系特征，这些特征主要涵盖了像素点在灰度值变化幅度、间隔和方向上的信息。为了描述图像中的纹理特征，需要使用灰度共生矩阵中的一些特征统计参数。其中，最常用的是 14 个二阶统计量，接下来将简要说明这些二阶统计量。

1）角二阶矩（Angular Second Moment）

$$f_1 = \sum_{i=1}^{N_g} \sum_{j=1}^{N_g} [P(i, j, \theta, d)^2] \tag{4-2}$$

角二阶矩是灰度共生矩阵中最常用的二阶统计量之一，它衡量了图像中像素灰度级别共生的均匀程度或统一性。当角二阶矩较大时，表示图像中像素灰度级别之间的共生关系较为均匀，图像的纹理趋于均匀；而当角二阶矩较小时，表示图像中像素灰度级别之间的共生关系不均匀，图像的纹理趋于不均匀。反过来讲，若图像中纹理比较细或纹理变化比较有规则时，从图像的灰度共生矩阵统计得到的角二阶距的值比较大；当图像中纹理比较粗或图像中纹理变化规则性较差时，统计得到的角二阶矩的值比较小。

2）相关度(Correlation)

$$f_2 = \sum_{i=1}^{N_g} \sum_{j=1}^{N_g} [i \times j \times P(i, j, \theta, d) - \mu_1 \times \mu_2] / (\sigma_1 \times \sigma_2) \tag{4-3}$$

这里 σ_1 与 μ_1 是 $P_x(i)$ 的标准差和均值，$P_x(i) = \sum_{j=1}^{N_g} P(i, j, \theta, d)$，$P_y(i) = \sum_{i=1}^{N_g} P(i, j, \theta, d)$。$\sigma_2$ 与 μ_2 是 $P_y(j)$ 的标准差和均值，$\sigma_1{}^2 = \sum_{i=1}^{N_g} (i - \mu_1)^2 [\sum_{j=1}^{N_g} P(i, j, \theta, d)]$，$\sigma_2{}^2 = \sum_{j=1}^{N_g} (i - \mu_1)^2 [\sum_{i=1}^{N_g} P(i, j, \theta, d)]$，$\mu_1 = \sum_{i=1}^{N_g} i [\sum_{j=1}^{N_g} P(i, j, \theta, d)]$，$\mu_2 = \sum_{i=1}^{N_g} j [\sum_{j=1}^{N_g} P(i, j, \theta, d)]$。

相关度衡量了图像中像素灰度级别之间的线性相关性或方向关联程度，相关度的取值范围是 -1 到 1 之间。当相关度接近于 1 时，表示图像中像素灰度级别之间具有较强的线性相关性，呈现出某种规律性的纹理。当相关度接近于 -1 时，表示图像中像素灰度级别之间具有较强的负相关性，呈现出相反方向的纹理。而当相关度接近于 0 时，表示图像中像素灰度级别之间没有明显的线性关联，呈现出较为随机的纹理。

3）熵(Entropy)

$$f_3 = -\sum_{i=1}^{N_g} \sum_{j=1}^{N_g} P(i, j, \theta, d) \times \log_2 P(i, j, \theta, d) \tag{4-4}$$

熵是描述图像纹理复杂性或信息丰富度的统计量之一，它可以用来衡量图像中像素灰度级别的不确定性或混乱程度，在图像纹理分析中作为一种衡量纹理复杂性的指标。熵的取值范围通常是 0 到 $\log_2(N_g)$ 之间，其中 N_g 是灰度级别的数量，较高的熵值表示图像中的纹理更加复杂或信息更加丰富，而较低的熵值表示图像中的纹理更加简单或信息更加有序。

4）对比度(Contrast)

$$f_4 = \sum_{i=1}^{N_g} \sum_{j=1}^{N_g} (i-j)^2 \times [P(i, j, \theta, d)]^2 \tag{4-5}$$

对比度用于描述图像纹理中灰度级别差异的统计量之一，它可以用来衡量图像中相邻像素灰度级别的变化程度，在图像纹理分析、图像分类和识别等应用中，对比度用来衡量纹理的清晰度和边缘特征。较高的对比度值表示图像中的纹理更具有明显的灰度级别差异，纹理更加清晰和突出。而较低的对比度值表示图像中的纹理灰度级别变化较为平缓和模糊。

5）逆差矩(Inverse Difference Moment)

$$f_5 = \sum_{i=1}^{N_g} \sum_{j=1}^{N_g} \frac{P(i, j, \theta, d)}{1+(i-j)^2} \tag{4-6}$$

逆差矩是描述图像纹理中灰度级别变化平滑度的统计量之一，可以用来衡量图像中相邻像素灰度级别变化的逆差异程度，在图像纹理分析、图像分类和识别等应用中，逆差矩用来衡量纹理的平滑度和细节特征。逆差矩的取值范围通常是 0 到 1 之间。较接近 1 的逆差矩值表示图像中的纹理灰度级别变化较为平滑和连续，纹理更加均匀。而较接近 0 的逆差矩值表示图像中的纹理灰度级别变化较为不连续和不均匀。

6）均值和(Sum of Average)

$$f_6 = \sum_{k=2}^{2N_g} k P_{x+y}(k) \tag{4-7}$$

式中，$P_{x+y}(k) = \sum_{i=1}^{N_g} \sum_{j=1}^{N_g} P(i, j, \theta, d)$，$|i+j| = k$，$k = 2, 3, \cdots, 2N_g$。均值和是描述图像纹理中像素灰度级别的平均值总和的统计量之一，它可以用来衡量图像中像素灰度级别的整体亮度或灰度分布的平均水平。在图像纹理分析、图像增强和图像对比度调整等应用中，使用均值和来了解图像的整体亮度特征和灰度分布情况。均值和是一个标量值，在纹理分析中特别指整个图像纹理中像素灰度级别的平均水平。

7）和熵(Sum of Entropy)

$$f_7 = -\sum_{k=2}^{2N_g} P_{x+y}(k) [\log_2 P_{x+y}(k)] \tag{4-8}$$

式中，

$$P_{x+y}(k)=\sum_{i=1}^{N_g}\sum_{j=1}^{N_g}P(i,\ j,\ \theta,\ d),\ |i+j|=k,\ k=2,\ 3,\ \cdots,\ 2N_g。$$

和熵是描述图像纹理中像素灰度级别总和的熵的统计量之一，它可以用来衡量图像中像素灰度级别总和的分布的不确定性或信息丰富度。图像纹理分析、图像分类和识别等应用中，和熵用来衡量纹理的复杂性和灰度级别总和的统计信息。和熵的取值范围通常是 0 到 $\log_2(S)$ 之间，其中 S 是灰度共生矩阵的元素总和。较高的和熵值表示图像中像素灰度级别总和的分布较为均匀或信息更为丰富，而较低的和熵值表示图像中像素灰度级别总和的分布较为不均匀或信息较少。

8) 方差和(Sum of Variance)

$$f_8=\sum_{k=2}^{2N_g}(k-f_6)^2P_{x+y}(k) \tag{4-9}$$

式中，

$$P_{x+y}(k)=\sum_{i=1}^{N_g}\sum_{j=1}^{N_g}P(i,\ j,\ \theta,\ d),\ |i+j|=k,\ k=2,\ 3,\ \cdots,\ 2N_g。$$

方差和是描述图像纹理中像素灰度级别方差总和的统计量之一，它可以用来衡量图像中像素灰度级别的整体变化程度。方差和是一个标量值，在图像纹理分析、图像增强等应用中，方差和可以表示图像的整体纹理特征和灰度级别的变化程度。

9) 方差(Variance)

$$f_9=\sum_{i=1}^{N_g}\sum_{j=1}^{N_g}(i-m)^2\times P(i,\ j,\ \theta,\ d) \tag{4-10}$$

式中，m 为 $P(i,\ j,\ \theta,\ d)$ 中元素均值。

方差是用于描述图像纹理中像素灰度级别变化的统计量之一，它可以用来衡量图像中相邻像素灰度级别的离散程度或变化强度。在图像纹理分析、图像分类和识别等应用中，方差用来衡量纹理的细节丰富度和灰度级别变化的强度。方差的取值范围通常是 0 到$(N_g-1)^2$之间，N_g 表示图像的灰度级别。较高的方差值表示图像中的纹理具有更大的灰度级别差异和变化强度，而较低的方差值表示图像中的纹理灰度级别变化较为平缓和一致。

10) 差方差(Variance of Difference)

$$f_{12} = \sum_{k=0}^{N_g-1} \left[k - \sum_{k=0}^{N_g-1} kP_{x-y}(k) \right]^2 \times P_{x-y}(k) \quad (4\text{-}11)$$

式中，

$$P_{x-y}(k) = \sum_{i=1}^{N_g} \sum_{j=1}^{N_g} P(i, j, \theta, d), \ |i-j| = k, \ k = 0, 1, 2, 3, \cdots, N_g - 1。$$

差方差是描述图像纹理中相邻像素灰度级别差异的方差的统计量之一，它可以用来衡量图像中相邻像素灰度级别差异的变化程度。差方差是一个标量值，在图像纹理分析、图像增强等应用中，差方差可以表示图像纹理的细节特征和相邻像素灰度级别差异的变化程度。

11）聚类阴影(Shadow of Clustering)

$$f_{11} = -\sum_{i=1}^{N_g} \sum_{j=1}^{N_g} \left[(i - m_1) + (j - m_2) \right]^3 P(i, j, \theta, d) \quad (4\text{-}12)$$

式中，

$$m_1 = \sum_{i=1}^{N_g} i \sum_{j=1}^{N_g} P(i, j, \theta, d), \ m_2 = \sum_{i=1}^{N_g} j \sum_{j=1}^{N_g} P(i, j, \theta, d)。$$

聚类阴影是用于描述图像纹理中局部像素灰度级别聚类和阴影分布的统计量之一，它可以用来衡量图像中相邻像素灰度级别聚类和阴影变化的复杂性和非均匀性。图像纹理分析、纹理分类和识别等应用中，聚类阴影可以表示图像纹理的复杂性和非均匀性。聚类阴影的取值范围通常是负无穷到正无穷之间。较大的聚类阴影值表示图像中存在更多的局部聚类和阴影变化，纹理更为复杂和非均匀；较小的聚类阴影值表示图像中的纹理更加均匀和一致。

12）显著聚类(Prominence of Clustering)

$$f_{11} = -\sum_{i=1}^{N_g} \sum_{j=1}^{N_g} \left[(i - m_1) + (j - m_2) \right]^4 P(i, j, \theta, d) \quad (4\text{-}13)$$

式中，$m_1 = \sum_{i=1}^{N_g} i \sum_{j=1}^{N_g} P(i, j, \theta, d)$，$m_2 = \sum_{i=1}^{N_g} j \sum_{j=1}^{N_g} P(i, j, \theta, d)$。

13）差熵(Difference of Entropy)

$$f_{13} = -\sum_{k=0}^{N_g} P_{x-y}(k) \left[\log_2 (P_{x-y}(k)) \right] \quad (4\text{-}14)$$

式中，

$$P_{x-y}(k)=\sum_{i=1}^{N_g}\sum_{j=1}^{N_g}P(i,\ j,\ \theta,\ d),\ \ |i-j|=k,$$
$$k=0,\ 1,\ 2,\ 3,\ \cdots,\ N_g-1。$$

差熵是描述图像纹理中相邻像素灰度级别差异的熵的统计量之一，它可以用来衡量图像中相邻像素灰度级别差异的不确定性或信息丰富度。差熵的取值范围通常是 0 到 $\log_2(N)$ 之间，其中 N 是差值的离散化范围的大小。较高的差熵值表示图像中相邻像素灰度级别差异的分布较为均匀或信息更为丰富，而较低的差熵值表示图像中相邻像素灰度级别差异的分布较为不均匀或信息较少。在图像纹理分析、图像分类和识别等应用中，差熵可以用来表示纹理的细节丰富度和相邻像素灰度级别差异的统计信息。

14）最大概率(Maximal Probabilty)

$$f_{14}=\mathrm{MAX}(P(i,\ j,\ \theta,\ d)) \tag{4-15}$$

最大概率是指灰度共生矩阵中出现频率最高的灰度级别对的概率值，它可以用来描述图像中最常出现的相邻像素灰度级别对。最大概率是一个标量值，它可以用于衡量图像纹理中最常见的灰度级别对。

4.3　距离 *d* 对纤维的灰度共生矩阵统计特征值的影响

这里主要讨论距离 d 对纤维的灰度共生矩阵统计特征值的影响，若选取的 d 值过大，会丢失图像中区域边界的纹理信息；若图像中纹理基元比较大，而 d 值选取过小，也会丢失纹理信息。实验中比较了羊绒和羊毛纤维的 14 个统计特征值随距离 d 的变化曲线图，如图 4-2 所示。图 4-2 中其中横坐标是表示 d 的值，取值范围为[1，10]，其单位是像素，纵坐标是取不同 d 时统计特征值。

从图 4-2 中可以看到，当灰度共生矩阵选取的像素距离发生变化时，在羊绒和羊毛纤维图像上统计的纹理特征有明显变化，随着距离 d 的增加，统计特征的变化规律如下：相关性、角二阶矩、方差和、和熵、聚类阴影、最大概率、逆差距呈下降趋势。在距离为 5 时下降速度减缓，在距离为 6 到 10 之间，这些参数保持相对稳定，不再有显著变化。另外，熵、方差、差熵、差方差、均值和、显著

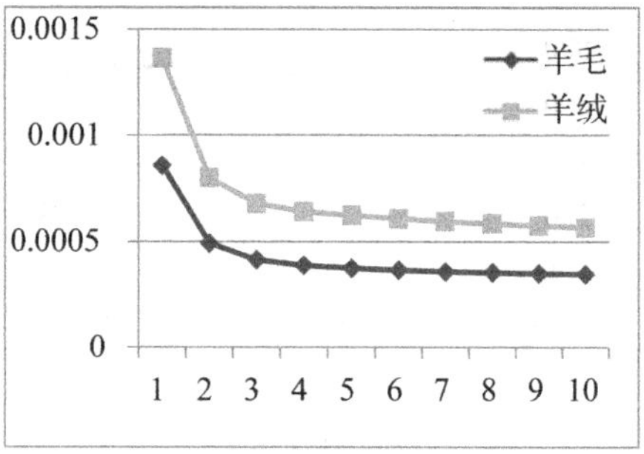

（a）角二阶矩

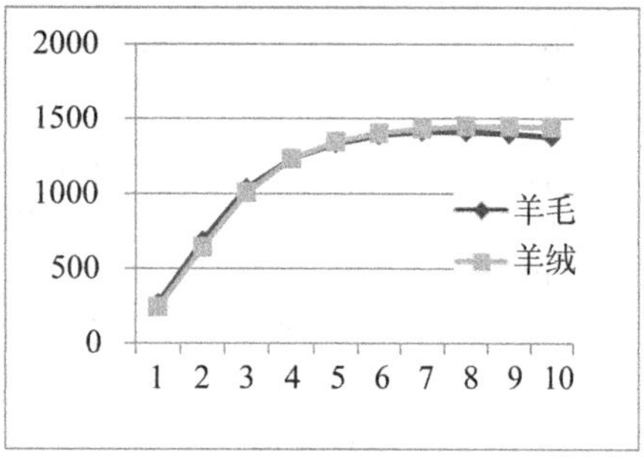

（b）对比度

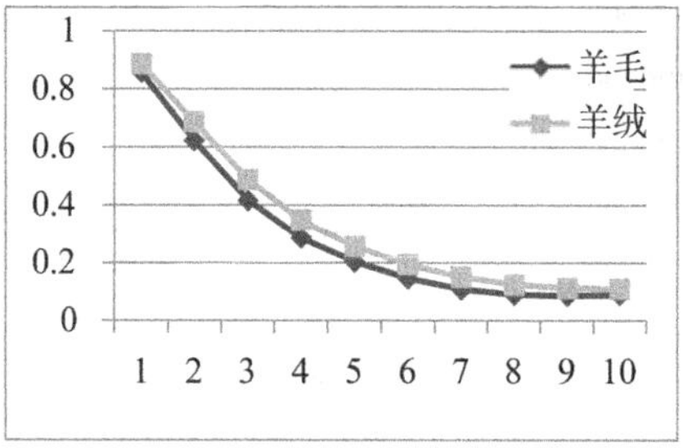

（c）相关性

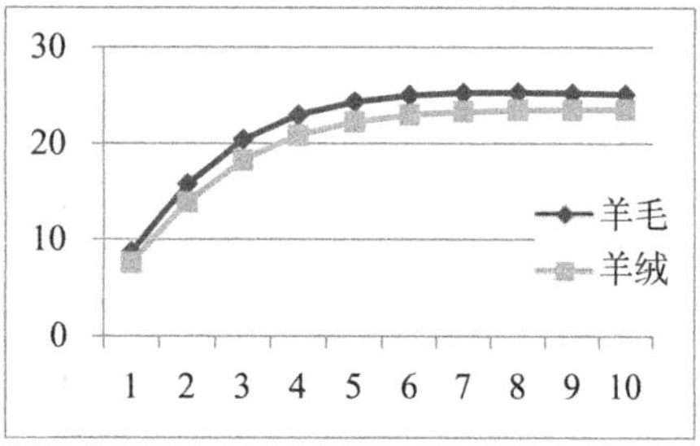

（d）方差

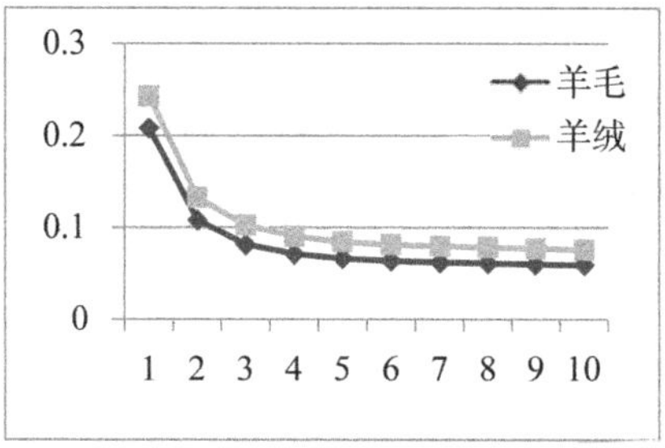

（e）逆差矩

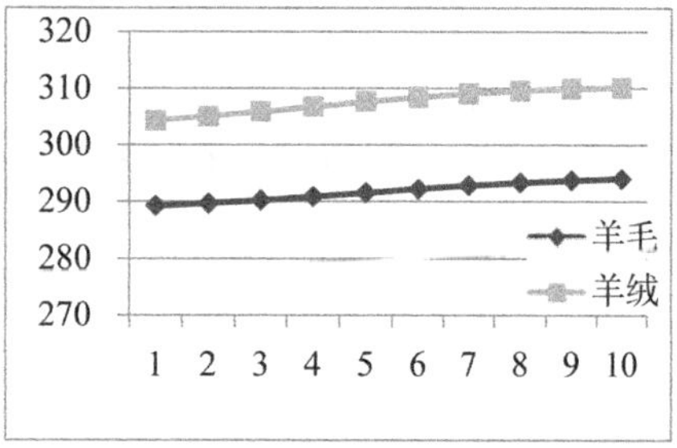

（f）均值和

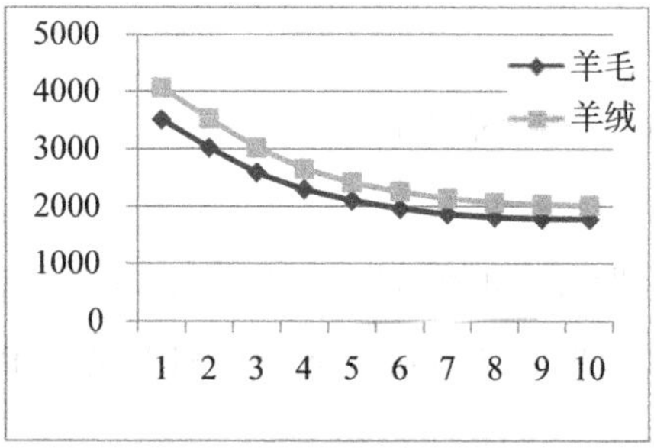

（g）方差和

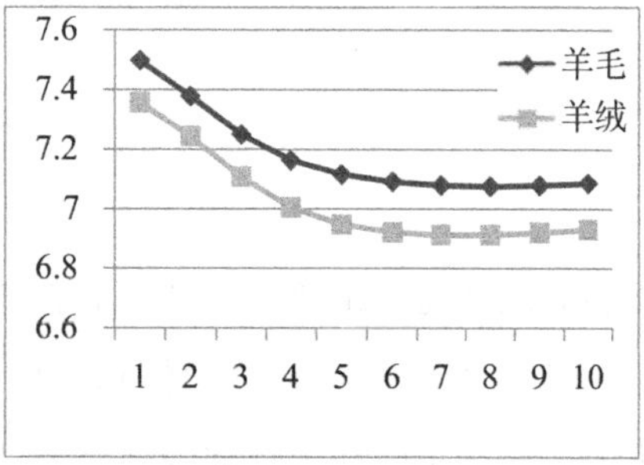

（h）和熵

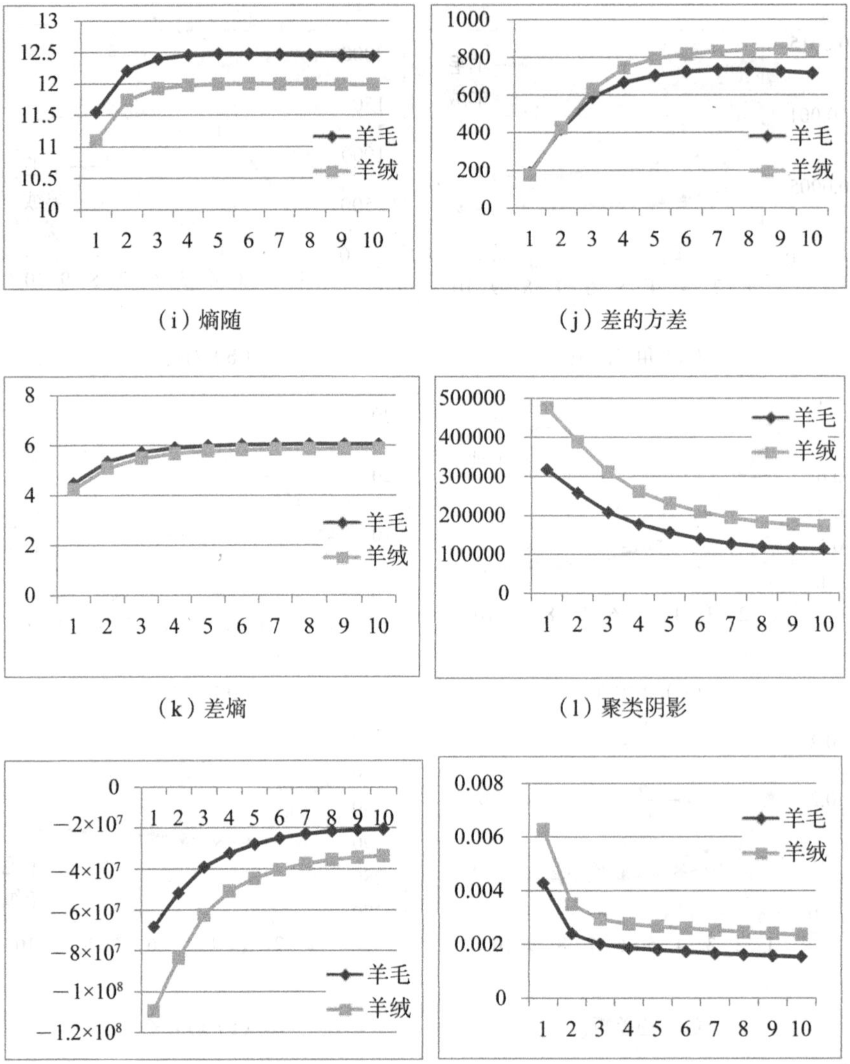

(i) 熵随　(j) 差的方差

(k) 差熵　(l) 聚类阴影

(m) 显著聚类　(n) 最大概率

图 4-2　羊绒和羊毛纤维统计特征值的比较

聚类和对比度随着距离 d 的增加而增加。在距离为4时增长速度减缓，在距离为5到 10 之间，这些统计特征的值趋向稳定。根据上述分析，实验中对羊绒和羊毛纤维图像统计灰度共生矩阵的各个统计特征时，距离 d 取值为 5。

4.4　羊绒羊毛表面纹理参数特征值的提取

实验中比较了羊毛和羊绒纤维的统计特征值的标准差和均值，如图 4-3 所示，其中横坐标 1 和 2 分别表示羊毛和羊绒纤维图像样本。

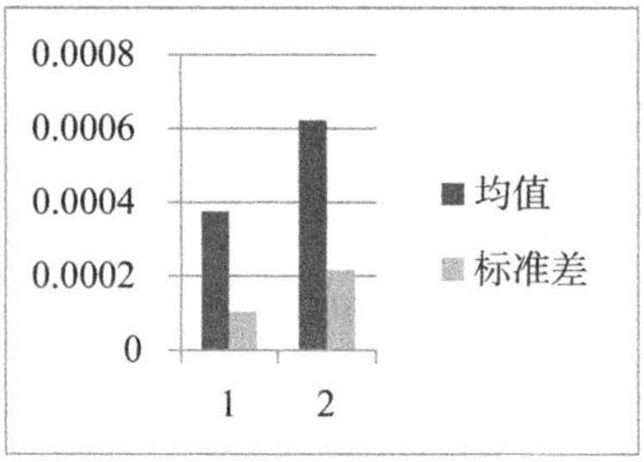

（a）角二阶矩

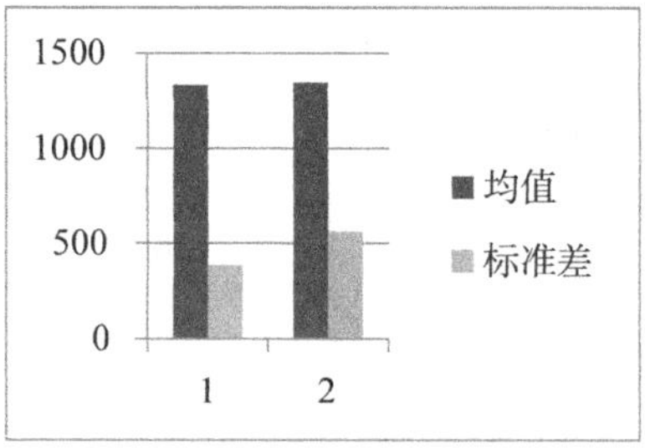

（b）对比度

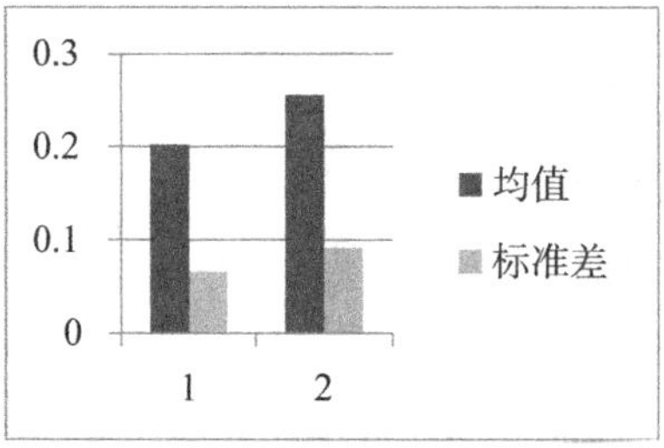

（c）相关性

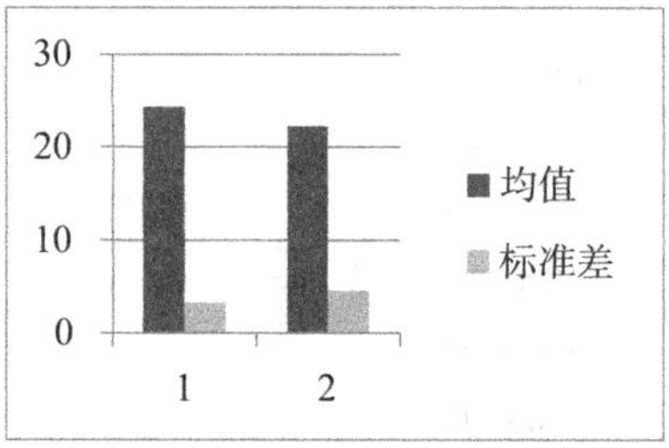

（d）方差

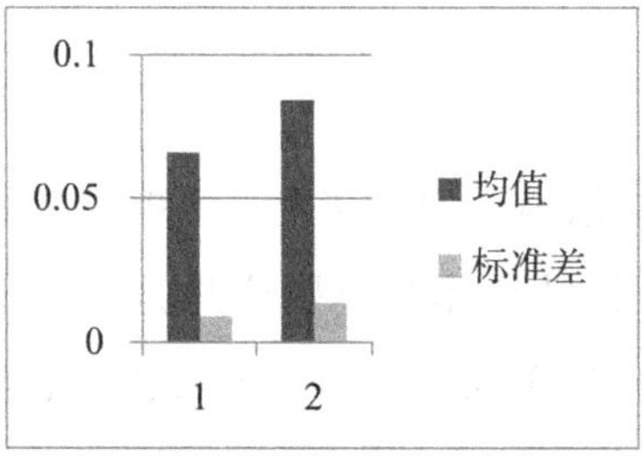

（e）逆差矩

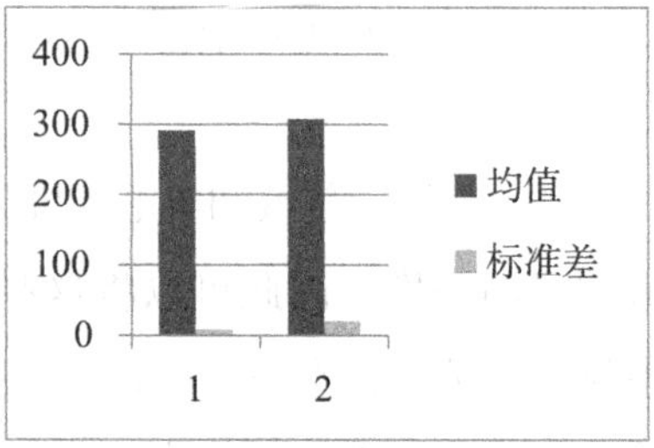

（f）均值和

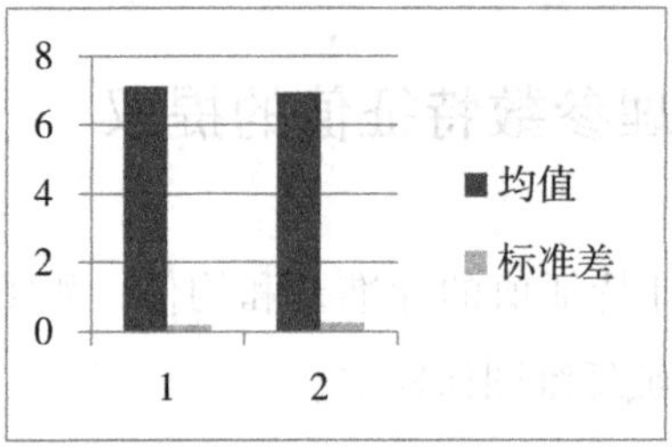

(g) 方差和

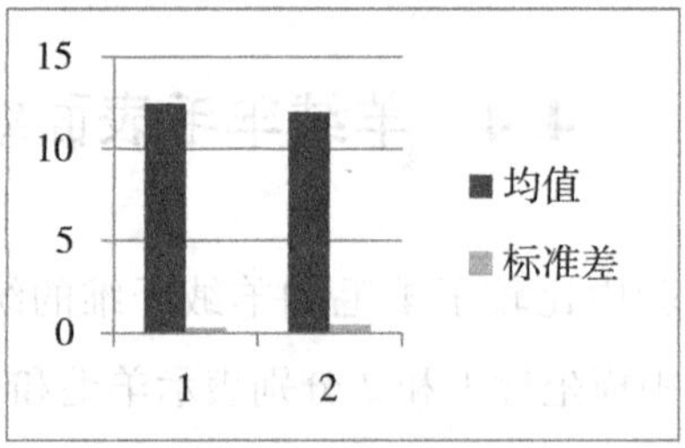

(h) 和熵

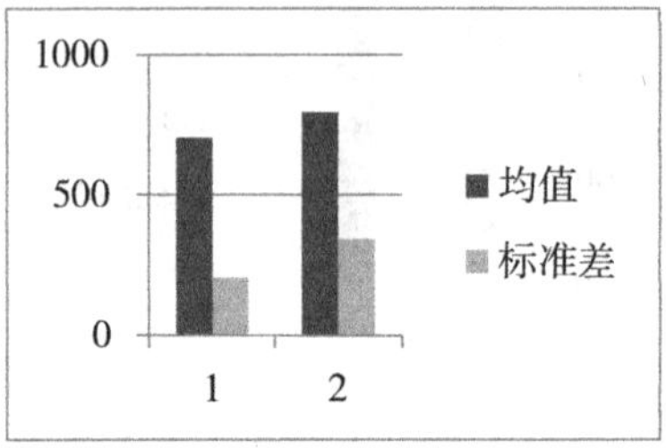

(i) 熵

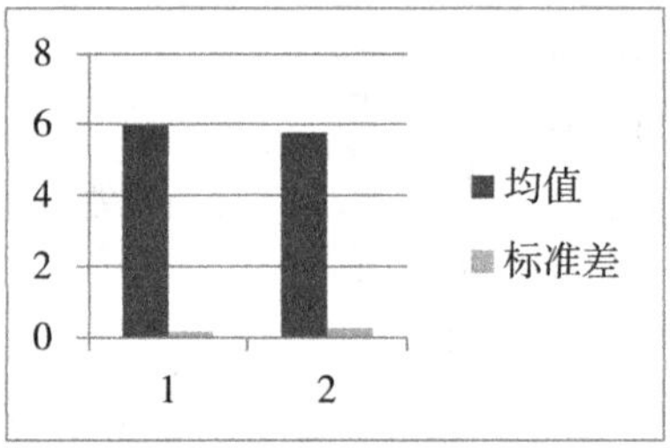

(j) 差的方差

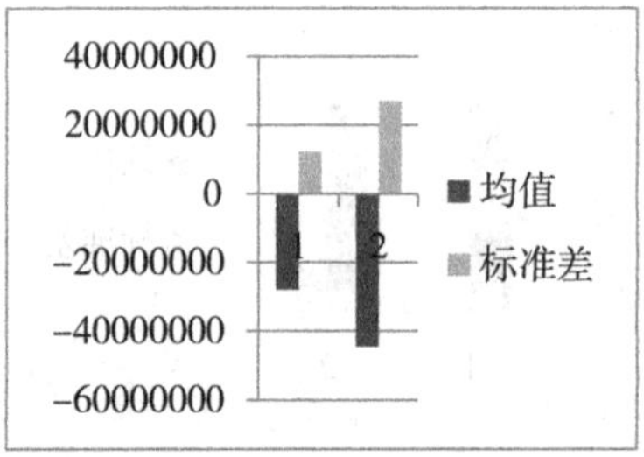

(k) 显著聚类

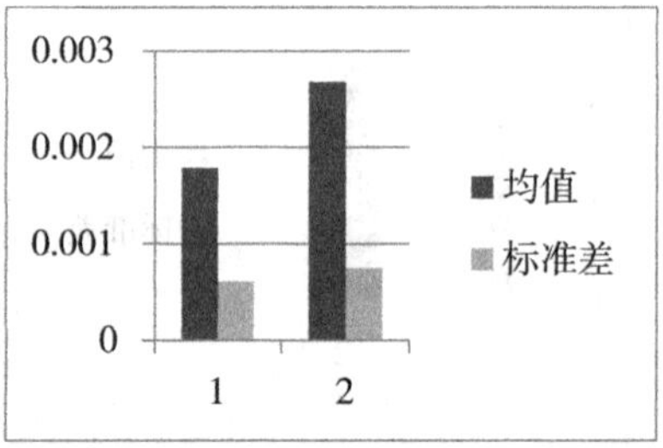

(l) 最大概率

图 4-3　表面鳞片纹理特征值的标准差与均值

从图 4-3 中可以得知，羊绒和羊毛纤维的显微镜图像中灰度共生矩阵获取的统计特征有较明显的差别，因此可以将这些统计特征作为鉴别这两类动物纤维的参数。这些统计特征与人类视觉的直观性有一定关联，例如，角二阶矩能够描述图像中纹理的基元的粗细及图像中像素灰度分布的均匀性[149]。在图 4-3 中，羊毛的角二阶矩较小，反映出羊毛纤维图像中像素点灰度分布不均匀，纤维表面鳞片规则性较差。

因为不同提取的特征值取值范围变化比较大，如显著聚类特征值的数量级在

10^7，而角二阶矩取值的数量级在 10^{-4}，为了减少取值范围对模型的影响，首先将提取的羊毛和羊绒统计特征值进行归一化处理。

4.5 羊绒和羊毛纹理参数体系的建立

主成分分析是一种常用的数据降维和特征提取技术，它通过线性变换将原始数据映射到一个新的特征空间，使得映射后的特征具有最大的方差[150]。主成分分析可以减少数据维度，提取数据中的主要信息，并帮助发现数据中的模式和关系。也就是说，使用主成分分析法可以用于特征变量数量的压缩，同时压缩后的一组变量包含了原始变量中大部分的信息[151]。为了降低提取的灰度共生矩阵的14个统计特征之间可能存在的高度相关性，实验中采用主成分分析方法对每个样本的统计特征进行降维处理[152]。主成分分析有助于提取出能够解释数据变化的主要特征，并减少特征的维度。通过应用主成分分析，可以获得每个样本统计特征的主要成分，以实现更有效的数据表示和处理[153]。

4.5.1 主成分分析方法的原理

主成分分析是一种统计方法，通过将多个原始变量转换为少数的综合变量，并使用转换后的综合变量来描述样本。这里设有 n 个样本，一个样本可以使用 p 个特征来描述，则可以用一个 $n \times p$ 的矩阵来描述这 n 个样本的所有特征。

$$\boldsymbol{X} = \begin{pmatrix} x_{11} & x_{12} & \cdots & x_{1p} \\ x_{21} & x_{22} & \cdots & x_{2p} \\ \vdots & \vdots & & \vdots \\ x_{n1} & x_{n2} & \cdots & x_{np} \end{pmatrix} \tag{4-16}$$

从这些这个 $n \times p$ 的矩阵中要提取样本的本质特征，其中 p 代表样本的维度，如果 p 的值比较大，则分析运算是比较困难的，所以首先要降低样本特征的维度，降维后的特征变量数量要比较少且保持独立，同时还要保留这些数据中包含的关键信息。降维中比较简单且常用的方法是使用线性组合的方法，把原来样本的 p 个特征组合在一起，表示成新的特征变量。

这里原始特征变量表示为x_1，x_2，…，x_p，新生成的特征变量表示为z_1，z_2，…，z_p，下面用式(4-17) 表示原始特征变量和新的特征变量之间的线性关系：

$$\begin{cases} z_1 = l_{11}x_1 + l_{12}x_2 + \cdots + l_{1p}x_p \\ z_2 = l_{21}x_1 + l_{22}x_2 + \cdots + l_{2p}x_p \\ \cdots\cdots\cdots\cdots\cdots\cdots\cdots\cdots\cdots \\ z_m = l_{m1}x_1 + l_{m2}x_2 + \cdots + l_{mp}x_p \end{cases} \tag{4-17}$$

其中，l_{ij} 表示系数，其值的确定遵循下面几条原则：

(1) 生成的新的特征变量相互之间是独立的，即线性无关。

(2) 新的特征变量是通过对原始特征变量进行线性组合得到的，其中选择的线性组合使得它们具有最大的方差。例如，在式(4-17) 中，z_1 为原始特征变量线性组合中方差最大者。

生成的新的特征变量称为原始特征变量的主成分，其中，z_1 称为第一主成分，其在方差最大，包含特征信息最多；z_2 次之。在实际应用中，根据任务的需求通常选择保留前几个主成分。这样做既可以实现对特征变量的降维，又能够保留主要的特征信息。

4.5.2　主成分分析方法的步骤

1) 原始特征变量的标准化

为了减少特征变量取值范围大带来的这些影响，首先要对原始特征变量进行标准化[154]。

$$x_{ij}^* = (x_{ij} - \bar{x}_j)/s_j \tag{4-18}$$

式中，x_{ij}^* 是标准化后的特征变量，$\bar{x}_j$ 表示原始变量的均值，s_j 是原始数据的方差，$i = 1, 2, \cdots, N$，$j = 1, 2, \cdots, m$。

2) 求相关系数矩阵

$$R = \begin{pmatrix} r_{11} & r_{12} & \cdots & r_{1p} \\ r_{21} & r_{22} & \cdots & r_{2p} \\ \vdots & \vdots & & \vdots \\ r_{n1} & r_{n2} & \cdots & r_{np} \end{pmatrix} \tag{4-19}$$

其中$r_{ij}(i, j = 1, 2, \cdots, p)$是原始特征变量$x_i$与$x_j$的系数，这里

$$r_{ij} = \frac{\sum_{k=1}^{n}(x_{ki} - \bar{x}_i)(x_{kj} - \bar{x}_j)}{\sqrt{\sum_{k=1}^{n}(x_{ki} - \bar{x}_i)^2 \sum_{k=1}^{n}(x_{kj} - \bar{x}_j)^2}} \tag{4-20}$$

3）求矩阵的特征值与特征向量

通过特征方程$|\lambda I - R| = 0$，能够求得特征值$\lambda_i(i = 1, 2, \cdots, p)$，对这些特征进行排序，使得$\lambda_1 \geqslant \lambda_2 \geqslant \cdots, \geqslant \lambda_p \geqslant 0$，接下来可以得到每个特征值对应的特征向量。

4）主成分的贡献

每个主成分的贡献η_i和累积贡献可以表示为

$$\eta_i = 100\% \lambda_i / \sum_{i}^{m} \lambda_i \tag{4-21}$$

$$\eta_{\sum(p)} = \sum_{i}^{p} \eta_i \tag{4-22}$$

这里$\eta_{\sum(p)}$表示主成分累积的贡献。通常情况在选取主成分的累积贡献率时是选取接近或超过90%的贡献率，其中涉及的特征值即为所求的主成分。

5）主分量

假设对应的特征向量为E_i，那么通过n个样本中的这些m个主成分可以表示为

$$Z_{n\times m} = X^*_{n\times p} E_{p\times m} \tag{4-23}$$

4.5.3 羊绒和羊毛纤维统计特征值的主成分分析

在提取数据集中羊绒和羊毛纤维图像的灰度共生矩阵纹理特征向量后，按照上面的步骤进行主成分分析，共得到4个主成分，见表4-1。

表4-1 纤维的4个主成分分析

主成分	Z_1	Z_2	Z_3	Z_4
角二阶矩	-0.28357	-0.14912	0.402412	-0.08903

续表

主成分	Z_1	Z_2	Z_3	Z_4
相关	-0.05621	0.171449	0.291193	-0.19516
对比度	0.306276	0.30905	-0.183846	-0.01943
均值和	0.023599	0.861603	0.276076	0.253925
方差	0.346324	0.002708	-0.38771	-0.4623
方差和	0.284073	0.116232	0.303216	-0.5874
逆差矩	-0.26502	0.332658	-0.15928	-0.10869
熵	0.321494	-0.21753	0.695043	-0.02788
和熵	0.341974	-0.07455	0.116124	-0.14364
差的方差	0.262661	-0.35891	0.270726	0.018022
聚类阴影	0.209185	0.416394	0.160388	-0.04368
差熵	0.341428	-0.13385	-0.05715	0.001829
最大概率	-0.23254	0.30814	-0.23455	-0.14836
显著聚类	-0.21794	-0.40724	-0.13725	-0.03951
特征根	7.7346	3.4268	1.5165	0.8583
贡献率(%)	55.2474	24.4768	10.8324	4.1308　94.6

表 4-1 中是主成分分析中得到的原始统计特征的线性组合系数，系数为负表示该主成分与表中对应的原始统计特征为负相关，系数为正代表正相关。从表 4-1中可以看到，前 4 个主成分的累积贡献已经接近 95%，因此在实验中取前 4 个主成分。

从表 4-1 中还可以看出，一些统计特征的相关度比较高，下面对这几个主成分进行简要分析。对于第一个主成分，其对应的原始统计特征中相关性与均值和这两个的系数比较小。

对于第二个主成分，影响比较大的原始统计特征是对比度、逆差距、均值和、差的方差、聚类阴影和最大概率。从原始统计特征对图像表征意义及前面羊毛羊绒纤维图像中纹理特征的分析而言，第二个主成分包含比较多的图像纹理的清晰度和明暗程度信息。

对于第 3 个主成分，对其影响较为明显的是角二阶矩和对比度这两个统计特征，这两个统计特征描述了纤维的纹理均匀度与纹理基元大小。

对于第 4 个主成分，对其影响明显的是方差、方差和、差熵等 3 个统计特征，这 3 个特征描述了纤维图像中纹理周期的信息。

上面对得到的 4 个主成分进行了分析，表 4-2 是主成分和纹理特征对应表。

表 4-2 主成分与纹理特征

主成分	纹理特征
主成分 1	综合纹理特征
主成分 2	纹理清晰和明暗度
主成分 3	纹理基元大小和纹理均匀度
主成分 4	纹理周期信息

4.6 实验中 BP 神经网络的结构

1）输入输出层

输入层的结点数量及时输入特征的数量，输出层的结点数就是输出层的类别数。实验中通过主成分分析得到了 4 个组合特征，因此每幅纤维图像都使用 4 个组合特征来描述，这样就可以将数据集中样本计算得到的 4 个特征值输入到 BP 神经网络进行分类，输入层的结点数设置为 4。实验中是羊绒和羊毛的二分类任务，所以输出层的结点数设置为 2。

2）隐藏层

通常，具有多个隐藏层的神经网络具有更强的描述能力，但同时也带来更大的计算量。此外，当多层神经网络进行反向传播时，可能会遇到梯度消失的问题，即梯度在传递过程中逐渐减小而导致网络难以学习[155]。实验中隐藏层的数量设置为 1 层，另外，隐藏层中结点数量的选择通常是根据经验选择的，实验中设定取值范围为[6，9]，实验中将尝试隐藏层结点为 6、7、8、9 等四个网络，分别进行训练和测试，最后选择效果最好的网络。

3)损失函数

网络的损失函数是需要根据具体问题的特点和任务要求进行选择，实验中损失函数选择均方误差，它计算预测输出与真实输出之间的差异的平方和，即将每个输出单元的预测值与真实值之差平方，并求和后取平均。

4)学习率

BP 神经网络中的学习率(Learning rate)是指在反向传播算法中用来控制权重更新步长的参数。学习率决定了每次权重更新时，更新的幅度或者步长大小。学习率对训练速度和收敛速度影响非常大。如果学习率设置过小，网络可能训练和收敛的速度都非常慢，难以求得全局最优解；相反，如果学习率过大，权重的更新步长将较大，可能导致网络在训练过程中发生震荡或发散。这种情况下，网络可能无法收敛或者无法得到有效的训练结果。

因此，选择适当的学习率非常重要。一般来说，学习率需要通过实验和经验进行调整。常见的做法是从一个较小的学习率开始，然后逐渐增加学习率，观察网络的训练效果，直到找到一个合适的学习率。需要注意的是，学习率的选择并没有固定的规则，它受到具体问题和数据集的影响。

5)网络权重的初始值

在 BP 神经网络中，权重的初始值也是一个重要的参数设置，它可以对网络的训练和收敛性产生影响。实验中选择的是随机初始化，该方法是将权重初始化为较小的随机值，这些随机值通常是服从均匀分布或正态分布，这样可以打破对称性，使不同神经元的学习能够独立进行。

4.7 实　　验

实验数据集中的样本是使用 UVTEC CU-5 纤维投影仪拍摄的，其中训练集包含了 2400 幅羊绒和羊毛纤维图像(羊绒和羊毛纤维各 1200 幅图像)，测试集包含了 818 幅羊绒图像和 794 幅羊毛纤维图像。实验中首先对数据集中的纤维样本图像进行预处理，然后基于灰度共生矩阵的方法从每幅纤维图像中提取 14 个统计特征，并通过 PCA 从中提取前 4 个主成分，然后使用 BP 神经网络进行分类。

4.7.1 数据的归一化

神经网络的输入数据通常也需要进行归一化处理，将输入数据进行缩放，使其具有相似的范围和分布。这有助于提高神经网络的训练速度和性能，并且可以减少不同特征之间的差异对训练过程的影响。

从纤维图像中获取的特征可能会存在数量级差别较大，这样的数据输入的网络进行训练往往效果不好，这里对数据进行归一化，其计算方法为

$$\hat{x}_i = \frac{x_i - x_{\min}}{x_{\max} - x_{\min}} \tag{4-24}$$

其中，x_i 表示数据的原始值；$x_{\max}$ 表示数据中的最大值，$x_{\min}$ 表示数据中的最小值，$\hat{x}_i$ 是经过归一化处理后的值[156]。

4.7.2 纤维识别

实验中使用 Matlab 软件构建 BP 神经网络，网络结构在前面已经讨论，输入结点为 4，输出结点为 2，隐藏层为 1 层，隐藏层神经元数量根据经验分别选定为 6、7、8、9，这样就构成了四个神经网络。实验中根据训练效果来确定隐藏层的神经元数量。这里训练最大迭代次数预设为 1000，误差精度设为 10^{-2}。

训练时使用了 Matlab 中 3 种不同训练函数“traindm”“traindx”和“trainlm”，这 3 个函数代表了不同的训练算法和优化策略。

(1) traindm(Gradient Descent with Momentum)函数是一种基于梯度下降的训练算法，引入了动量项来加速收敛过程。动量项考虑了前一次权重更新的影响，使权重更新在梯度方向上更加稳定。

(2) trainlm(Levenberg-Marquardt 算法)是一种基于 LM 算法的训练算法，该方法使用牛顿法和高斯-牛顿法的组合来进行权重更新，采用计算二阶导数的方式对学习率进行调整，以加快收敛速度。

(3) traindx(Gradient Descent with Adaptive Learning Rate)是一种自适应学习率的梯度下降训练算法，该方法基于梯度的大小来自适应地调整学习率，以在训练过程中实现更好的收敛性能，此外，该方法还使用动量项来加速权重更新。

实验中分别用这 3 种不同的训练算法和优化策略，每种方法训练不同的隐藏

层，通过比较选择最优的网络结构和训练方法，训练和测试的结果见表 4-3。

表 4-3　使用三种函数的训练和测试结果

隐藏层神经元数量		6	7	8	9
traindm 函数	训练集识别率(%)	88.56	85.98	90.59	88.11
	测试集识别率(%)	85.32	81.27	85.62	84.81
trainlm 函数	训练集识别率(%)	80.24	82.01	81.64	75.79
	测试集识别率(%)	76.84	77.93	77.56	70.05
traindx 函数	训练集识别率(%)	90.56	94.72	91.2	89.32
	测试集识别率(%)	87.61	90.15	87.72	84.43

从表 4-3 可以看到，使用 traindx 函数训练，当设定隐藏层结点数量为 7 时，测试集上获取了最高的识别率 90.15%。图 4-4 是隐藏层结点为 7，traindx 函数训练时的误差曲线图。

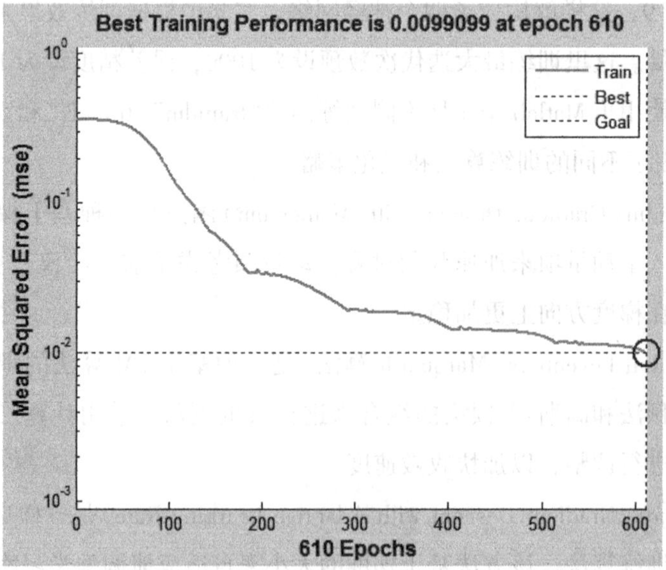

图 4-4　训练误差曲线图

从图 4-4 可以看到，网络在训练了 610 轮(epoch)后，训练误差达到预设范围之内，使用这个训练好的网络在训练集和测试集识别率分别达到 94.72%和 90.15%，从中可以看出使用灰度共生矩阵提取统计特征来识别羊绒和羊毛纤维是可行的。

4.8 本章小结

本章研究了基于纹理特征分析的动物纤维的方法，该方法从羊绒/羊毛图像的纤维表面提取了 14 个灰度共生矩阵的统计特征，然后使用主成分分析法提取前 4 个主成分，这样每幅纤维图像都可以转换为 4 个的特征值。构建 BP 神经网络，将提取的特征值输入 BP 神经网络训练，实验中使用了 3 种不同的训练函数，并尝试了不同的隐藏层。通过比较，最后得到隐藏层为 7，且使用 Matlab 中 traindx 函数训练的网络得到的识别率最高。

第 5 章　基于纤维形态几何特征的纤维识别方法

目前从显微镜图像中提取纤维的形态几何特征都是使用计算机图像处理的方法，所以基于纤维形态几何特征的纤维识别方法也就是基于计算机图像处理方法，该类方法一直是近年来学术界和工业界研究的重点之一。基于纤维形态几何特征的纤维识别方法将动物纤维的显微镜图像进行增强，然后通过图像处理的方法获取纤维的轮廓骨架图像，再逐步求得纤维的直径、鳞片面积、鳞片厚度、鳞片周长、鳞片密度等值，并依据这些特征指标辨别纤维的类别。

本章主要介绍基于纤维形态几何特征的纤维识别方法，该方法可以分为图像增强、纤维骨架提取、几何形态特征提取、纤维分类几个阶段。实验样本选用的是羊绒和羊毛的电子显微镜图像，与光学纤维图像相比，电子显微镜图像分辨率高、图像清晰，更容易测量这些特征指标的值。

5.1　图 像 增 强

为了更准确地得到纤维形态几何特征指标测量，首先是对纤维表面有用的信息进行增强，同时减弱图像中不需要的信息，尽可能去掉纤维图像中的干扰，这里图像增强的具体操作是增强图像中纤维鳞片表面纹理以及边缘所在像素点[6]。

图像增强可以改善图像的视觉质量、增加细节、提高对比度或使图像更适合特定的应用场景[157]。这里使用的图像增强方法是对比度拉伸，通过拉伸图像的灰度值范围，将原始图像中的灰度值映射到更广的范围内，使图像中的细节更加明显。下面以一个纤维的扫描电子显微镜图像为例，给出图像增强后的图像，如图 5-1 所示。

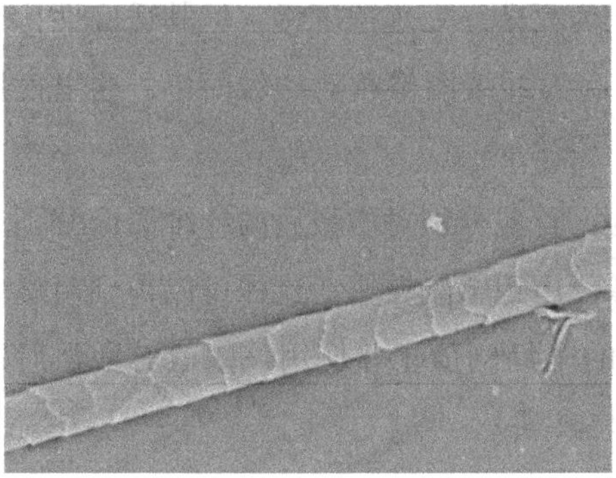

（a）纤维样本图像

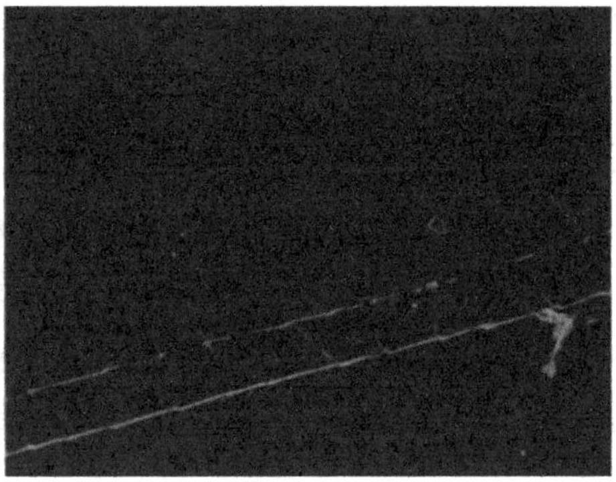

（b）增强后的纤维图像

图 5-1 图像增强

由图 5-1(a)可以看到，图像中纤维体与背景对比度不高，使用图像增强后得到图 5-1(b)，可以看到图像中保留了纤维体轮廓及鳞片边缘，淡化了其他不需要的区域信息，有助于接下来进行纤维轮廓骨架提取。

5.2 纤维轮廓骨架提取

纤维轮廓骨架提取的目的是获取纤维完整的二值化轮廓图，并且纤维的轮廓和表面纹理都是单像素，这样有助于后续从纤维表面提取几何特征值。该阶段可以分为图像二值化、图像去噪声、纤维骨架提取、丢失信息补全等几个步骤，接下来对这些步骤进行详细说明。

5.2.1 图像二值化

图像二值化能够将图像像素变为 2 个灰度级，从视觉上看只有白与黑两种颜色，这样能够减少图像中部分干扰信息，保留纤维的轮廓信息，为后续获取纤维单像素的轮廓线做准备。

常用的图像二值化方法可以分为局部阈值法和全局阈值法，局部阈值法的基本思想是：根据某种规则把图像划分为不同的区域，在每个区域内计算阈值并且二值化。全局阈值法是在图像整体的像素中设置一个阈值，使用该阈值在整幅图像中进行二值化处理。局部阈值法计算较为复杂，处理速度慢，但其适应性比全局阈值法好，适合比较复杂的图像[158]。因为纤维图像相对比较简单，这里使用全局阈值法。

实验中图像二值化的处理具体流程为：首先分别对增强后的纤维图像分别进行膨胀和腐蚀操作，再对得到的两幅图像使用逻辑减操作，这样可以得到粗略的纤维轮廓线。实验中选定 0.91 作为图像的全局阈值，并使用该阈值对增强后的图像(图 5-1)二值化，得到结果图像如图 5-2 所示。

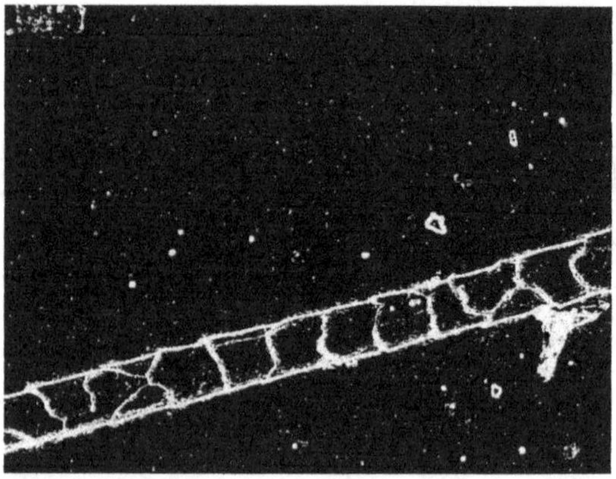

图 5-2　纤维二值化后的图像

从图 5-2 中可以看到，图中的纤维轮廓基本上完整，视觉效果比图 5-1(b)要清晰很多，但图中的噪声也比原来更明显了，接下来进行的步骤是去除噪声。

5.2.2　图像去噪声

在图 5-2 中能够看到纤维体已经比较清晰地显示出来，图像背景仍有明显的杂质和噪声。比较而言，纤维轮廓体内部噪声相对较小，外部噪声比较明显，特别是图像右边有较大的杂质和纤维轮廓连在一起。这里采取的方法是首先去除图像中较小的噪声，具体办法是去除面积较小的像素连通块，得到的结果如图 5-3 所示。

从图 5-3 中可以看到，图像中已经去除了一些小的干扰信息，但是图像右面

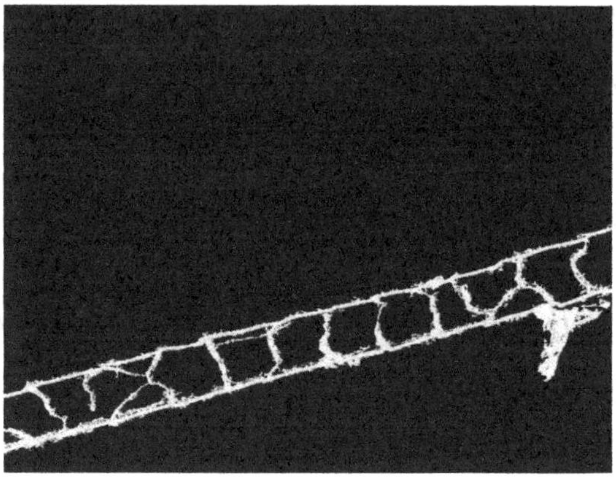

图 5-3 去除噪声

与纤维体相连的杂质仍未去掉，且纤维左边有鳞片边缘断裂，这些问题将在后面的处理中去除，下面首先进行纤维骨架的提取。

5.2.3 纤维骨架提取

在经过去除噪声处理后，图像中纤维轮廓已经较为完整地保留下来，接下来需要将纤维进行细化，获取到纤维单像素的骨架。首先尝试的方法是使用图像形态学方法对去除噪声后的纤维图像(图 5-3)进行细化处理，可以得到处理后的结果如图 5-4 所示。

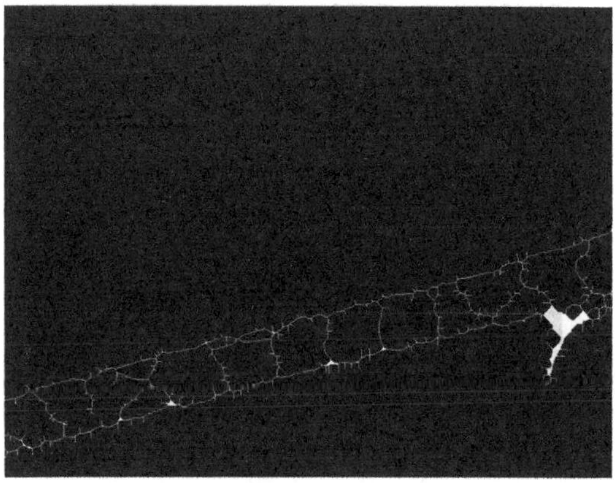

图 5-4 直接细化的效果

对比图 5-3 和图 5-4 可以看到，与纤维相连的杂质被清晰地保留下来，另外纤维边缘也有很多毛刺，这在后期会影响纤维几何形态特征的提取，所以这里不采用直接细化的方法。

实验中所用的方法是创建两个模板为纤维细化做准备，通过两个模板的操作来获取更完整的纤维轮廓。一个模板对图像采用形态学闭操作，其处理结果当作完整纤维轮廓信息的背景模板，另一个模板是从原始纤维图像中得到的轮廓模板，目的是既保留图像中纤维边缘点的位置，也保留纤维边缘的有效信息。

形态学的闭操作能够使得去除噪声后的图像中纤维边缘更加平滑，并且图像中小纤维洞孔也都被填充。在对图 5-3 进行闭操作后，将四周边缘进行封闭处理，然后将图像中的小的像素联通区域删除，就能够得到图像的背景模板，如图

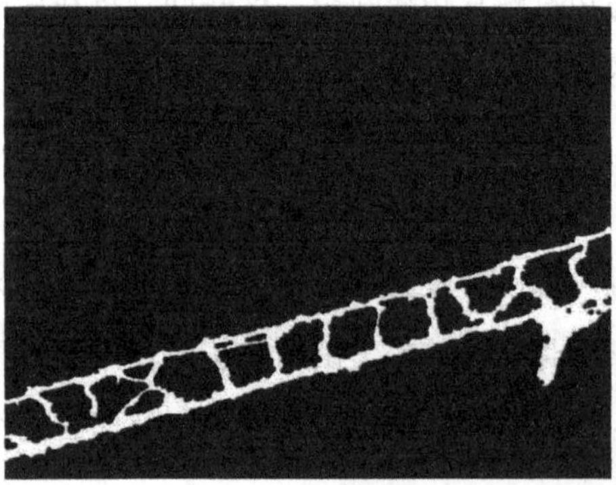

（a）背景模板

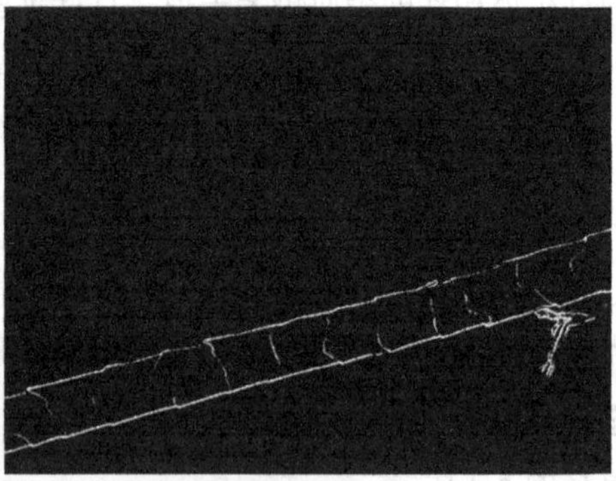

（b）轮廓模板

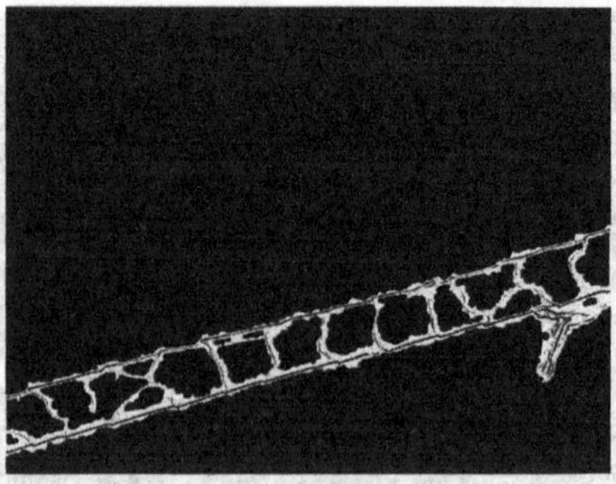

（c）叠加

图 5-5　维细化的准备

5-5(a)所示。

接下来是获取轮廓模板的操作：首先对纤维图像膨胀，然后对纤维图像进行腐蚀，再对两个处理结果进行逻辑减操作，接下来使用预设的阈值判断每个像素点的类别，可以得到一个纤维的轮廓模板，如图 5-5(b)所示。然后将图 5-5(a)与图 5-5(b)叠加起来，可以到得到图 5-5(c)，接下来将对图 5-5(c)进行细化处理。

细化的算法思想如下：遍历叠加后的图像，首先预设定 8 个模板，如图 5-6 所示。当图像中像素的邻域出现这 8 种模板中的一种时，将该像素值设置为 0；对像素进行循环遍历，当某次遍历无像素变化后，循环结束。

0		1
0	1	1
0		1

0	0	0
	1	
1	1	1

1		0
1	1	0
1		0

1	1	1
	1	
0	0	0

	0	0
1	1	0
1	1	

0	0	
0	1	1
	1	1

	1	1
0	1	1
0	0	

1	1	
1	1	0
	0	0

图 5-6 设定的 8 个模板

通过上述处理后，纤维细化的结果如图 5-7(a)所示，然后再去除图像中的短枝，可以得到纤维单像素的骨架图，如图 5-7(b)所示。与图 5-4 相比，细化的效果更好，去掉了与纤维相连接的干扰杂质，但是图像中纤维仍存在鳞片边缘丢失的情况。为了让本方法更有普适性，下一节将讨论将图像中纤维鳞片进行补全的方法。

5.2.4 丢失信息补全

通过上述步骤，已经得到了纤维单像素的轮廓骨架图，但由于前面处理步骤使得纤维的部分鳞片边缘显示不完整，导致纤维单像素的轮廓骨架图中有一条鳞片边缘缺失。以图 5-7(b)为例，图中左下角有鳞片边缘信息丢失，这里采取的方法是首先确定丢失鳞片的位置，然后再进行修补。

首先对图 5-7(a)中的细化后的纤维轮廓图与图 5-7(b)纤维单像素的骨架图进行集合差运算，可以得到纤维图像中丢失的鳞片的位置，如图 5-8 所示。

（a）细化后的纤维轮廓图　　（b）纤维单像素的骨架图

图 5-7　细化结果

图 5-8　确定鳞片丢失的位置

从图 5-8 中看到丢失的信息是一条部分鳞片边缘线，致使鳞片边缘线没有将这个区域划为 2 个鳞片。实验中使用分水岭算法重构丢失的鳞片边缘信息。

分水岭是一种图像分割方法，该方法根据图像中不同区域像素灰度值的大小对图像进行分割。图像中灰度值较高的区域被视为“山顶”，灰度值低的地方被视为“山谷”，然后对这些“山顶”和“山谷”进行“注水”，在这个过程中来确定分割边缘线。该方法根据图像中像素灰度值的接近程度来判定像素是否同属一个区域，在对图像的“注水”过程中，连接了灰度值相同或相近的“水平面”上像素，最终 “分水岭”形成曲线，将这个区域分开。对于图 5-8 中的纤维鳞片，使用分水岭算法可以将缺失的鳞片边缘补全，如图 5-9 所示。

图 5-9 修补后的区域

从图 5-9 中可以看到丢失的部分鳞片边缘已经补全，这样就可以使用前面求纤维轮廓的方法得到新的纤维轮廓图，也就是纤维的骨架图，如图 5-10 所示。

图 5-10 鳞片修补后的纤维骨架图

为确保不失一般性，下面用上述方法对不同纤维样本进行处理，得到了这些样本中提取的纤维骨架图，为了使得纤维骨架图更清晰，对纤维骨架图进行了膨胀处理，如图 5-11 所示。

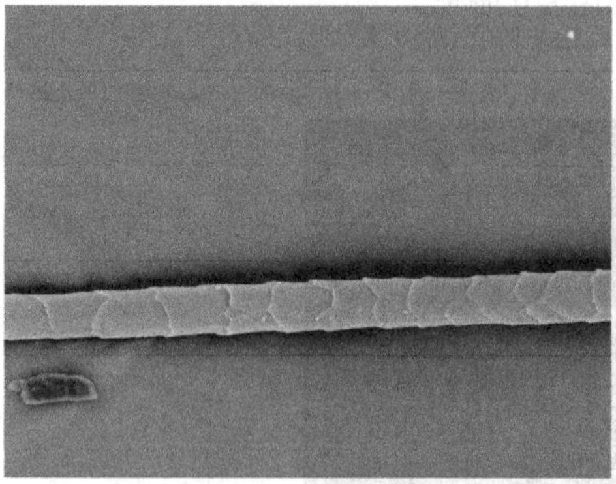

（a）原始羊绒图像1

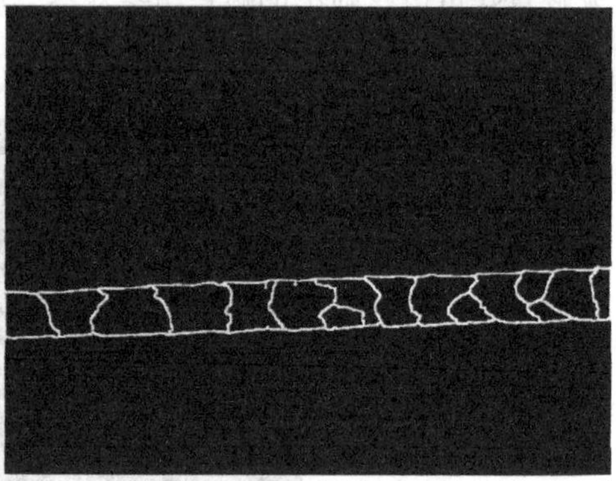

（b）羊绒纤维骨架图像1

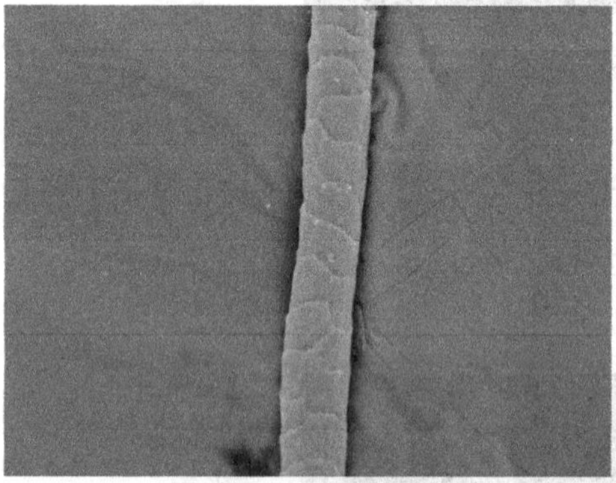

（c）原始羊绒图像2

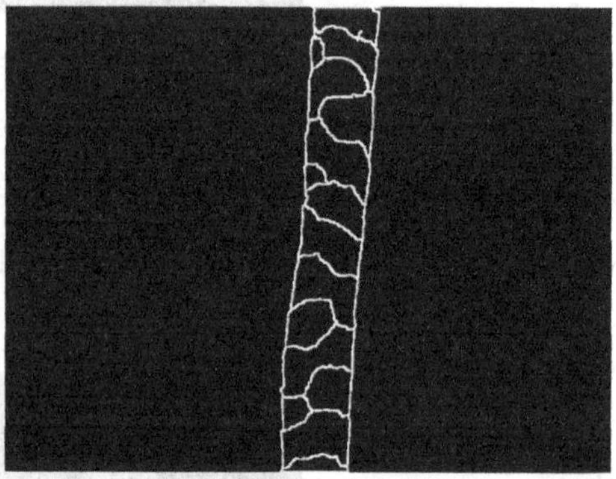

（d）羊绒纤维骨架图像2

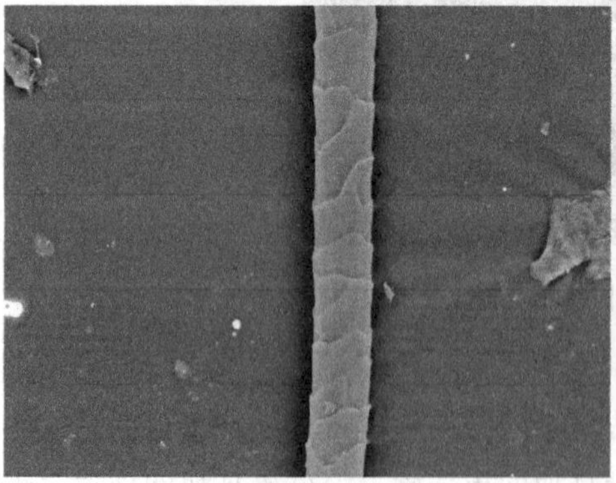

（e）原始羊绒图像3

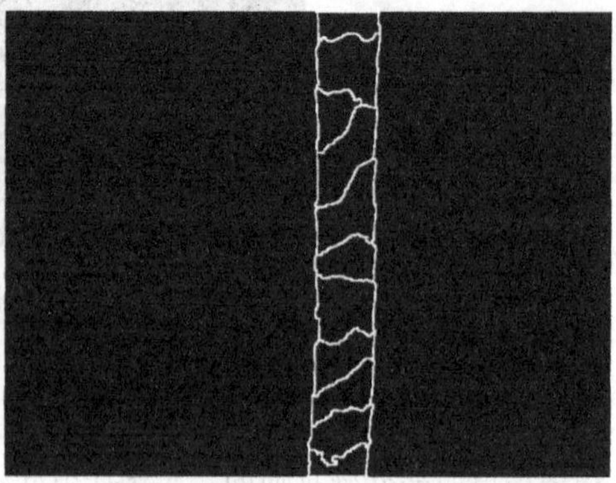

（f）羊绒纤维骨架图像3

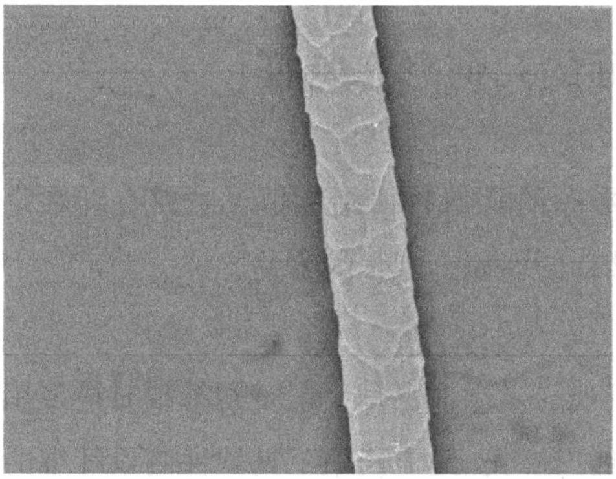

（g）原始羊毛图像1

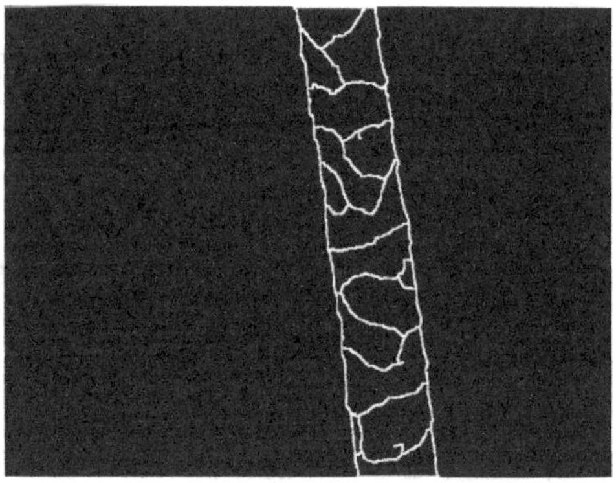

（h）羊毛纤维骨架图像1

（i）原始羊毛图像2

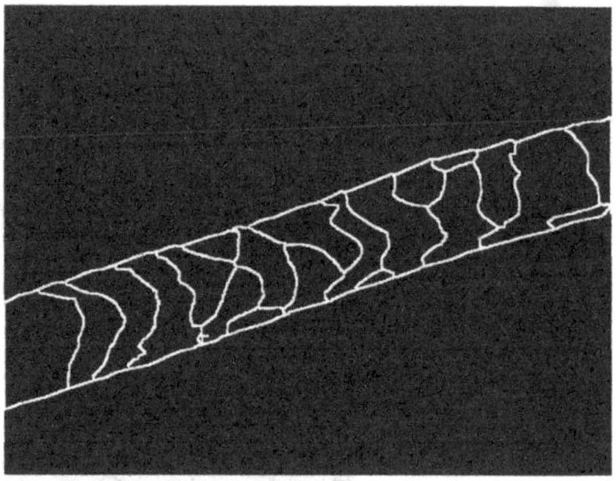

（j）羊毛纤维骨架图像2

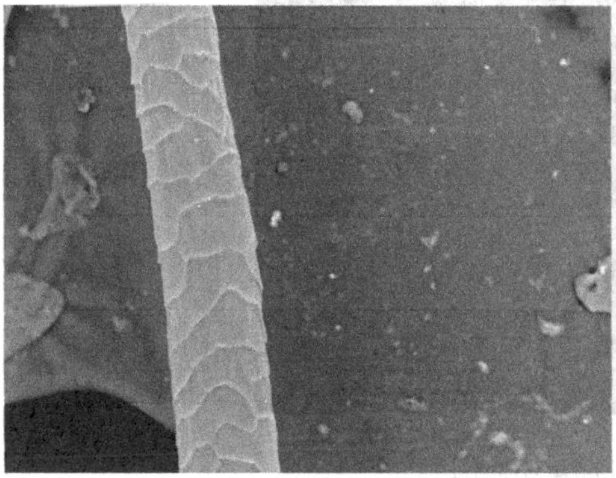

（k）原始羊毛图像3

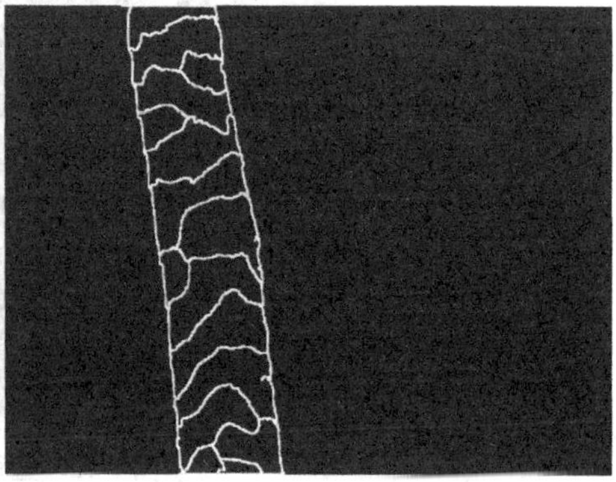

（l）羊毛纤维骨架图像3

图 5-11　原始纤维图像与纤维骨架图像

5.3　提取纤维表面的几何形态特征

下面在纤维骨架图中提取纤维表面形态的几何特征指标值，主要有纤维直径、鳞片面积和周长、直径方差，以及鳞片的面积、周长的方差。

1. 纤维直径

纤维直径是纤维表面几何特征中最直观的指标，也是人工辨别纤维时最常用的辨别指标之一，目前在使用显微镜鉴别纤维时，经常使用工具软件测量纤维的直径，以帮助人工鉴别[9]。

由于纤维的直径并不是均匀一致的，所以这里测量纤维直径指的是纤维在图像中的平均直径。具体步骤为两步：①还以图 5-1(a)中纤维为例，首先提取鳞片修补后的纤维中轴线，接下来在纤维中轴线上每隔一段距离作一条垂线，这样可以得到一组垂线；②计算垂线的斜率，获取垂线与纤维体边缘线的交点，计算两个交点间的距离就可以得到直径的值，如图 5-12 所示，然后再计算直径平均值及直径的方差。

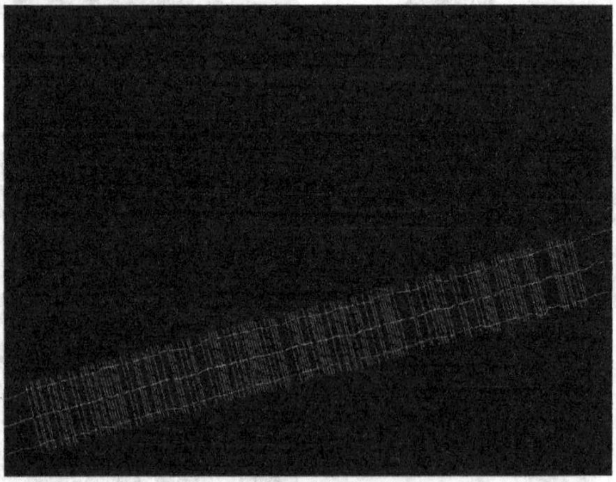

图 5-12　直径测量示意图

2. 鳞片周长、鳞片面积与鳞片密度

纤维表面鳞片的周长、面积与鳞片密度，一直也是学者们认为区分羊绒和羊毛的特征[159]。这里鳞片的密度即单位长度上鳞片的数量，计算方法是在分割好的纤维中统计出纤维中轴线长度以及纤维体中封闭区域的数量。实验中鳞片周长和面积的计算方法是采用像素点估算的方法，具体是寻找纤维表面鳞片每个封闭的区域，统计封闭区域边缘线中像素点的数量作为周长；这个区域的面积就是鳞片面积，这里也用像素的数量表示[159]。

下面先给出得到纤维鳞片区域的方法，首先按照前面的方法得到纤维完整的骨架图纤维图像，如图 5-13(b)所示[160]。然后对得到的纤维轮廓骨架图中的像素进行逻辑求反，得到的图像如图 5-13(c)所示；接下来去除图 5-13(c)中最大的连通区域，可以得到从背景中分割出来的纤维图像，如图 5-13(d)所示；从图 5-13(d)中可以看到，纤维表面的每个鳞片都被分开，每个鳞片就是一个连通区域，图像中连通区域的数量就是该纤维出现在图像中鳞片的数量，用鳞片数量除以纤维中轴线的长度就可以求得纤维的鳞片密度，图 5-13(d)中完整的鳞片个数为 9。

在图 5-13(d)中依次取得每个鳞片，并求取鳞片的面积和周长。以图 5-13(d)中第一个鳞片(最上面)为例，分割后的鳞片作为一个连通区域，如图 5-13(e)所示；计算该连通区域中像素点的数量，将其作为鳞片的面积；使用 Sobel 边缘检测方法得到鳞片的边缘，将其细化为单像素的边缘线，如图 5-13(f)所示，这样就可以统计该边缘线作为鳞片周长。为了让图像更加清晰，图 5-13 中各个子图都对鳞片边缘线进行了膨胀处理。

按照上面的方法，首先获得纤维的轮廓骨架图，再依次计算得到图像中纤维的每个鳞片的周长和鳞片面积，有了每个鳞片的周长和面积，很容易就可以得到纤维的鳞片周长方差和面积方差。

实验中提取了数据中纤维样本图像中纤维的直径、鳞片周长和鳞片面积、鳞片密度，以及直径方差、周长方差和鳞片面积方差[161]。这里周长、直径、面积和各个方差指的是同一幅图像中纤维的平均值，表 5-1 中列出了从 21 幅图像中提取的纤维表面各个几何特征值，这里使用的图像分辨率为 1280×1040，纤维的直径、周长和面积都是使用像素的个数来表示，故直径、鳞片周长、鳞片面积的单位都是“个像素”，鳞片密度的单位是“个/像素”，直径、周长、鳞片面积的方差单位是“个^2”。

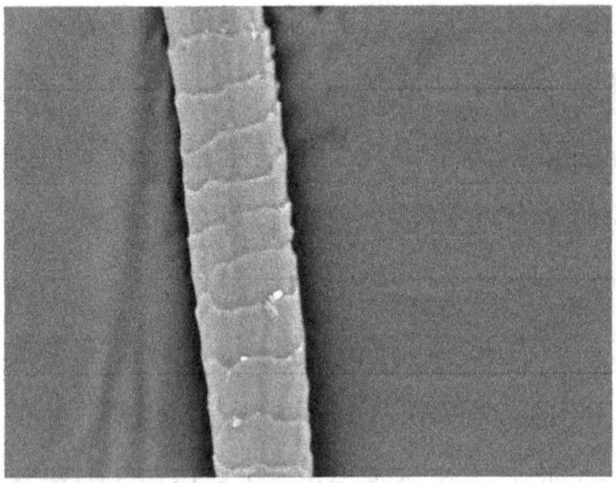

（a）原始羊毛图像

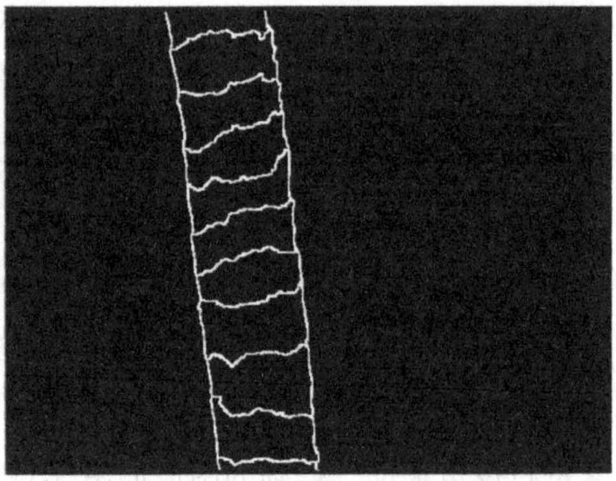

（b）分割后的羊毛图像

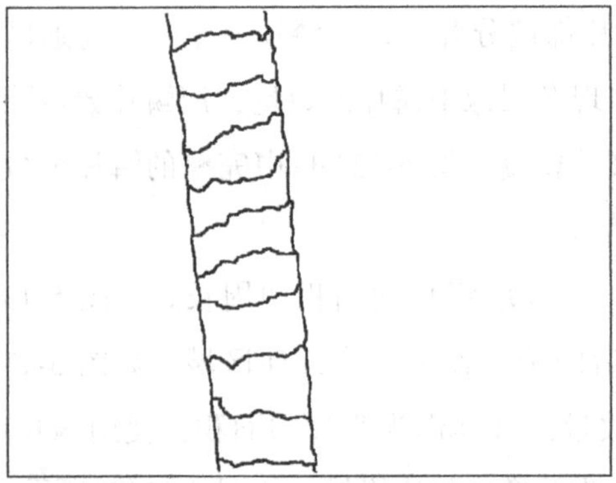

（c）分割后羊毛图像中像素求反

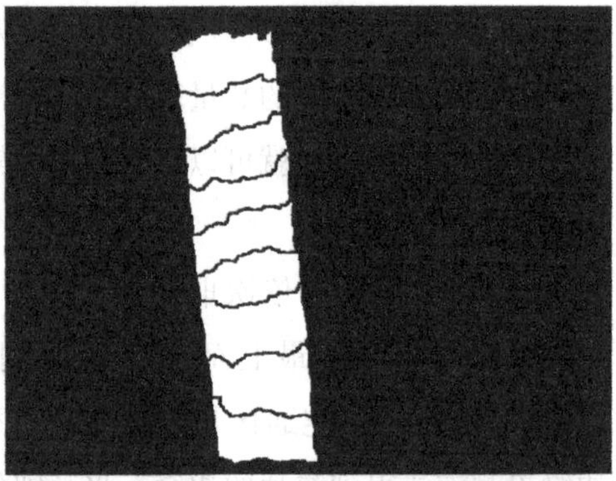

（d）去除背景后的羊毛图像鳞片

（e）纤维的鳞片

（f）纤维的鳞片边缘

图 5-13　纤维图像鳞片分割

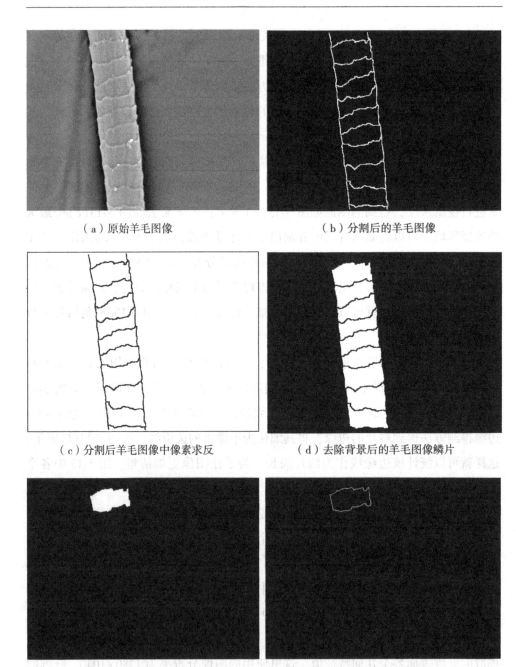

表 5-1　纤维表面几何特征值

纤维类别	直径	鳞片周长	鳞片面积	鳞片密度	直径方差	周长方差	鳞片面积方差
羊绒	100.578	408.667	10273.89	0.009	4.385	15088	25429760.5
羊绒	120.598	411.9	11059.2	0.011	9.692	28040.09	42903685.2
羊绒	133.719	417.5	10026.64	0.013	6.056	18517.39	26681650.1
羊绒	133.104	441.167	10373.5	0.013	7.721	4196.31	16573430.8
羊绒	104.796	368.438	7961.19	0.013	12.888	10424.75	15613053.7
羊绒	110.527	379.167	8257.42	0.013	13.513	7444.64	12618389.7
羊绒	127.675	441.917	9874.92	0.013	5.236	42964.24	52626456.7
羊绒	102.001	370.875	7735.44	0.013	6.424	10645.73	12277402.7
羊绒	120.746	520.429	15697.57	0.008	10.679	5810.25	24704133.1
羊绒	96.597	418.111	9952.44	0.01	10.06	8318.32	12762108.9
羊绒	108.18	453.5	11234.83	0.01	6.982	9404.25	19006254.8
羊毛	203.516	378.545	8361.82	0.018	15.312	19514.61	27634936.5
羊毛	135.484	394.786	8658.93	0.011	14.885	20090.17	30330205.8
羊毛	207.826	428.81	9147.05	0.018	10.443	22024.54	31109160.7
羊毛	185.425	429.563	11235.94	0.015	3.335	28718.87	57729110.4
羊毛	178.637	371.762	7874.1	0.018	42.639	21068.47	22856261.4
羊毛	172.709	358.227	7207	0.021	8.806	19969.45	20245283.5
羊毛	165.117	363.667	7381.95	0.02	25.645	20125.37	21630398.4
羊毛	200.86	408.526	9687.47	0.018	16.273	31552.67	58168500.2
羊毛	179.458	751	33559	0.005	31.213	31362	292814838
羊毛	153.967	353.429	6755.52	0.019	21.611	17889.67	13775061.5

5.4 分　类

按照前面的步骤从纤维样本中提取纤维直径等 7 个几何特征指标后，将这 7

个特征值表示为向量的形式，这样每幅图像中的纤维可以表示为一个 7 维向量，数据集就可以表示为向量的集合，然后将向量集合输入到支持向量机中进行训练和测试。

5.4.1　数据归一化

由于从纤维图像中提取到的鳞片密度、纤维直径、纤维周长、面积以及它们的方差数值的单位不同，并且取值范围变化较大，直接使用这些数值进行计算会影响到分类效果，需要对这些数值先进行归一化。归一化是将这些特征数值转化到相同的区间，并且保留原来的数据特征，这样还可以使得模型计算速度更快。零均值和线性函数归一化是比较常见的方法，下面对这两种方法做简单介绍。

零均值归一化的方法是将数据减去均值，然后再除以方差，计算公式如式(5-1)所示：

$$z = \frac{x - \mu}{\sigma} \tag{5-1}$$

式中，σ 和 μ 是数据的方差和均值。使用上面公式可以将数据转化为均值为 0、方差为 1 的数据。

线性函数归一化是对数据进行等比例地缩放，把数据都转化到(0，1) 区间中[162]。计算公式如式(5-2) 所示：

$$X_{norm} = \frac{X - X_{min}}{X_{max} - X_{min}} \tag{5-2}$$

式中，X 是原始数据，X_{min} 和X_{max} 是数据中最小值和最大值，X_{norm} 是归一化后的数据值。线性函数归一化对原始数据值限制较小，而零均值归一化通常需要数据近似服从高斯分布，所以实验中使用线性函数归一化。

5.4.2　分类

实验中使用的纤维仍然是土种毛与国产白绒，样本图像拍摄设备为 HITACHI TM3000 台式扫描电子显微镜，图像放大倍数为 1000 倍。实验中样本图像数量为 1000 幅，其中羊毛和羊绒的 SEM 图像分别为 500 幅，使用中随机选取总样本的 70%为训练集，其余的 30%为测试集。

SVM 分类器使用的是 LibSVM 软件中的 c-SVC 分类器，c-SVC 分类器中两个重要的参数是 c 和 g，其中参数 c 的作用是对分类中异常值进行惩罚，其取值范围是[1，+∞)。实验中尝试了多项式核函数、径向基核函数、Sigmoid 核函数等 3 种不同核函数，并比较了分类效果[163]。首先使用多项式核函数，训练集结果如图 5-14 所示。

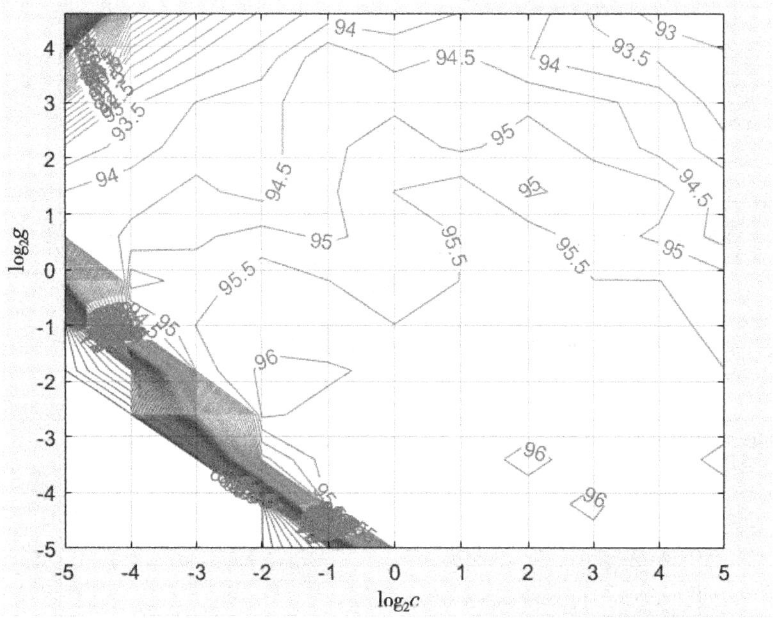

图 5-14　使用多项式核函数的训练结果

图 5-14 中，对参数 c 和参数 g 分别取对数，值作为横坐标与纵坐标，图中的曲线为等高线。可以看到，模型训练集识别率最高为 96%。使用该模型的 c 和 g 的值，在测试集得到识别率为 81.1%。

接下来使用带径向基的支持向量机分类模型，训练集结果如图 5-15 所示。模型在训练集获取的最高识别率为 95.5%，使用该参数组合在测试集得到识别率为 87.4%。

最后使用带 Sigmoid 核函数的支持向量机，训练集结果如图 5-16 所示。模型在训练集上获取到的最高识别率为 95.5%，使用该参数组合在测试集得到的识别

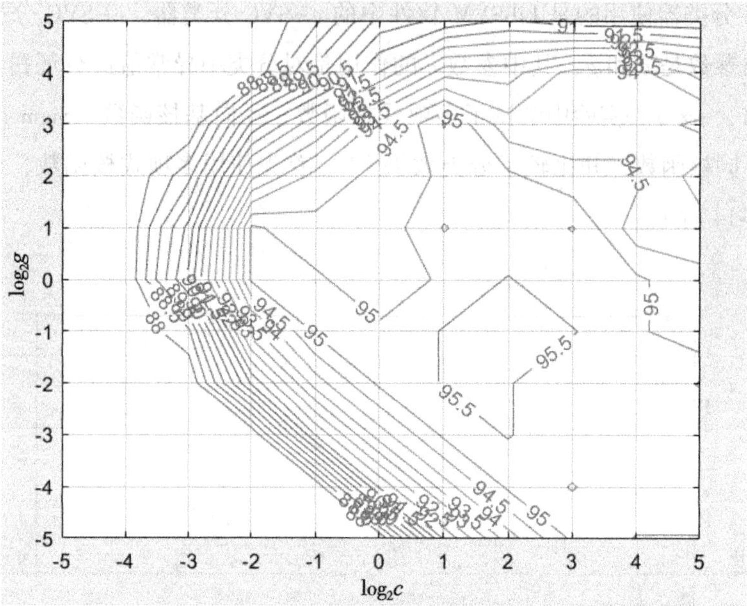

图 5-15　使用 RBF 核函数的训练结果

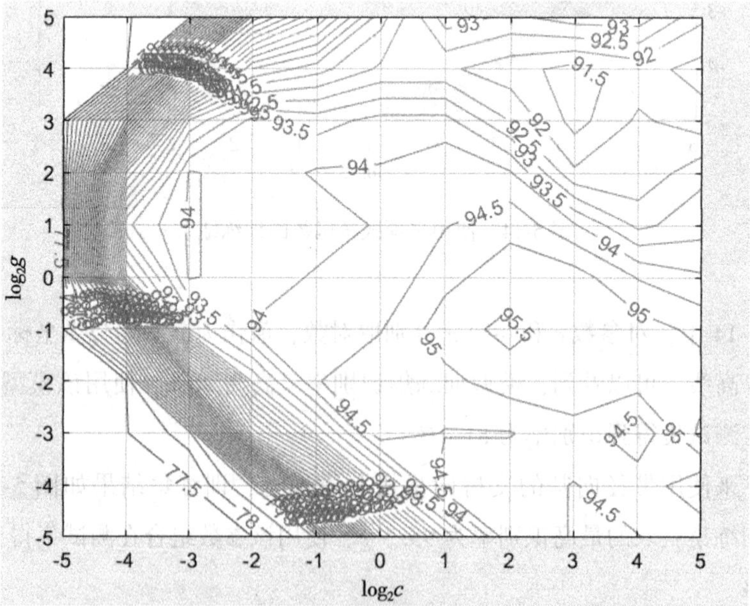

图 5-16　使用 Sigmoid 核函数的训练结果

率也为 87.4%。

比较带不同核函数的支持向量机的测试集识别率，见表 5-2。

表 5-2 三种组合的分类结果

核函数	训练集结果	测试集结果
多项式	96%	81.1%
RBF	95.5%	87.4%
Sigmoid	95.5%	87.4%

从表 5-2 中可以看到，径向基核函数与 Sigmoid 函数核函数的支持向量机最高都达得了 87.4%的识别率。

5.5 本章小结

本章主要介绍基于纤维表面的几何特征进行纤维识别的方法，首先对羊绒和羊毛纤维图像进行图像处理，其中包括图像增强、纤维骨架提取、纤维表面几何特征提取等几个步骤，然后从纤维的骨架图中提取了 7 个几何特征值(纤维直径、鳞片周长、鳞片面积、鳞片密度，以及鳞片面积方差、周长方差和直径的方差)。将这 7 个特征值表示为向量的形式，每幅图像中的纤维可以表示为一个向量，将训练集中提取的几何特征组成的向量集合输入到支持向量机中进行训练和测试。实验中使用多项式核、RBF 核、Sigmoid 核作为支持向量机的核函数，分别得测试集的识别率为 81.1%，87.4%和 87.4%。

第 6 章　基于投影曲线的羊绒羊毛识别研究

本章提出一种投影曲线的纤维鉴别方法，首先将羊绒/羊毛纤维图像转化为投影曲线，然后使用离散小波变换、递归定量分析、曲线的直接几何描述等 3 种方法从投影曲线中提取特征，再将特征输入到神经网络、支持向量机、核岭回归等几种分类方法对纤维进行识别分类[164]。实验中选用了纤维的光学显微镜图像作为数据集，通过比较几种方法的测试结果，发现递归定量分析和支持向量机组合取得 90.8%的最高识别率。下面首先介绍纤维图像的预处理过程，然后说明图像生成投影曲线的方法，以及本章使用的特征提取方法，最后在纤维数据集使用本章提出的方法进行实验以及实验结果分析。

6.1　生成投影曲线

羊绒和羊毛样本由鄂尔多斯羊绒集团提供，拍摄设备为 UVTEC CU-5 纤维投影仪(光学显微镜)，每幅图像只包含一根纤维，放大倍数为 10×50。每根纤维都有独特的表面形态，就像人的指纹一样，为了表述这种形态特征，我们将纤维图像转换为投影曲线。这里将整个过程分为两个阶段进行介绍，第一个阶段是图像增强和背景剔除，第二个阶段是将纤维图像转换为投影曲线。首先来介绍图像增强与背景剔除的操作步骤。

第一个阶段：图像增强与背景剔除。

(1)图像增强。首先将纤维原始图像转化为灰度图像，如图 6-1(a)和(b)所示；然后统计纤维灰度图像的灰度直方图，发现纤维图像中的灰度值比较集中，且都在灰度值 150 附近，通过随机统计 200 幅羊绒和羊毛纤维的图像，发现这些

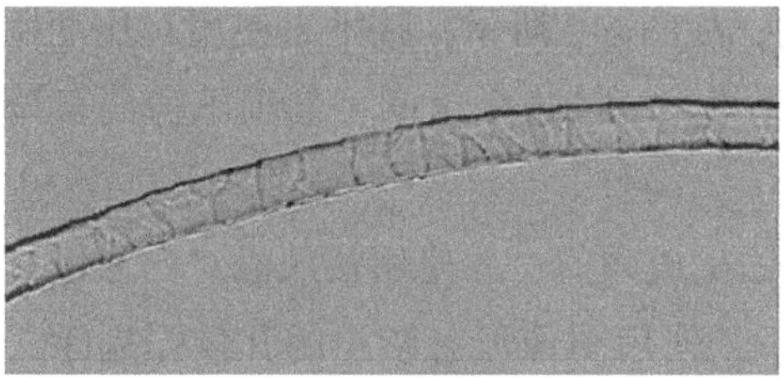

（a）纤维原始图像

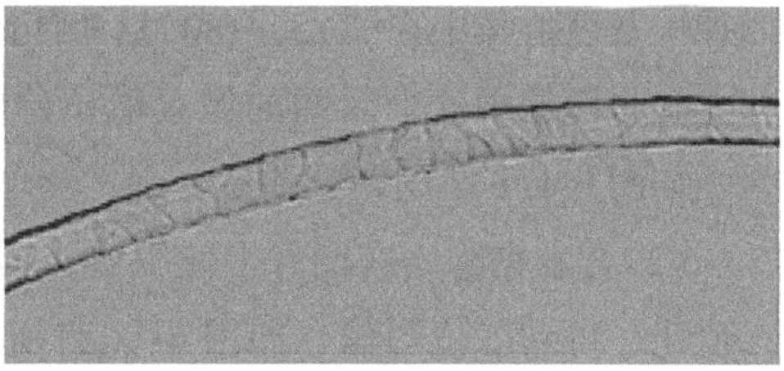

（b）灰度图像

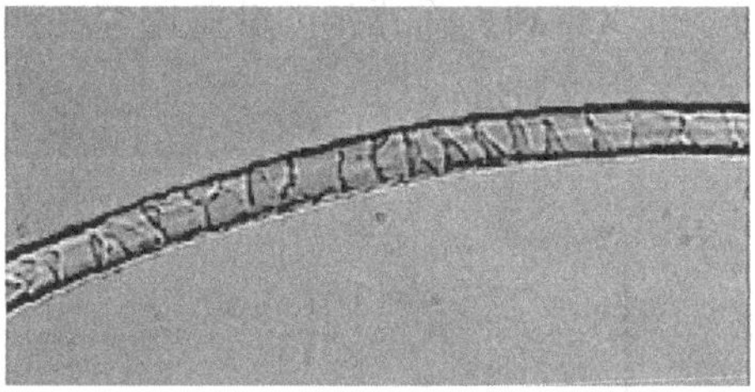

（c）图像增强

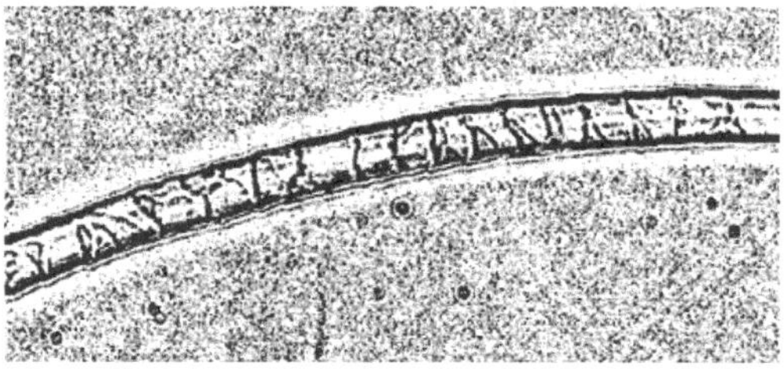

（d）图像二值化

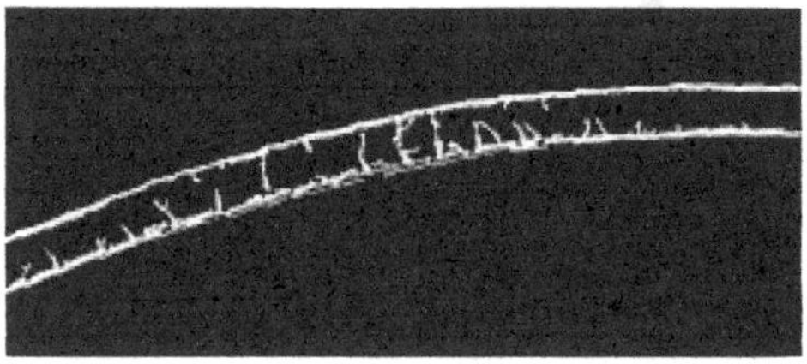

（e）去除图像中小连通区域

（f）填充空白

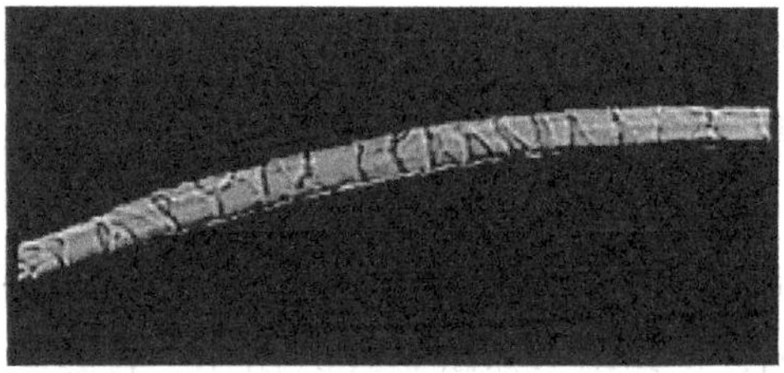

（g）背景剔除

图 6-1　图像增强与背景剔除

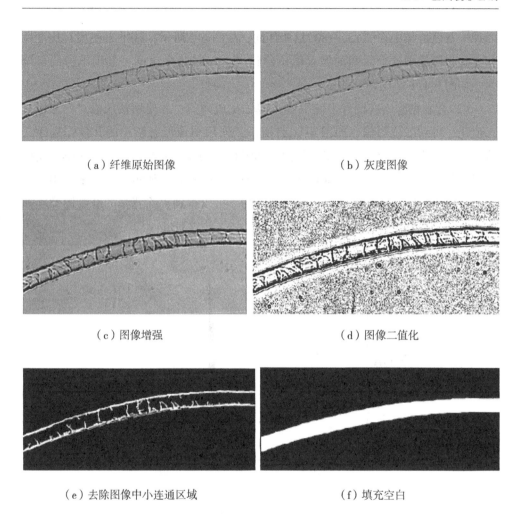

图像中灰度值集中在[115，180]这个区间，如图 6-2 所示；接下来使用对比度拉伸方法将图像中这个区间的像素值拉伸到[0，255]这个区间，发现图像明显增强，如图 6-1(c)所示。

(2)背景剔除。在图像上使用 Otsu 算法生成阈值，并使用该阈值对图像进行二值化，得到二值图像，如图 6-1(d)所示；使用图像形态学中的开操作剔除二值化图像中小的连通区域，得到的图像如图 6-1(e)所示；然后使用形态学的闭操作对图像进行填充，得到纤维轮廓的二值图，如图 6-1(f)所示；接下来使用纤维轮廓二值图和图像增强后的图进行逻辑求与，可以得到去除背景的纤维图像，如图 6-1 (g)所示。

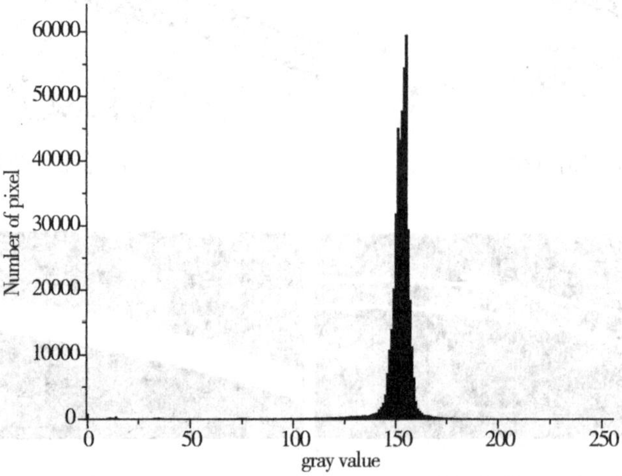

图 6-2　纤维图像的灰度直方图

第二个阶段：生成投影曲线[165,166]。

(1)使用生成的纤维二值轮廓图生成单像素的纤维边缘线，将轮廓图细化得到单像素的中轴线，如图 6-3(b)所示。

(3)使用高斯-拉普拉斯算子(Laplacian of Gaussian，LoG)对剔除背景后的纤维图像进行边缘检测，得到结果如图 6-3(d)所示；将边缘检测后得到图像进行逻辑求反(即黑色和白色互换)并剔除背景，结果如图 6-3(e)所示。

(3)使用图像形态学操作去除图像中小的连通区域，得到纤维的纹理聚集块图像，如图 6-3(f)所示；将纤维纹理聚集块图像和边缘中轴线图合并，如图 6-3(g)所示。

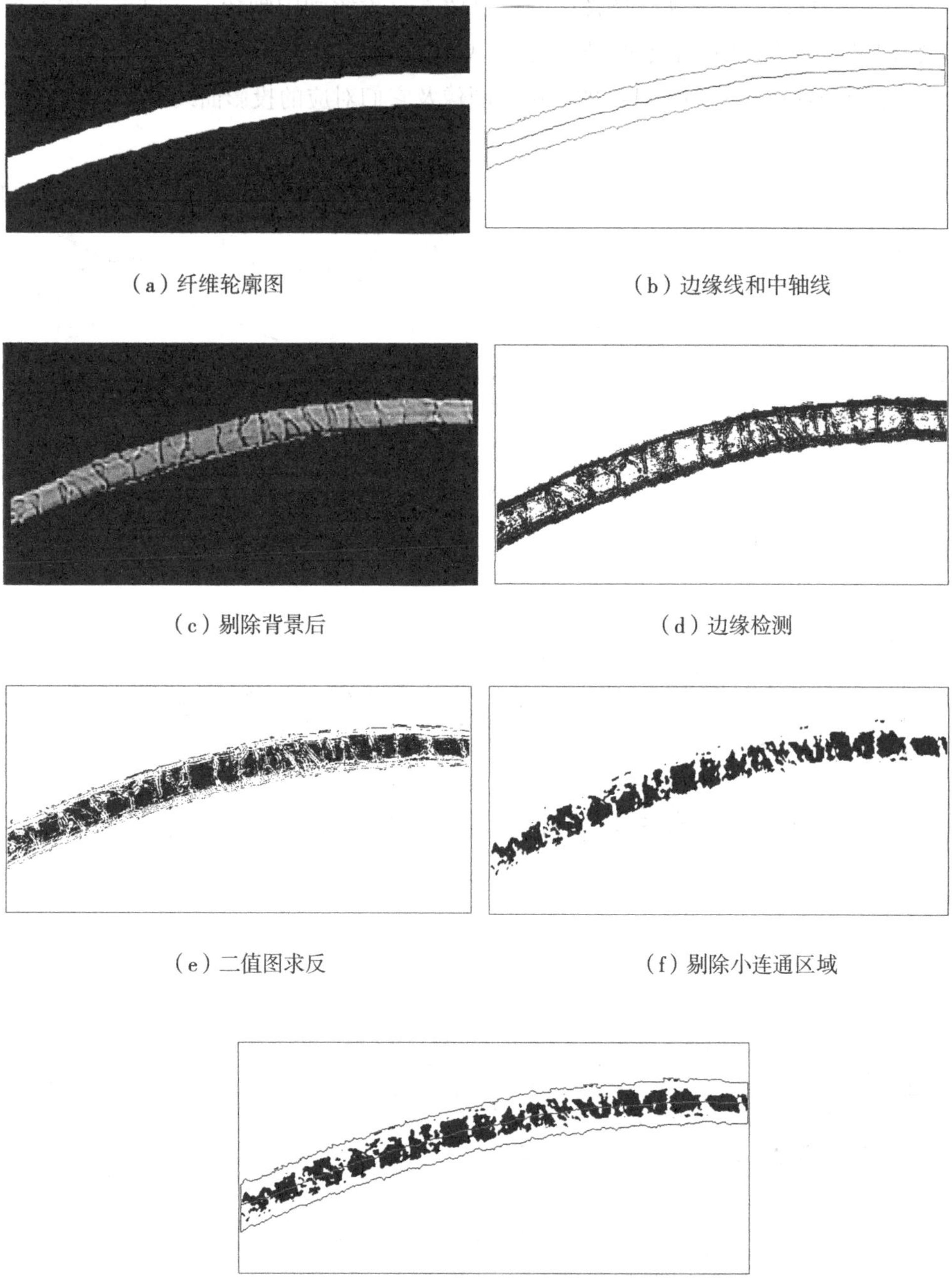

（a）纤维轮廓图

（b）边缘线和中轴线

（c）剔除背景后

（d）边缘检测

（e）二值图求反

（f）剔除小连通区域

（g）图像合并

图 6-3 从图像中提取纹理聚集块

(4)将纤维纹理聚集块图像中的黑色像素点投影到中轴线上，以投影像素数量为 Y 坐标，沿着中轴线的位置索引为 X 坐标，可以得到纹理聚集块图像的投影曲线，图 6-4 中表示两幅纤维的显微镜图像及它们对应的投影曲线[55,164,167]。

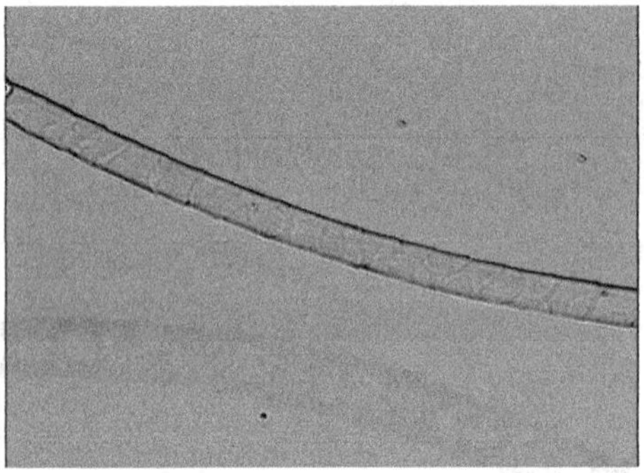

(a) 羊绒

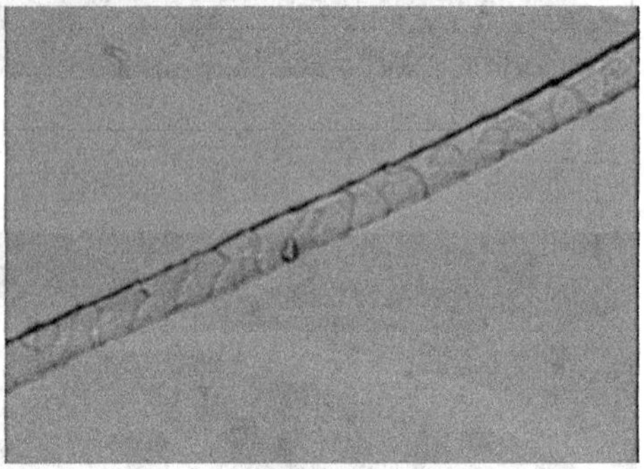

(b) 羊毛

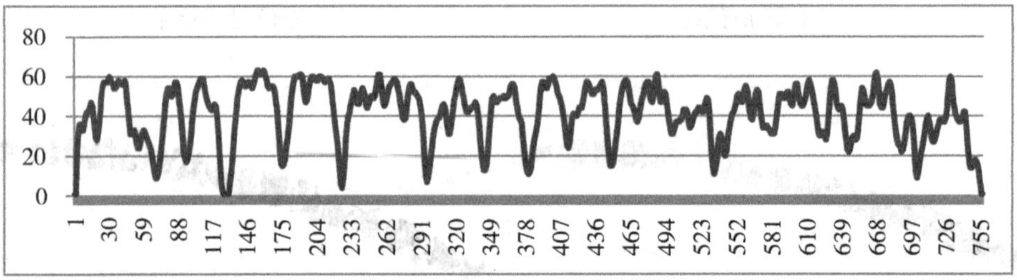

(c) 羊绒的投影曲线示意图

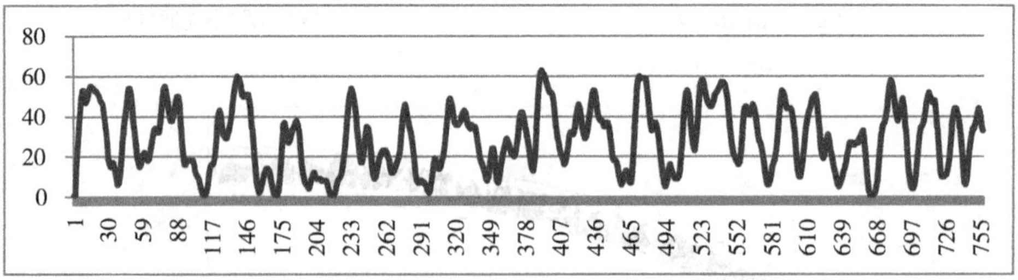

(d) 羊毛的投影曲线图

图 6-4　纤维及生成投影的曲线示例图

6.2 特征提取方法

6.2.1 递归定量分析

1. 递归图

自然界很多过程表现为周期性的递归行为，如日夜和气候的变化；也有表现为不规则的周期性变化，如厄尔尼诺现象。从系统动力学上分析，递归是系统的某些状态在特定时间上有相似或复现的特征[168]。递归图(RecurrencePlot，RP)是在相空间上观测系统状态的工具，其将一维时间序列重构相空间后，在二维图形上表示其混沌吸引子的轨迹状态[169]。在 RP 上可以计算轨迹上两个点 x_i 和 y_i 的距离 $d(x_i, y_i)$，设定一个阈值，距离大于阈值时用白点表示，反之用黑点表示。计算轨迹上所有两点间的距离，可以得到一个对称的离散关系矩阵，其数学表达式如下：

$$R_{ij} = \Theta(\varepsilon - \|x_i - x_j\|),\ i,\ j = 1,\ 2,\ \cdots,\ N \tag{6-1}$$

其中 ε 表示距离的阈值，N 为状态的数量，$\|\cdot\|$是向量的欧氏范数，$\Theta(\cdot)$ 是赫维赛德(Heaviside) 阶跃函数，可以表示为：

$$\Theta(x) = \begin{cases} 1, & x > 0 \\ 0, & x \leqslant 0 \end{cases} \tag{6-2}$$

从上面式(6-1) 和式(6-2) 可知，当$R_{ij} = 0$ 时，$(i,\ j)$ 用白点表示，当$R_{ij} = 1$ 时，$(i,\ j)$ 用黑点表示。RP 通过分析图中的纹理可以获得混沌系统的动力学特征，可以从可视化的角度来反映时间序列内在的本质。在本书中使用 RP 来描述纤维投影曲线沿着中轴线变化的特征信息，这里投影曲线的 x 轴被当作时间轴(单位：s)，图 6-5 是羊绒和羊毛(图 6-4 中)投影曲线的递归图。

2. 递归定量分析

为了能更准确地从量化的角度来描述和辨别不同时间序列对应的递归图的内在规律，Webber 和 Zbilut 等[170-172]提出使用递归度、递归熵、确定性、趋势和最长对角线等 5 个指标来描述递归图的状态点以及线段的比例和分布特征。后来的研究者又补充了熵、层状度、递归趋势、分歧度、1 型和 2 型的平均递归时间等

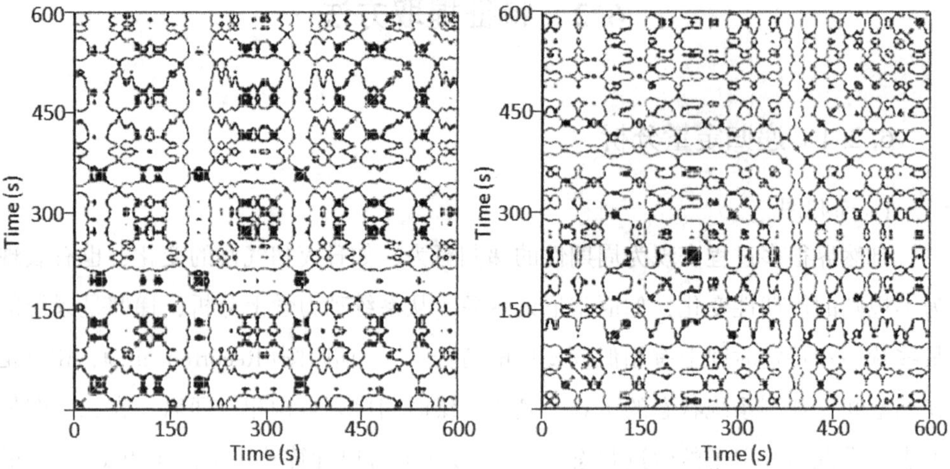

图 6-5　羊绒和羊毛图像投影曲线的递归图

量化指标，形成了系统的递归图量化分析(Recurrence Quantification Analysis，RQA)方法[169]。在本书中使用 RQA 方法中的部分量化指标，另外还加入了变异系数和波动系数两个线性指标，见表 6-1。

表 6-1　递归图量化方法中的指标

量化指标	概　　念
递归度 (Recurrence Rate，RR)	也称为重构率，是图中递归调点的百分比： $\mathrm{RR}=\frac{1}{N^2}\sum_{i,j=1}^{N}R_{ij}$
确定性 (Determinism，DET)	递归图中 45°对角线上递归点的百分比这里 $l_{\min}$ 是对角线的最小长度，$P(l)$ 长度为 l 的对角线分布概率： $\mathrm{DET}=\frac{\sum_{i=l_{\min}}^{N}lP(l)}{\sum_{i,j}^{N}R_{ij}}$
最长对角线 (Linemax，L_{MAX})	递归图中除去 45°对角线之外的最长 45°对角线： $L_{\mathrm{MAX}}=\max([l_i;\ i=1,\ 2,\ \cdots,\ N_l])$

续表

量化指标	概　　念
熵 (Entropy，ENT)	计算递归图中45°对角线长度分布的熵，其的大小和系统的复杂程度呈正相关： $\mathrm{ENT} = -\sum_{l=l_{\min}}^{N} P(l)\ln P(l)$
递归趋势 (Recurrence Trend，RT)	反映系统的稳定程度： $\mathrm{RT} = \frac{\sum_{i=1}^{\tilde{N}} (i - \tilde{N}/2)(RR_i - \langle RR_i \rangle)}{\sum_{i=1}^{\tilde{N}} (i - \tilde{N}/2)^2}$
分层度 (Laminarity，LAM)	指组成规则线段(垂直或水平)的递归点的百分比，$P(v)$是长度为v的线段分布概率，$v_{\min}$是最小线段的长度： $\mathrm{LAM} = \frac{\sum_{v=v_{\min}}^{N} vP(v)}{\sum_{v}^{N} p(v)}$
捕获时间 (Trapping time，TT)，	线段(水平和垂直)的平均长度： $\mathrm{TT} = \frac{\sum_{v=v_{\min}}^{N} vP(v)}{\sum_{v=l}^{N} p(v)}$
方差系数 (Coefficient of variation，CV)	方差系数描述投影曲线的振幅变化，这里δ是标准差，μ是投影曲线的平均值： $\mathrm{CV} = \frac{\delta}{\mu}$
波动指数 (Volatility Index，VIX)	评估沿着投影曲线长度的变化情况： $\mathrm{VIX} = \frac{1}{N}\sum_{i=1}^{N-1} \mid (x_{i+1} - x_i) \mid$

6.2.2　直接几何描述

课题组之前对于基于投影曲线的纤维识别研究中，其中使用了一些几何描述指标来描述投影曲线，在实验中将该方法与本书提出的方法进行比较，这里将该方法称为直接几何描述(Direct Geometrical Description，DGD)[54,55]。表 6-2 中给出 DGD 方法中使用的 11 个指标的定义：

表 6-2　DGD 描述投影曲线的指标

指标	描　述
Average height	投影曲线的平均高度
Average width	投影曲线的平均宽度
Average area	投影曲线的平均面积
Num_of_Peak	投影曲线中波峰的数量
Max_peak_width	最大波峰宽度
Average angle	波峰平均角度
Angle_under_50	波峰角度小于 50°的比率
Average occupation ratio	峰值平均丰满度(每块中曲线下阴影面积与包围盒的面积比)
Height CV	高度变异系数
Area CV	各个聚集块面积的变异系数
Angle CV	波峰角度的变异系数

6.2.3　离散小波变换

离散小波变换(Discrete Wavelet Transform，DWT)是图像分析中常用的工具，如果将投影曲线看作一种信号，就可以使用 DWT 来挖掘原始信号中的隐藏特征[173]。这里我们使用 db4 进行小波分解，分解级数为 5 层。首先对信号在每层上进行重构，分别称为 q_1，q_2，q_3，q_4，q_5，如图 6-6 所示(彩图见附录)。然后，将q_1 ~ q_5 输入分类器中进行有监督学习。

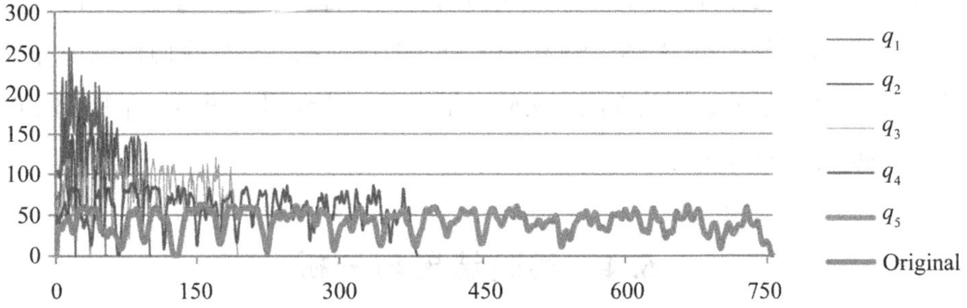

图 6-6 离散小波变换在不同级别上重建信号

6.3 分类过程

本书使用了 3 种特征提取/描述方法(RQA，DGD 和 DWT)与 3 种分类算法(ANN，SVM 和 KRR)来尝试最佳的“特征+分类方法”组合，3 种分类方法在第 2 章已经介绍过了。下面是训练的 3 个步骤：①对已标注的样本训练；②生成决策函数；③使用决策函数对测试集进行分类。

使用特征提取/描述方法提取特征信息后，将这些特征信息转化为向量形式

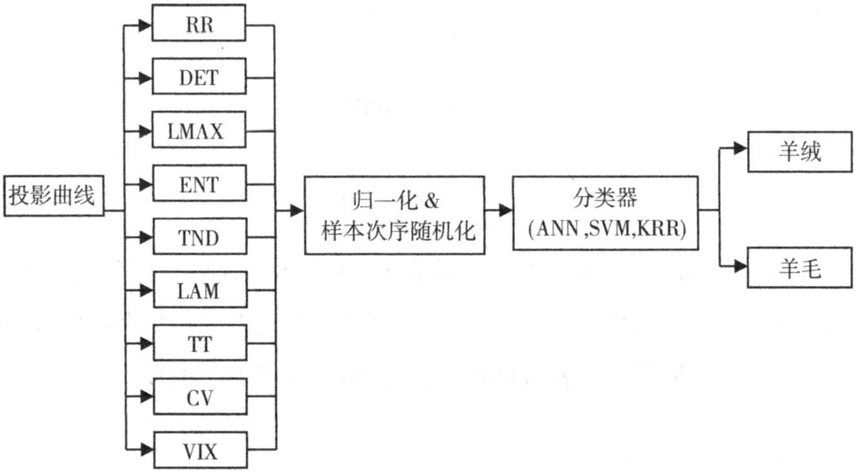

图 6-7 羊绒/羊毛识别流程示意图

并进行归一化，这样数据集样本就转化为向量的集合，然后将这些向量的次序随机打乱并输入到分类器(ANN，SVM 和 KRR)进行训练，最后我们使用训练好的决策函数在测试集上验证其性能，实验结果在下一节介绍。图 6-7 给出了以 RQA 方法为例的分类过程示意图。

6.4　实验结果与分析

数据集包含 4939 幅羊绒和羊毛纤维的光学显微镜图像，使用前面提到的 3 种方法进行特征提取，每种方法都可以得到 4939 个向量。以图 6-7 中的 RQA 方法为例，将获取的向量正则化，每个向量由 10 部分组成，第 1 个分量是纤维的标签(+1 表示羊绒，-1 表示羊毛)，其余 9 个分量是表 6-1 中定义的 9 个参数指标正则化的值。实验所用计算机的 CPU 为 i7-4790k@ 4. 0GHz，内存为 8GB。实验中，我们将这些向量按 7∶3 的比例划分为训练集和测试集，其中训练集包含 3457 个样本(羊绒/羊毛 = 1990/1467)，测试集包含 1482 个样本(羊绒/羊毛 = 853/629)。为了避免误解，这里“混合”与“混合比”是按样本数量来计算的。例如，因为每幅图像中有且只有一根纤维，1990/1467 就表示 1990 幅羊绒纤维图像和 1467 幅羊毛纤维图像的混合。羊绒和羊毛的识别精度定义如下：

$$A_c = \frac{R_c}{T_c} \times 100\% \tag{6-3}$$

$$A_w = \frac{R_w}{T_w} \times 100\% \tag{6-4}$$

$$A_t = \frac{R_c + R_w}{T_c + T_w} \times 100\% \tag{6-5}$$

式中，A_c 和 A_w 分别是羊绒和羊毛的识别精度，A_t 表示羊绒和羊毛总的识别率。T_c 是数据集中羊绒纤维的数量，T_w 是数据集中羊毛纤维的数量，R_c 表示数据集中正确识别出来的羊绒数量，R_w 表示数据集中正确识别出来羊毛的数量。

6.4.1　实验结果

每种特征提取完成后，都分别使用 3 种分类器进行分类实验，实验结果见表

6-3、表 6-4、表 6-5。

表 6-3 基于 RQA 方法的羊绒/羊毛识别结果

方法	纤维混合比	羊绒/羊毛(%)	识别率(%)
ANN	2120/1337	61.3/38.7	88.3(训练集)
ANN	911/571	61.5/38.5	87.5(测试集)
KRR	2056/1400	59.5/40.5	89.5(训练集)
KRR	879/604	59.3/40.7	89.2(测试集)
SVM	2024/1432	58.6/41.4	92.0(训练集)
SVM	862/621	58.1/41.9	90.8(测试集)

表 6-4 基于 DGD 方法的羊绒/羊毛识别结果

方法	纤维混合比	羊绒/羊毛(%)	识别率(%)
ANN	2213/1244	64.0/36.0	78.3(训练集)
ANN	962/520	64.9/35.1	77.5(测试集)
KRR	2196/1261	63.5/36.5	79.1(训练集)
KRR	946/536	63.8/36.2	78.9(测试集)
SVM	2179/1278	63.0/37.0	81.8(训练集)
SVM	937/545	63.2/36.8	80.2(测试集)

表 6-5 基于 DWT 方法的羊绒/羊毛识别结果

方法	纤维混合比	羊绒/羊毛(%)	识别率(%)
ANN	2160/1297	62.5/37.5	83.3(训练集)
ANN	928/554	62.6/37.4	82.5(测试集)
KRR	2103/1354	60.8/39.2	86.6(训练集)
KRR	906/576	61.1/38.9	85.9(测试集)
SVM	2088/1369	60.4/39.6	87.4(训练集)
SVM	898/584	60.6/39.4	86.7(测试集)

从上面 3 个表可以看到基于 RQA 的方法识别率最高，并且最佳的组合方式是 RQA+SVM，测试集识别率达到 90.8%。基于 RQA 的方式能较好地提取特征信息，说明投影曲线中的形状可能隐含了非线性和混沌方式的信息。从上面 3 个表中还可以看到 KRR 的识别率接近 SVM，这是因为在学习过程中 SVM 方法需要交叉验证来获得最优决策函数，因此所花费的时间更多一些，见表 6-6。事实上，SVM 学习决策函数中支持向量的个数是 1882，而 KRR 的向量个数是 400（使用 RQA 提取的特征指标作为训练数据），这是 KRR 方法在训练时比 SVM 方法快的原因。一旦训练过程完成，在测试集上使用 KRR 和 SVM 进行分类，两种方法的执行时间都小于 1s，测试速度快也是机器学习在纤维识别中的优势。

表 6-6　基于 RQA 方法的训练时间比较

分类方法	训练时间(min)
KRR	4.7
SVM	96.7

6.4.2　RQA 的最佳阈值距离

式(6-1)中定义的阈值距离 ε 决定了递归图的形状，我们重现了不同阈值的递归图以寻找序列效果最佳的 ε，如图 6-8 所示。

可以看到阈值高的递归图更加模糊。我们尝试了在不同阈值 ε 下，输入 RQA 中定义的参数指标，使用 SVM 作为分类器进行测试，结果显示随着阈值的增大识别率呈下降趋势，如图 6-9 所示，因此在实验中阈值 ε 设置为 5。

6.4.3　对不同混合比纤维的敏感性

为了进一步评估 RQA+SVM 方法在不同混合比下的识别率的稳定性，我们使用了 15 组不同的纤维混合比的样本作为测试集，每组的识别率见表 6-7，其中各组的平均识别率为 90.82%，变异系数为 0.01879，这表示了 RQA+SVM 的方法相当稳定，不同混合比的纤维识别率偏差比较小。

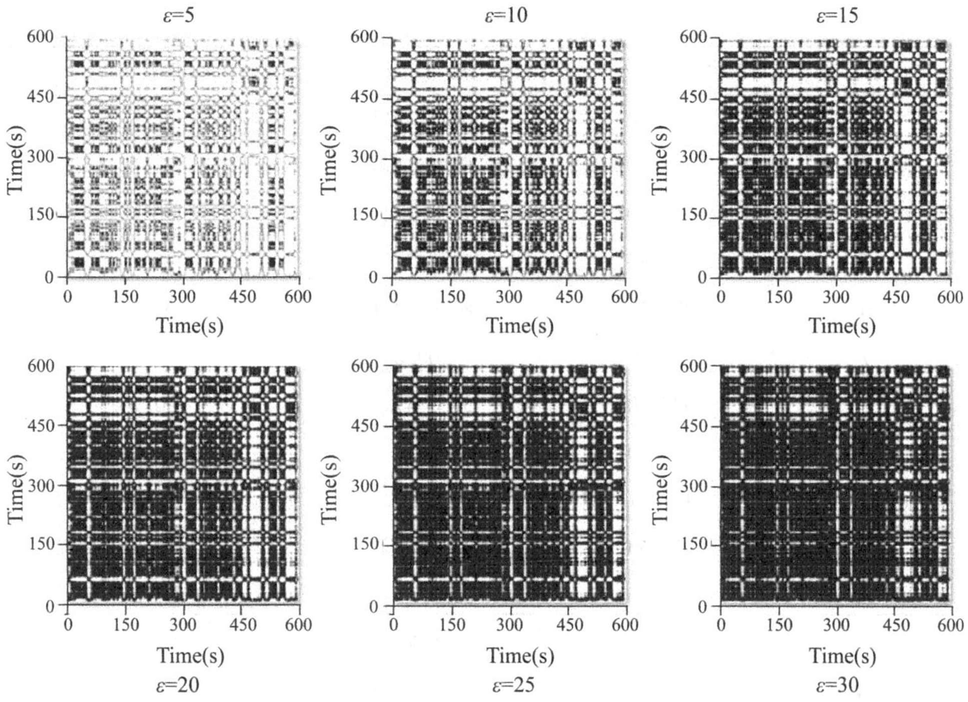

图 6-8 不同阈值距离的递归图

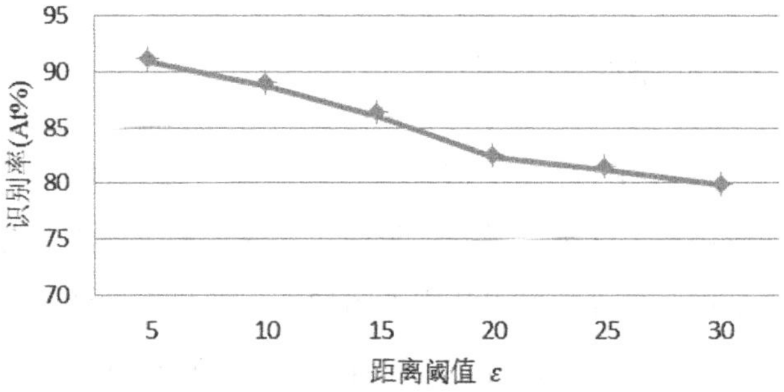

图 6-9 不同距离阈值下 RQA+SVM 的识别率

表 6-7 不同纤维混合比下 SVM+RQA 识别率

序号	混合（羊绒/羊毛）	羊绒/羊毛(%)	识别率(%)
1	777/607	56.1/43.9	90.4

续表

序号	混合（羊绒/羊毛）	羊绒/羊毛(%)	识别率(%)
2	777/507	60.5/39.5	91.2
3	777/407	65.6/34.4	91.7
4	777/307	71.7/28.3	92.8
5	777/207	79.0/21.0	93.3
6	777/107	87.9/12.1	93.3
7	777/0	100/0	93.5
8	677/607	52.7/47.3	90.4
9	577/607	48.7/51.3	90.3
10	477/677	41.3/58.7	89.8
11	377/607	38.3/61.7	89.6
12	277/607	31.3/68.7	89.2
13	177/607	22.6/77.4	89.0
14	77/607	11.3/88.7	88.9
15	0/607	0/100	88.9

6.4.4　方法对样本的限制

通过前面的实验我们知道基于投影曲线提取特征能较好地识别羊绒/羊毛纤维，但该方法的应用需要样本满足一个条件，即要求每个样本图像只包含一根纤维，只有样本满足这个条件才可以从样本图像中提取投影曲线，这无疑对纤维样本的采集提出了较高要求。在纤维切片制样中，尽管已经使得纤维片段尽量在载玻片上分散，但仍不可避免地存在一定数量的纤维重叠或图像中包含多根纤维（多根纤维是同类别的纤维）的情况，如图 6-10 所示。

图 6-10 中给出的每幅样本图像都包含多根纤维，其中第一行的两幅图像包显示的是两根分离的纤维，这种情况下我们可以采用图像处理技术将其分为两幅图像，而图 6-10 最下面一行的两幅图像包含了多根相互重叠纤维，这时将纤维分离比较困难。

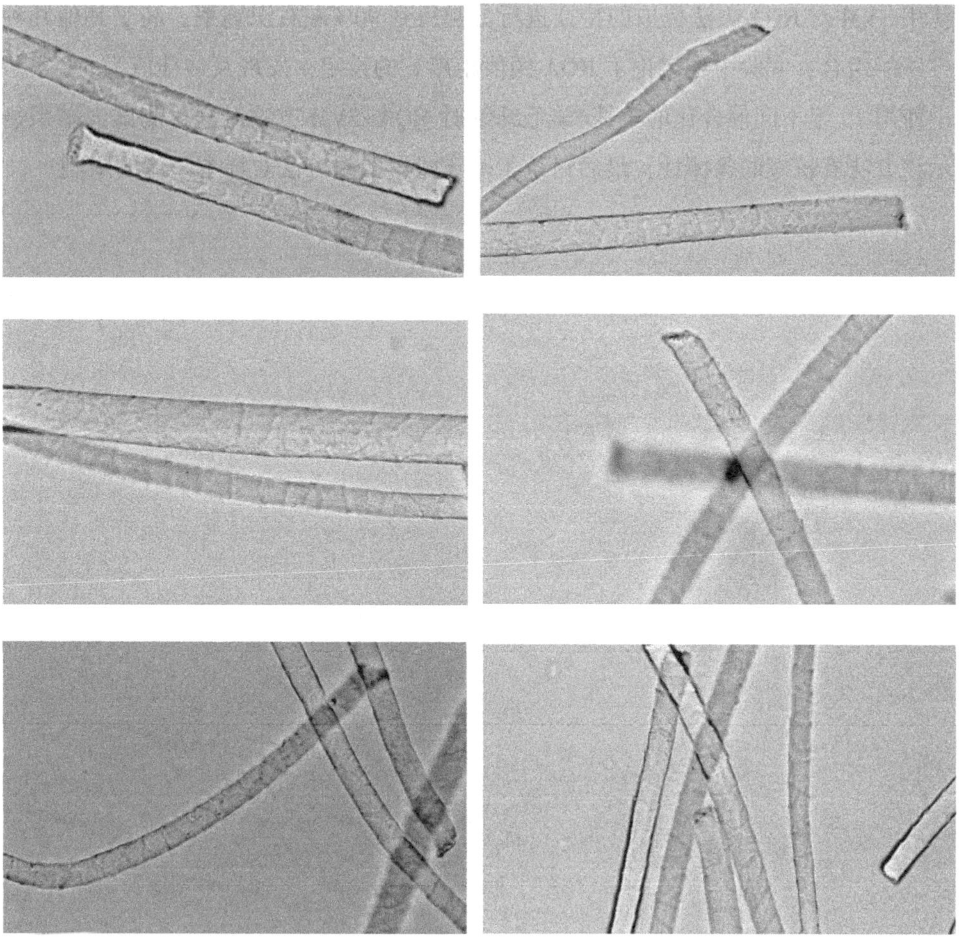

图 6-10　图像中包含多根纤维的情况

一种解决方法是从数据集筛除这些样本，或者在图像采集中忽略这些纤维图像，以保证数据集的样本图像中只包含一根纤维，但这样会降低样本采集的效率。因此，在本书后面的研究中尝试放宽对样本的要求，允许数据集中存在含有多根纤维的样本图像，以确保识别方法鲁棒性更强。

6.5　本章小结

本章提出一种基于投影曲线的羊绒/羊毛纤维识别方法，通过实验我们发现使用 SVM 对 RQA 方法提取的特征进行分类得到 90%左右识别率，高于其他几种方法的组合；实验中还讨论了 RQA 阈值距离 ε 的设定，发现其最佳值为 5。实验中使用 15 组不同混合比的羊绒/羊毛纤维对 RQA+SVM 方法对进行测试，结果显示该方法有较好的鲁棒性，最后讨论了基于投影曲线方法对样本图像的限制。

第 7 章　基于词袋模型和空间金字塔匹配的羊绒羊毛识别

在上一章我们研究了基于投影曲线的纤维识别方法，因为该方法需要首先获取图像中纤维的中轴线，对样本有较为严格的限制。一方面为了放宽纤维识别方法对样本限制，另一方面为了探索不同特征描述方法在纤维识别上的效果，本章尝试使用基于 SIFT 特征的词袋模型进行纤维识别。

词袋模型在图像分类与目标检测中具有良好的效果，在国际视觉算法 PASCAL VOC (Pattern analysis, Statistical modelling and Computational learning Visual Object Classes)竞赛中曾经连续几年都是主流的框架[174]。本研究将词袋模型应用于纤维识别，并评估模型的识别准确率。本章的结构安排如下：首先介绍词袋模型的原理，接下来介绍基于 SIFT 特征的提取方法，然后使用词袋模型和空间金字塔匹配方法来描述纤维图像，最后在实验中用纤维图像数据集验证模型的效果。

7.1　词袋模型的来源和原理

7.1.1　词袋模型的来源

词袋模型思想来源于文本信息分类和检索，该模型将文档中的内容看作单词的集合，忽略单词的顺序以及语句中单词的结构，单词间相互独立，将文本中单词统计信息作为该文档的特征，并依据这些特征对文本进行分类和检索[175]。这里举例来简单说明一下词袋模型在文档分类中的应用，下面有两个文档，其内容分别如下：

(1) Tom likes to play table tennis. John likes too.

(2) Tom also likes to play basketball.

接下来，将这两个文档中的所有单词放在一个集合中，即(1. “Tom”，2. “likes”，3. “to”，4. “play”，5. “table”，6. “tennis”，7. “John”，8. “too”，9. “also”，10. “basketball”)。可以将这个集合看做词典，该词典中有 10 个单词，每个单词被编上了序号，统计两个文档中每个单词出现的次数，并将其转化为向量。例如上面两个文档可以分别表示为单词出现的频率集合：

(1) [1，2，1，1，1，1，1，1，0，0]

(2) [1，1，1，1，0，0，0，0，1，1]

这样可以使用向量来表示一个文档，从而将文档中复杂信息简化为向量，通过分类器对这些向量进行分类，从而完成文档分类或检索任务。

7.1.2　词袋模型的原理

借鉴词袋模型在文本信息处理中的使用，图像也可以被看做一些局部特征的集合，这些局部特征在图像中是无序的。这样，图像中的局部特征被等同于文本中的单词，并被称为视觉单词(Visual Word)。Csurka 等[105]将该思想引入图像分类领域，使用特征描述子来描述图像，将获取到的图像局部特征作为视觉单词，视觉单词的集合被称为视觉词典或码本(Codebook)，这样词袋模型就可以用于图像分类领域。在表 7-1 中给出了词袋模型应用于图像分类和文本分类时，模型中概念的对应关系。

表 7-1　图像和文本的对应关系[176]

图像	视觉单词 (Visual word)	字典 (Vocabulary)	文档 (Document)	文集 (Corpus)
文本	单词 (Word)	视觉词典 (Codebook)	图像 (Image)	图像集 (Image set)

词袋模型可以分为训练和分类两个部分，其基本结构如图 7-1 所示，图中上

半部分是训练过程，下半部分是分类过程。具体的过程描述如下：

1. 训练过程

(1)从训练样本提取中图像的局部特征。

(2)将这些局部特征进行聚类(如 *K*-means 聚类算法)，每个聚类中心可以看做一个视觉单词，使用这些视觉词汇的集合构建一个视觉词典；然后将图像中的局部特征和视觉词典中的视觉单词进行比较，找到距离最近的视觉单词并用其表示这个局部特征，这样每幅图像就像一个装着视觉单词的袋子；接下来统计图像中视觉单词在视觉词典中的频率直方图，使用向量化的直方图来描述图像。

(3)将得到的向量输入到分类器，进行训练。

2. 分类过程

(1)从测试集图像中提取局部特征。

(2)同样用视觉词典中的视觉单词表示距离最近的局部特征，然后统计图像中视觉单词的频率直方图，接下来将直方图向量化，并将向量输入训练好的分类器进行分类。

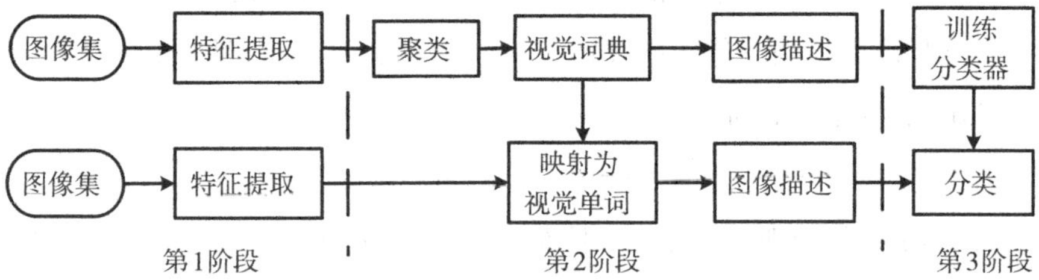

图 7-1 词袋模型的基本结构

7.2 特征提取

纤维图像分类的第一个步骤就是提取图像局部特征，特征提取对构建视觉词典有很大影响，通常使用具有旋转和尺度不变性的局部特征，如 SIFT、SURF 等。Lowe 提出的 SIFT 描述子是近年来最著名的局部特征描述子，在计算机视觉领域得到广泛的应用。SIFT 特征对图像旋转、尺度变换、仿射变换、光线变化具有较好的鲁棒性，在图像分类、目标检测和图像拼接等方面具有很好的应用效果，是词袋模型最常用的特征提取方法[177]。对羊绒和羊毛纤维图像而言，纤维在图像中的位置是随机的，并且由于图像采集的环境可能不完全一致，所以图像也会受到光照条件的影响，所以这里使用 SIFT 特征提取方法，以保证提取特征的稳定性。SIFT 特征提取方法主要分 4 个步骤，如图 7-2 所示：①尺度空间关键点检测；②关键点定位；③关键点方向确定；④关键点描述。下面对这 4 个步骤进行说明。

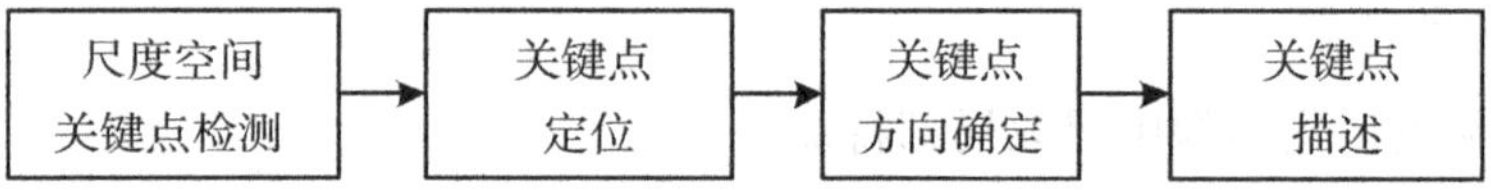

图 7-2　SIFT 描述子主要步骤

1. 尺度空间的关键点检测

对原始图像进行的一系列的平滑操作，创建一个多尺度空间，SIFT 描述子能够在不同尺度下检测图像中的关键点（极值点），这里定义图像的尺度空间为 $L(x, y, \sigma)$，如下公式所示：

$$L(x, y, \sigma) = G(x, y, \sigma) * I(x, y) \tag{7-1}$$

其中，$I(x, y)$ 是待处理的图像，$*$ 是卷积操作符，$G(x, y, \sigma)$ 是一个二维高斯函数。

SIFT 关键点检测的方法是使用高斯差分尺度空间（Difference of Gaussian, DoG）来构建高斯金字塔，以相邻尺度空间图像之间的差来形成高斯差分图像，在高斯差分图像中检测关键点，这使得检测到的关键点具有尺度不变的特性。高斯差分尺度空间计算公式如下：

$$D(x, y, \sigma) = L(x, y, k\sigma) - L(x, y, \sigma) \tag{7-2}$$

其中，公式中的 k 为常数，表示两个相邻尺度空间的倍数。

在 SIFT 方法中，DoG 是通过图像金字塔来实现的，如图 7-3 所示，将图像金字塔分为多个组（octave），其中每个组又包含多个层（level），对一组图像下采样可以得到下一组的图像，DoG 是通过每组中两个相邻的高斯尺度空间相减得到的。

图 7-3 中左边是两组高斯尺度空间图像，每组包含 5 层，通过 DoG 运算得到右边两组高斯差分图像，每组有 4 层。通过比较同一组内的每层高斯差分图像与相邻的两层来检测关键点。图像中每个采样点与相邻的 26 个相邻点进行比较(同层相邻的 8 个采样点，2 个相邻层中的 18 个相邻点)，如图 7-4 所示。

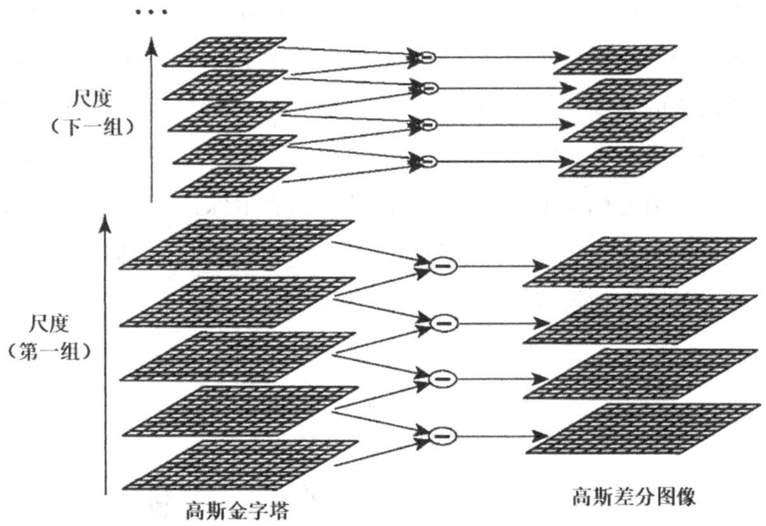

图 7-3　差分尺度空间图[178]

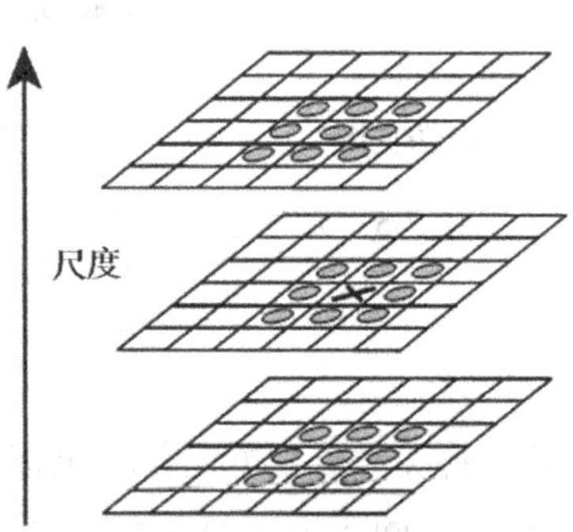

图 7-4　关键点检测示意图[178]

2. 关键点定位

Brown[179]提出使用泰勒(Taylor)函数拟合关键点的尺度和位置，这是常用的比较精确的定位方法。为提高对噪声的鲁棒性，该方法在定位的同时还筛除掉了不稳定的边缘响应点与对比度较低的关键点[180]。

3. 关键点方向确定

为使图像中获取的关键点具有旋转不变性，可以利用关键点的梯度方向来确定关键点方向。梯度方向范围为 0°～360°，每 10° 划分为一组，共有 36 组，通常将每一个组称为基(bin)。下面以一个例子来说明，图 7-5(a)是 8×8 的网格，其中每格表示关键点邻域所在的尺度空间的一个像素，像素的梯度的幅值和梯度方向分别用箭头的长度和方向表示。计算关键点邻域梯度方向直方图(为了便于描述，这里只画出 8 个方向)，如图 7-5(b)所示，直方图峰值定义为关键点的主方向。直方图的横坐标表示划分的 bins，纵坐标表示像素点落在对应 bin 的高斯加权梯度幅值之和[178]。为了提高稳定性，将大于或等于主方向峰值的 80%的其他峰值定义为关键点的辅方向，一般可以有多个辅方向。

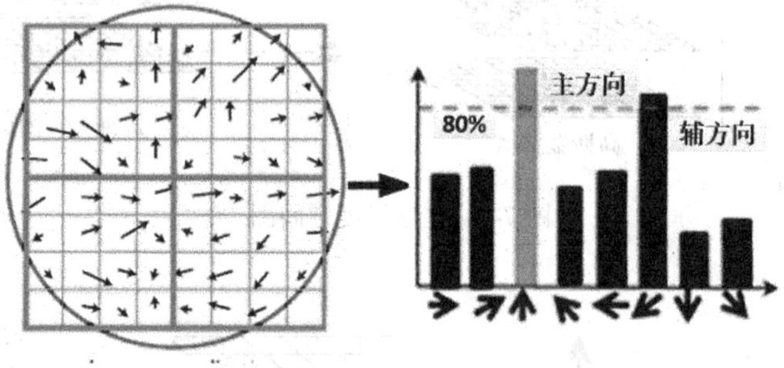

(a) 关键点梯度方向图　　(b) 关键点方向

图 7-5　关键点方向[178]

4. 关键点描述

为保持旋转不变性，需要将关键点主方向作为坐标轴参考方向，然后选取关键点的 8×8 邻域窗口，图 7-6(a)圆心点就是关键点位置，圆圈内表示关键点邻域的高斯加权范围。将邻域分为 2×2 的子窗口，每个子窗口是 4×4 的图像块，计算图像块中 8 个方向累计值，将每个子窗口看做 1 个种子点，如图 7-6 (b)所示，每个种子点可以表示成 8 维向量，关键点可以用 4 个种子点描述，也就是可以用 4×8 共 32 维向量表示，Lowe 指出通常情况下使用 4×4 共 16 个种子点，也就是 16×8 共 128 维向量的 SIFT 描述子的效果比较好[178]。

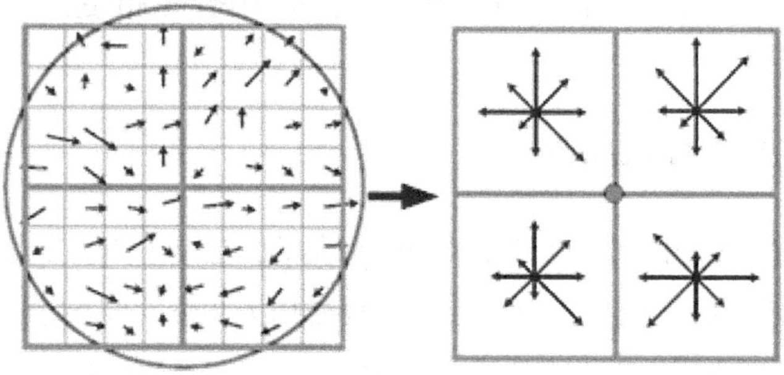

（a）关键点梯度方向图　　（b）关键点描述子

图 7-6 关键点描述[178]

图 7-7 是在纤维图像中使用 SIFT 特征方法进行关键点检测和描述的示例图，

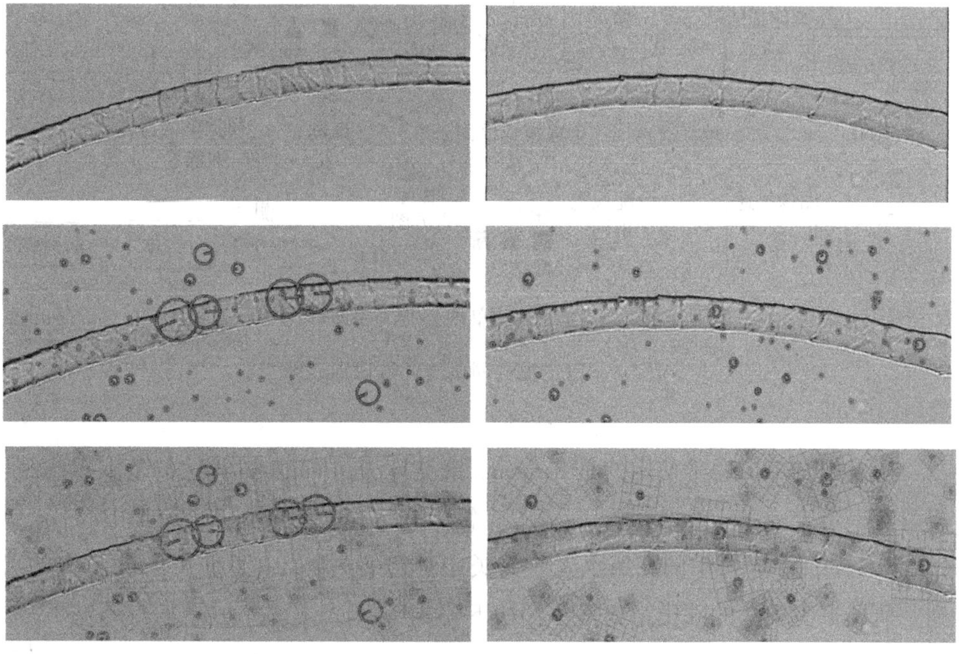

图 7-7 纤维图像关键点检测和描述子示例图

图中第 1 行是纤维原始图像，第 2 行是在纤维图像灰度图上检测关键点，第 3 行是对检测到的关键点进行描述，最后得到每个关键点的描述为 128 维向量。

7.3　视觉词典的构建和图像描述

7.3.1　视觉词典的构建

最早使用图像中的局部特征生成视觉词典的方法是采用人工方法，但由于人工方法主观性强且工作量大，所以目前主要使用无监督的聚类算法来生成视觉单词并构建视觉词典。构建方法是首先使用特征描述子提取图像集中每张图像的局部特征，接下来对这些局部特征进行聚类，然后将聚类中心作为视觉词典中的一个视觉单词，图像集中生成的视觉单词的集合就构建成一个视觉词典，如图 7-8 所示。

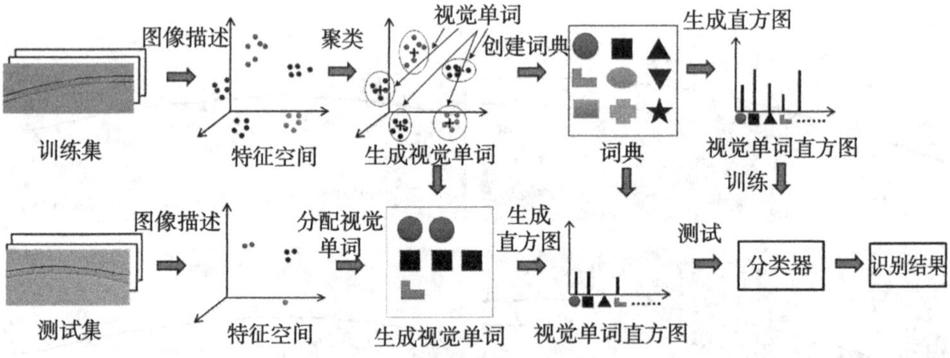

图 7-8　构建视觉词典与纤维识别流程

生成视觉单词通常使用的是 K-means 聚类算法，K-means 算法的基本思想是：假设有一集合为 $X=\{x_1, x_2, \cdots, x_n\}$，需要在该集合中找到 K 个聚类中心 $\{m_1, m_2, \cdots, m_k\}$，集合中的点属于 K 个聚类中心的某一个，并且使得集合 X 中的点到其所属聚类中心的欧氏距离最小，如下公式所示：

$$W_n = \sum_{i=1}^{n} \min_{i \leqslant j \leqslant k} | x_i - m_j |^2 \tag{7-3}$$

K-means 算法步骤如下：

(1)随机选择 K 个初始聚类中心 $m_i(i=1, 2, \cdots, k)$；

(2) 计算聚类中心 m_i 到集合 X 中每个点的欧氏距离 $d(i, j)=\sqrt{|x_j - m_i|^2}$，将每个点 x_j 划分到距其最近的聚类中心的 m_i；

(3) 重新计算聚类中心 $m_i=\frac{1}{n_i}\sum_{q=1}^{n_i} x_q$，$i=1, 2, \cdots, k$，$n_i$ 为归属于 m_i 中的点的个数，使用式(4-9) 计算最小距离，如果比上次计算值小，则重复(2) 和(3) 两个步骤，直到二者相等，这时将得到的聚类中心 m_i 作为视觉单词，视觉单词的集合形成视觉词典，视觉词典可以表示为 $V=\{w_1, w_2, \cdots, w_i, \cdots, w_M\}$，其中 w_i 是视觉词典中第 i 个视觉单词。

聚类算法中的聚类中心个数 K 是很关键的参数，K 值的选取决定了视觉词典的大小，从而会影响到生成的视觉词典的性能。如果 K 值选择得比较大，这时视觉词典中的包含的视觉单词比较多，这样会造成计算量增大，也会将相似的局部特征当做不同的视觉单词，从而降低了视觉单词的泛化能力。如果 K 的值指定的比较小，视觉词典中的视觉单词数量就比较小，这样可能会出现两个差异较大的局部特征被当做同一个视觉单词，从而降低了视觉单词的描述能力。所以在构建视觉词典时，需要选取合适的 K 值，平衡视觉单词的泛化能力和描述能力[177]。

7.3.2 图像描述

在上一步已经获得图像的视觉词典，接下来需要使用视觉词典中的视觉单词来描述图像。通常有两种描述方法，第 1 种是基于视觉单词直方图的图像描述方法，该方法统计图像中视觉单词出现的频度，用视觉单词的直方图来表示图像。这种方法是将图像中的视觉单词作为无序的集合，不考虑视觉单词直接的关系，比较容易理解，实现起来简单。第 2 种方法是对第 1 种方法的扩展，该方法考虑了视觉单词之间的空间分布关系，增强了视觉单词对图像的描述能力，这类方法中最著名的是 Lazebnik 等[106]提出来的空间金字塔匹配(Spatial Pyramid Match, SPM)，下面对该这两种方法做简单介绍。

1. 基于视觉单词直方图的描述方法

(1)计算获取到的局部特征与所有视觉单词的距离，用距其最近的视觉单词表示该局部特征。

(2)对图像中所有局部特征都进行上述操作，从而得到局部特征对应的视觉单词，将这些视觉单词组成一个集合，称为这个图像的词袋(Bag of words)，记为

$$\boldsymbol{B}_I = [t_1,\ t_2,\ \cdots,\ t_i,\ \cdots,\ t_M] \tag{7-4}$$

其中 t_i 表示视觉单词 w_i 在图像中出现的次数，通常将 B_I 用向量表示。在词袋模型中通常使用直方图交叉核来表示直方图向量间的相似度，表示如下：

$$K_B(B_1,\ B_2) = \sum_{m=1}^{M} \min(B_1(m),\ B_2(m)) \tag{7-5}$$

2. 空间金字塔匹配

空间金字塔匹配方法引入了特征的空间位置信息，是对直方图描述方法的一种扩展，该方法在多个尺度下将图像平均划分为多个大小相等的图像块，用视觉单词直方图对每个图像块进行描述，并定义在小尺度匹配下分配更大的权重。具体方法是在图像上沿水平和垂直两个方向，进行一系列分辨率层次为 l 划分，$l=0,\ 1,\ \cdots,\ L-1$。图像水平和垂直方向都分为 2^l 个网格，图像的第 l 层一共有 $D=2^{2\times l}(4^l)$ 个网格[63, 64]。图7-9是空间金字塔匹配示意图，图像分为3层，即 $L=3$。图中有3种特征，分别使用圆、三角形及方形表示。上面一行的3个图像表示三层不同的分辨率水平，下面的图像表示对不同的分辨率层次计算落入每个网格中特征的数量。

设 H_X^l 和 H_Y^l 分别表示图像 X 和 Y 在分辨率 l 上的特征直方图，则 $H_X^l(i)$ 和 $H_Y^l(i)$ 设为图像 X 和 Y 的分辨率为 l 时的第 i 个网格的特征点数量，用直方图交叉函数表示为

$$I(H_X^l,\ H_Y^l) = \sum_{i=1}^{D} \min(H_X^l(i),\ H_Y^l(i)) \tag{7-6}$$

下面用 I^l 来代替 $I(H_X^l,\ H_Y^l)$ 以方便叙述。

从图7-9中可以看出，在分辨率层数为 l 时得到的匹配特征数目包含了在分辨率 $l+1$ 时匹配的特征数，所以在SPM中可以先计算分辨率层数在 $l+1$ 时特征匹配的数量 I^l，然后在计算分辨率层数为 l 时特征匹配的数量 I^{l+1}，$I^l - I^{l+1}$ 表示在 l 层分辨率上新匹配的数量，每层分辨率设置一个权重 $\frac{1}{2^{l-l}}$，这个权重表示在分辨

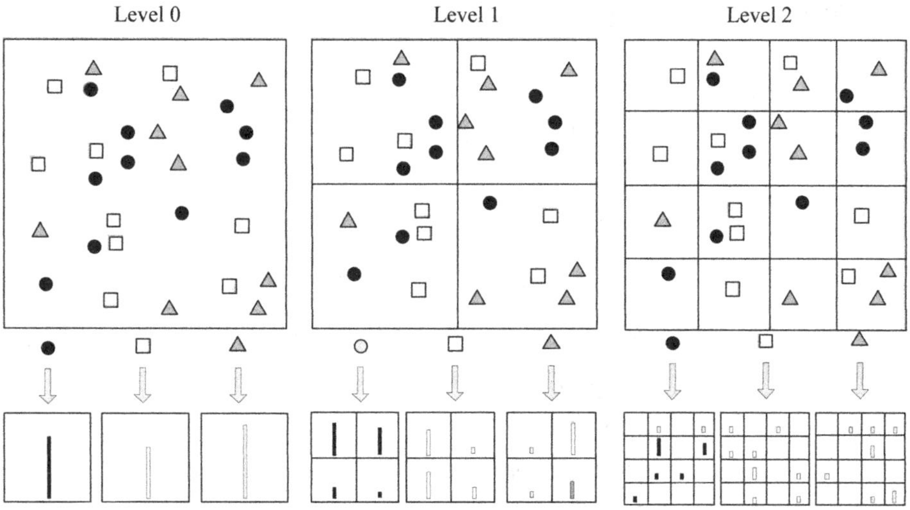

图 7-9 空间金字塔匹配示意图[106]

率层越高，权重值越大。考虑所有分辨率层次的网格，可以得到空间金字塔匹配核为[106]：

$$K^l(X,\ Y) = I^l + \sum_{l=0}^{l-1} \frac{1}{2^{l-l}}(I^l - I^{l+1}) \tag{7-7}$$

$$= \frac{1}{2^{l-l}}I^0 + \sum_{l=1}^{l} \frac{1}{2^{l-l+1}}I^l$$

7.4 实验数据集与评测标准

7.4.1 实验数据集

数据集是羊绒和羊毛纤维的光学显微镜图像，拍摄设备为 UVTEC CU-5 纤维投影仪，共 4939 幅纤维图像(2843 幅羊绒图像和 2096 幅羊毛图像)，样本是内蒙古鄂尔多斯羊绒集团提供的样本图像，放大倍数为 10×50，图像大小为 768×576。实验中所有数据集包含的图像类别都是已知的，即已经用真值(Ground truth)标注。数据集中大部分样本图像中只包含一根纤维，也存在少量样本图像包含多根或重叠纤维的情况，如图 7-10 所示。

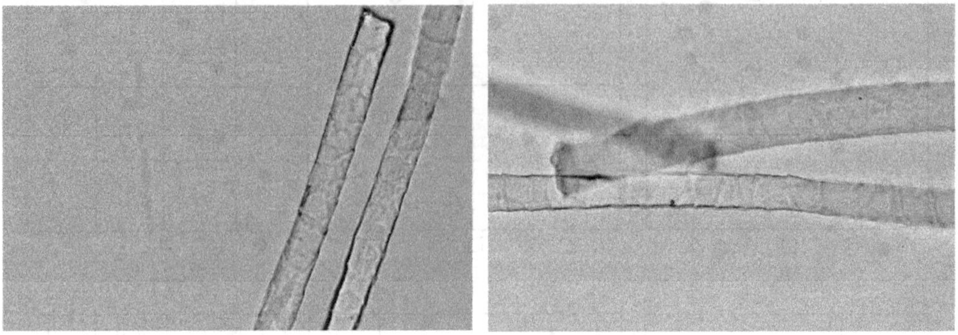

图 7-10　数据集中多根或重叠的纤维图像

7.4.2　评测标准

实验中使用词袋模型与空间金字塔匹配方法在羊绒和羊毛数据集上对纤维进行鉴别，以验证模型的有效性。其中还对图像进行预处理，并探讨了两个重要参数，视觉词典大小以及空间金字塔匹配方法中分辨率水平的设定。从数据集中随机选择 70%作为训练集，其余 30%作为测试集，每个实验重复 10 次，计算其平均值作为实验结果。实验所用计算机的 CPU 为 i7-3770k @ 3.5GHz，内存为 24GB。羊绒和羊毛的识别精度定义已在第 4 章中定义相同，这里不再赘述。

7.5　实　　验

7.5.1　图像预处理

数据集中使用的是光学显微镜图像，背景可能会出现一些气泡和杂质，如图 7-11 所示。直接提取特征可能会将图像中的噪声判断为关键点，如前面图 7-7 所示，纤维图像背景中被 SIFT 特征描述子检测出许多关键点，因此在对光学显微镜图像进行鉴别之前先进行图像预处理。考虑到鉴别纤维的信息主要是在纤维边缘和纤维表面，所以首先需要对纤维图像进行图像增强和背景剔除。图 7-12 是图像预处理的流程图，主要是图像增强、图像二值化、图像背景剔除几个步骤[181]。这里使用的图像预处理方法与第 4 章中图像预处理方法相同。

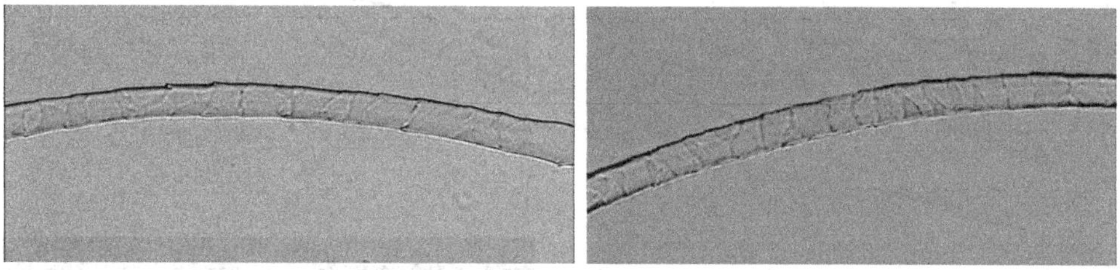

（a）羊绒图像　　（b）羊毛图像

图 7-11　原始纤维图像

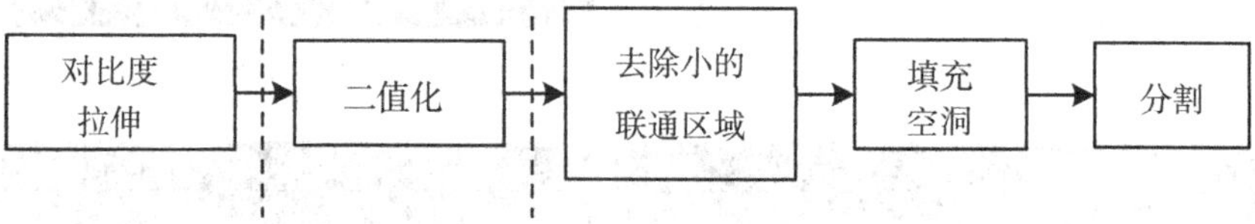

图 7-12　图像预处理流程图

(1)步骤 1：图像增强。以图 7-11(b)中的纤维图像为例，首先将原始纤维图像转化为灰度图像，如图 7-13(a)所示；然后统计纤维灰度图的灰度直方图，如图 7-14 所示，图中可以发现纤维图像中的灰度值比较集中，且都在灰度值 150 附近，通过随机统计 200 张羊绒和羊毛纤维的图像，发现这些图像中的灰度值主要集中在[115，180]这个区间；接下来使用对比度拉伸方法将图像中这个区间的像素值拉伸到[0，255]这个区间，发现图像明显增强，如图 7-13(b)所示。

(2)步骤 2：图像二值化。在图像上使用 Otsu 算法生成阈值，并使用该阈值对图像进行二值化，得到二值图像，如图 7-13(c)所示。

(3)步骤 3：背景剔除。使用图像形态学中的开操作去除二值化图像中小的连通区域，得到图像如图 7-13(d)所示；然后使用形态学的闭操作对图像进行填充，得到纤维轮廓的二值图，如图 7-13(e)所示；接下来使用纤维轮廓二值图和图像增强后的图进行逻辑与，可以得到剔除背景的纤维图像，如图 7-13(f)所示。

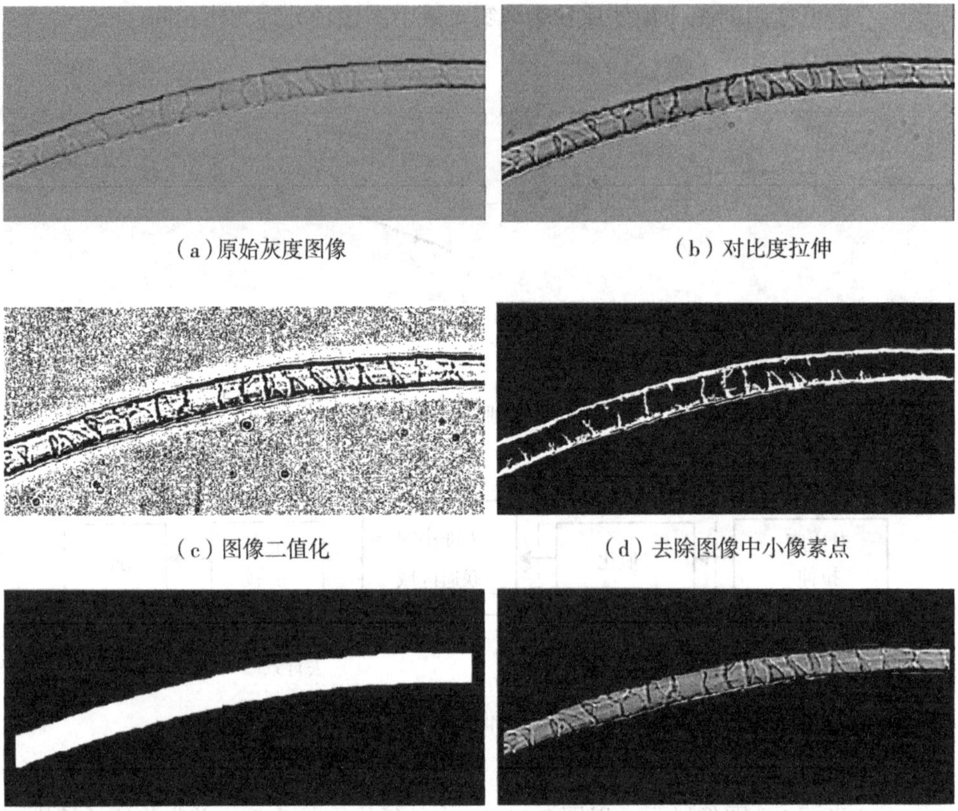

(a)原始灰度图像　(b)对比度拉伸

(c)图像二值化　(d)去除图像中小像素点

(e)填充空白　(f)背景剔除

图 7-13　图像预处理

7.5.2　实验结果与讨论

首先使用上面提到的方法对图像进行预处理。为研究模型在不同视觉词典和不同分辨率上的效果，选择 12 个不同数值作为视觉词典的大小：50，100，200，300，400，500，600，700，800，900，1000，1200。SPM 中的分辨率层次分别选择 0，1，2，3，4。事实上，当分辨率层次为 0 时，模型相当于传统 BoW 模型。

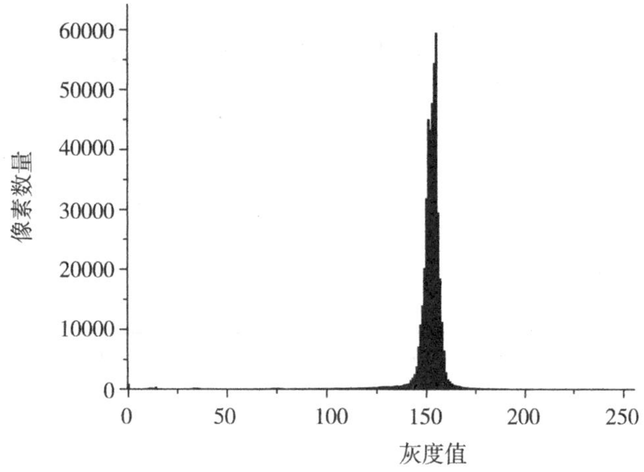

图 7-14 纤维图像的灰度直方图

图 7-15 中 5 条曲线表示词袋模型在不同分辨率层次下的识别率，视觉词典大小和分辨率层次对纤维识别率有不同的影响。同时，这几条曲线有相近的趋势。当视觉词典设置的比较小时，词袋模型在不同的分辨率水平下识别率都比较低，这说明模型在小的视觉词典下不足以来辨别这两类纤维图像。随着视觉词典大小开始增大时，模型的识别率迅速增长，当视觉词典大小超过 200 时，模型在不同的分辨率层次下的识别率都超过了 90%；然后随着视觉词典大小的增长，识别率有轻微的增长，在视觉词典大小在 600 时识别率超过 93%；当视觉词典大小超过 800 以后，模型在不同分辨率层次下的识别率都不再有明显增长，并且有下降趋势(分辨率层次 0，1，2)。这种现象的主要原因是纤维图像只包含有限的特征，模型训练时设置过多的视觉单词会造成相似的特征被分到不同的视觉单词，从而降低了模型对测试集数据的泛化能力。Csurka 等[105]指出，当选择中等大小的视觉词典时，模型通常能获得比较好的效果，这与我们在实验中观察到的情况是相一致的。在下面的测试中，我们设置词袋模型的分辨率层次为 2。

接下来我们比较了训练集和测试集在不同视觉词典下的错误率，以此来分析视觉词典大小对模型性能的影响。实验仍然使用数据集中的 4939 幅纤维图像。这里选择了 14 个数值作为视觉词典：50，100，200，300，400，500，600，

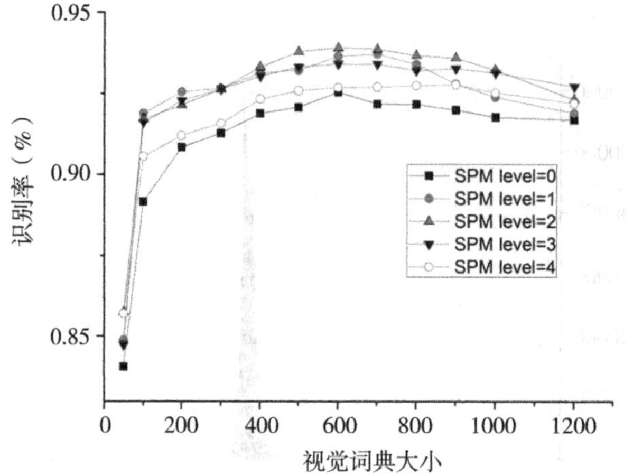

图 7-15　词袋模型在不同视觉词典大小和分辨率层次下的识别率

700，800，900，1000，1200，1400，2000。图 7-16 描述了训练集和测试集在分辨率层次为 2 时，不同视觉词典大小下的错误率，从图中可以看出训练集的错误率随着视觉词典的增大越来越小，而测试集的错误率在视觉词典为 600 时达到最低，然后又开始随着视觉词典增大呈上升趋势。为避免如图 7-16 所示的过拟合现象，选择合适大小的视觉词典非常有必要。

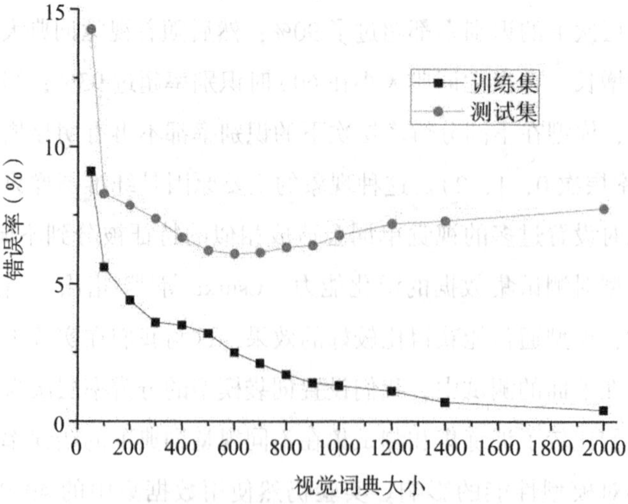

图 7-16　训练集和测试集的错误率

为了评估纤维图像背景去除的影响，我们分别测试了纤维图像剔除背景前后两个数据集的识别率。我们将上面实验中背景去除前的图像集称为数据集 *A*，去除背景后的图像集为数据集 *B*，模型的分辨率水平设置为 2，图 7-17 给出了模型在两个数据集在不同的视觉词典大小下得到的识别率。从图中可以得出，在相同的视觉词典大小下，数据集 *B* 的识别率要稍高于数据 *A*。去背景有利于减少图像背景的干扰，并且可以减少模型的计算量。为了评估模型的稳定性，实验中还使用了 15 组不同的纤维图像的混合比来测试模型的稳定性，见表 7-2。

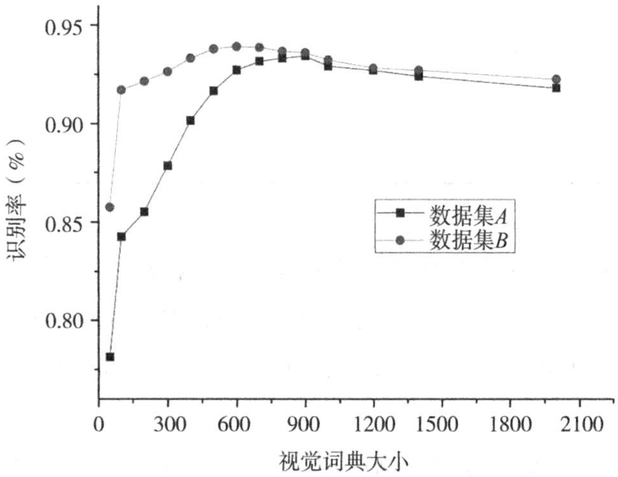

图 7-17　剔除背景前后两个数据集在模型上的识别率

表 7-2　不同混合比的数据集的识别率

序号	混合（羊绒/羊毛）	羊绒/羊毛(%)	识别率(%)
1	777/607	56.1/43.9	93.2
2	777/507	60.5/39.5	93.2
3	777/407	65.6/34.4	93.6
4	777/307	71.7/28.3	93.7
5	777/207	79.0/21.0	93.7
6	777/107	87.9/12.1	94.1

续表

序号	混合（羊绒/羊毛）	羊绒/羊毛(%)	识别率(%)
7	777/0	100/0	94.2
8	677/607	52.7/47.3	92.7
9	577/607	48.7/51.3	92.3
10	477/677	41.3/58.7	92.3
11	377/607	38.3/61.7	91.6
12	277/607	31.3/68.7	91.2
13	177/607	22.6/77.4	90.8
14	77/607	11.3/88.7	90.4
15	0/607	0/100	90.3

表 7-2 中第 2 列表示每组中两种纤维的数量，第 3 列表示每组样本中纤维数量的比值。根据前面的讨论，这里视觉词典大小设置为 600，分辨率水平设置为 2。模型在每组中的识别率都超过 90%，这表明模型在不同混合比的样本上性能是比较稳定的。

另外，在实验中发现模型在测试阶段速度比较快，而训练阶段是非常耗时的，其中时间主要花费在视觉词典的生成，我们在实验中比较了不同大小训练集生成视觉词典所耗费的时间，如图 7-18 所示。

从图 7-18 可以看到，随着训练集中样本数量的增加，生成视觉词典所花费的时间也越来越长。这时因为生成视觉词典使用的是无监督聚类算法 K-means，其时间复杂度为 $O(t*n*k*m)$，其中 t 为聚类的迭代次数，n 为样本数量，k 为预先定义的聚类中心数量，m 为特征的维度。其中 k 和 m 是聚类之前已经设定的，当数据集中样本数量变化时，算法收敛需要的迭代次数也可能会发生变化，总体上随着样本数量增加，聚类花费的时间也越长。

基于词袋模型的纤维识别方法对样本图像的要求宽松一些，不严格要求图像中必须只包含一根纤维，只要求样本图像中包含的是同类纤维。而从图 7-18 的分析中得知，基于词袋模型的纤维识别在生成视觉词典时是比较耗时的，并且随

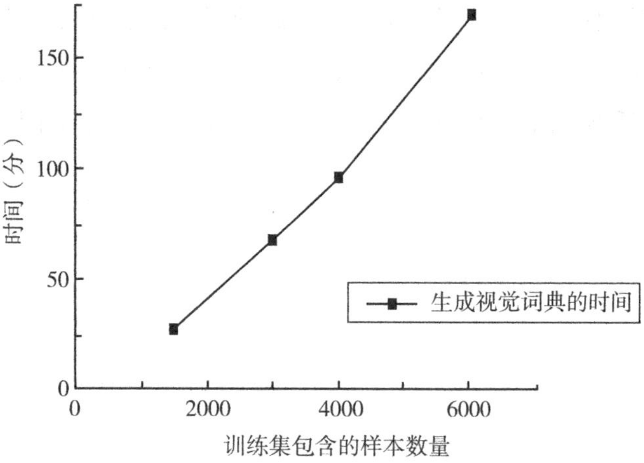

图 7-18　不同样本数量生成视觉词典花费的时间

着样本数量的增加耗费时间也快速增长。如果样本量非常大时，词袋模型在训练阶段耗时将非常长。因此，本书在后面的研究中寻求训练速度较快的纤维识别方法，直觉上，一种解决方法是使用效率更高的聚类算法代替 *K*-means 算法，另一种解决方法是寻找一种不需要聚类的特征描述子，本文尝试了第 2 种解决方法，具体研究内容在第下一章介绍。

7.6 本章小结

本章提出了一种基于空间金字塔匹配和词袋模型的羊绒羊毛识别方法，并通过实验来评估该方法的性能，该方法放宽了对样本图像的要求，允许一幅样本图像中存在多根纤维，只要求多根纤维是同类别纤维。我们比较了模型在不同视觉词典大小和不同分辨率水平下对纤维数据集的识别率，通过权衡模型的辨别能力与泛化性能，最终选定视觉词典大小为 600，分辨率水平为 2。通过比较纤维图像剔除背景前后的识别率，可知剔除背景能够有效保留纤维图像中的特征信息。在不同的混合比下进行测试，结果表明该方法的识别率比较稳定。最后，在实验中指出随着样本数量增加生成视觉词典需要的时间快速增长。

在之前我们尝试过使用灰度共生矩阵来表达羊绒/羊毛纤维纹理特征的方法，并取得了一些效果[38,145]。为了需求效率更高的纤维识别方法，另一方面也立足于完整探索不同特征描述方法在纤维识别上的效果，在下一章我们使用局部二进制模式来描述纤维表面的纹理特征，并基于提取的特征进行纤维识别的研究。

第 8 章　基于 LBP 特征的羊绒羊毛识别方法研究

人工识别羊绒和羊毛的主要依据是图像中纤维的鳞片模式，一些研究者将纤维的鳞片模式看做纹理特征来进行纤维识别[39,145,182]。图像纹理特征是人类视觉系统对物体表面的感知形式，图像中的纹理反映了像素在图像中的空间分布，其排列呈现出局部不规则而整体上相似的特点。通过图像来识别纤维，就是要寻找纤维图像中存在的规则性。本章尝试使用纹理特征来表达纤维形态的规则性信息，进而利用这些特征信息来识别羊绒和羊毛两种纤维。

图像纹理特征的研究是计算机视觉领域非常重要的研究内容，特征提取有很多种方法，如灰度共生矩阵、小波变换、局部二进制模式(Local Binary Patterns, LBP)，等等。其中 LBP 是最近年来最受关注的方法之一，该方法原理简单，容易实现，具有较强的局部描述能力。许多研究者基于原始 LBP 方法提出了改进方法，这些改进方法具有良好的光照不变性和旋转不变性等优点。LBP 不但在纹理分类和人脸识别领域取得了非常好的效果，在图像检索、目标检测、医学图像分析等领域也得到成功应用。

本章的结构安排如下：首先介绍 LBP 及其改进方法的原理，然后使用几种不同的 LBP 方法对纤维图像提取特征和进行分类，接下来对几种 LBP 方法分类结果进行比较和分析。

8.1　传统 LBP

Ojala 等[183]在 2002 年提出完整的 LBP 定义，并将 LBP 应用于纹理分类中。

最初定义的 LBP 被称为原始 LBP。Ojala 等[184]又提出一种旋转不变的 LBP 和一致 LBP，以及两种方法的结合——旋转不变一致 LBP。后面的研究者基本上都是围绕 Ojala 提出的这几种方法对 LBP 进行改进，如海明 LBP 和完备 LBP[185,186]。下面首先给出原始 LBP 的定义。

8.1.1　原始 LBP

LBP 方法的基本原理是使用图像中不同局部结构出现的次数来描述一幅图像。如图 8-1 所示，在一个灰度图像中，某个像素有一个 3×3 的矩形领域，定义该像素的灰度值为阈值，将该像素的邻域像素灰度值与阈值做比较，如果邻域像素灰度值大于或等于阈值，则邻域位置的值设为二进制数 1，反之设为 0。如果从某一个二进制数开始，按逆时针方向依次序展开能够得到一个二进制序列。因为这种方法获得的是像素邻域的信息，是图像局部特征，所以该方法被称为局部二进制模式。

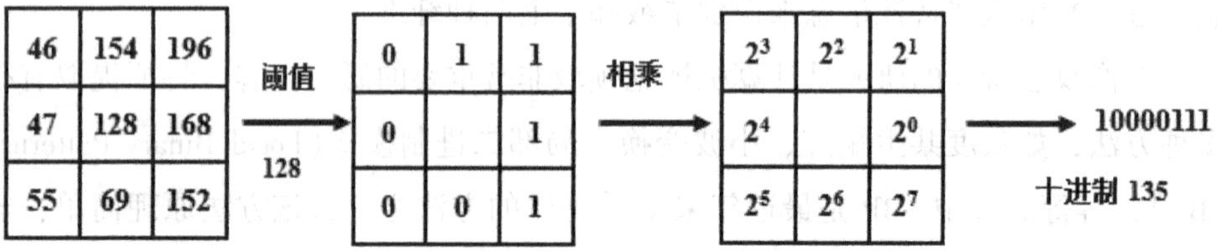

图 8-1　原始 LBP 算子示意图

图 8-1 是在像素的 3×3 邻域定义的原始 LBP 算子，这也是最小尺度的结构，如果要获取更大尺度的纹理特征，还需要定义相应尺度的邻域结构。假设有一个灰度图像，对于图像上任意某个像素点 g，g 的像素值为 x。将 x 设置为阈值。通过比较阈值和像素点 g 邻域像素值的大小来计算像素点 g 的 LBP 值，计算公式为：

$$\mathrm{LBP}_{r,\,p}(i,\,j)=\sum_{n=0}^{p-1}2^{n}s(x_{r,\,p,\,n}-x),\quad s(x)=\begin{cases}1, & x\geqslant 0\\ 0, & x<0\end{cases}\tag{8-1}$$

这里 $x_{r,\,p,\,n}$ 表示像素点 g 的邻域像素值，其下标 r 表示邻域半径，下标 p 表示采样点数量，下标 n 表示邻域像素的位置序号，$s(\cdot)$ 是符号函数。

由于图像的每个像素点都对应一个 LBP 编码，如果将像素的 LBP 编码看做灰度值，那么就可以得到图像对应的“LBP 编码图”，图 8-2 是羊绒和羊毛纤维图像及其 LBP 编码图。

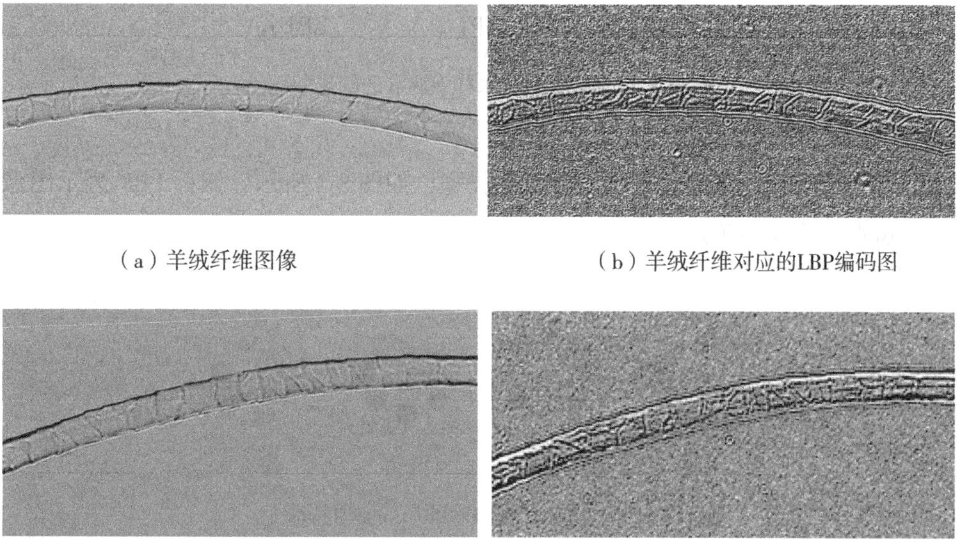

（a）羊绒纤维图像　（b）羊绒纤维对应的LBP编码图

（c）羊毛纤维图像　（d）羊毛纤维对应的LBP编码图

图 8-2　羊绒和羊毛纤维及 LBP 编码图

由于圆形半径可以很方便地表示图像不同尺度下的纹理结构，Ojala 等[183]又设计出圆形等角度邻域的 LBP，如图 8-3 所示，圆形半径下定义的 LBP 也比较方便进一步对 LBP 描述子进行改进，如旋转不变的 LBP 描述子等[187]。

图 8-3 中 $LBP_{r,p}$ 表示像素的圆形邻域半径为 r，采样点数量为 p。如果采样点不在像素点上，采用图像的线性插值来表示。一个图像上坐标为 (i, j) 的像素 x 的 LBP 值也可以用式(8-1)表示。由于这里使用的是等角度圆形邻域，即每个邻域像素都是旋转相同的角度获得采样点，设中心像素点的坐标是(0, 0)，则邻域像素坐标为 $(-r\sin(2\pi n/p), r\cos(2\pi n/p))$，这里 n 表示圆形邻域中像素的位置序号。

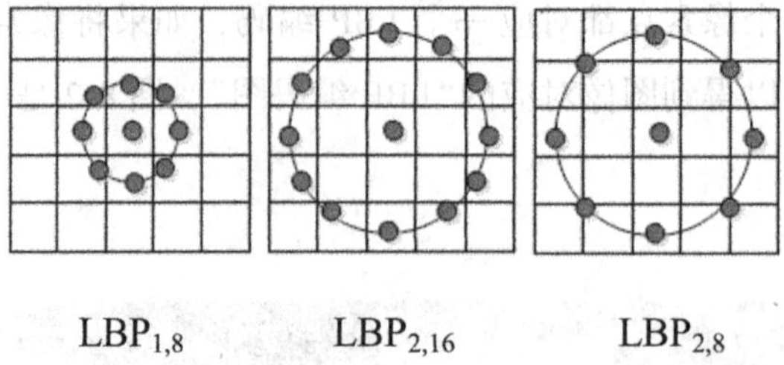

图 8-3　半径为 r，采样点为 p 的圆形邻域

LBP 模式往往对应着局部图像特征类型，如图 8-4 所示，四种 LBP 表示图像中的斑点、边缘和角点。

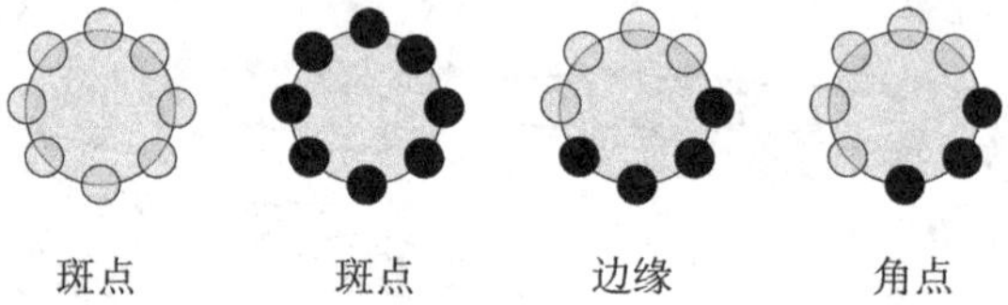

图 8-4　LBP 对应表示的局部图像特征

8.1.2　旋转不变 LBP 描述子

Ojala 等使用旋转不变 LBP 算子(Rotation Invariant Local Binary Pattern, RILBP)来增强描述子的描述能力，公式定义如下：

$$LBP_{r,p}^{ri} = \min\{ROR(LBP_{r,p}, i) \mid i = 0, 1, \cdots, p-1\} \quad (8\text{-}2)$$

其中，$ROR(LBP_{r,p}, i)$ 表示 $LBP_{r,p}$ 循环右移 i 位。

还以图 8-1 为例，将该像素邻域逆时针旋转 90°，因为该邻域采样点为 8，该像素 8 邻域 LBP 编码循环左移 2 位，即其值由 10000111 变为 00011110。对于旋转不变 LBP 描述子，这两个编码表示的模式是等价的。与原始 LBP 相比，$LBP_{r,p}^{ri}$ 不仅具有旋转不变性，模式数量(维度)也减少很多，因此在后面计算图像 LBP 模式直方图向量的维度也会所减少，文献[66][72]指出，$LBP_{1,8}^{ri}$ 对纹理图像旋转的识别率比原始 LBP 有一定提高。

通常将前面介绍的原始 LBP、旋转不变 LBP 等称为传统 LBP 描述子，传统 LBP 描述子在纹理分类、人脸识别、目标检测等领域也得到了不错的效果，但是也发现有很多不足。比如传统 LBP 不能描述图像空间中的特征间的分布关系，不能表达图像中有利于分类或识别的很多信息，从而限制了其特征描述效果。

8.1.3 LBP 描述子对图像的描述方法

通常使用图像的 LBP 算子的直方图来描述图像，假设图像大小为 $M \times N$，首先使用 LBP 方法得到图像中各个像素的 LBP 数值，然后统计各个 LBP 出现的频率，生成频率直方图 h，h 就是图像的特征描述，用下式表示：

$$h(k) = \sum_{i=1}^{M} \sum_{j=1}^{N} \delta(LBP_{r,p}(i, j) - k) \tag{8-3}$$

其中，k 是 LBP 值的十进制数，$0 \leqslant k < d(d = 2^p)$，LBP 的十进制的最大值是 $2^p - 1$，即像素的 p 个邻域采样点拥有 2^p 个不同种类，那么频率直方图 h 的维度就是 2^p。维度随着采样点数量至指数增长，不加以限制会导致计算量增大。

8.2 旋转不变的共生 LBP

8.2.1 共生 LBP

通过统计图像中的特征可以得到特征的直方图分布，但这忽略了特征的空间分布，为了增强特征的空间描述能力，可以将 LBP 模式扩展到两个 LBP 组成的共生对，称为共生 LBP(Co-occurrence LBP，CoLBP)。共生(Co-occurrence)是常用的一种变量统计方法，这里的共生指的是这两个 LBP 模式同时出现。从信息论的角度来看，考虑图像中两个 LBP 同时出现要比它们单独出现包含更多的信息。共生特征的维度是两个单独特征维度的乘积。如果两个特征的维度分别是 n_1 和 n_2，则这两个特征的共生状态的维度是 $n_1 \times n_2$。两个特征共生的概念可以定义为：

$$C_{x,y}(p, q) = \sum_{i=1}^{m} \sum_{j=1}^{n} \begin{cases} 1, & s(i, j) = p \text{ and } s(i + x, j + y) = q \\ 0, & \text{otherwise} \end{cases} \tag{8-4}$$

其中，(p, q) 表示两个特征的状态，(x, y) 表示两个特征的空间距离，$s(i, j)$ 表示(i, j) 位置的状态[188]。

在图 8-5 中，表示图像中有两个相邻的 3×3 区域，简单起见，这里只取中心像素点的水平、垂直方向上的 4 个灰度值进行 LBP 编码，灰色方格为中心像素点，取得的两个 LBP 模式如图 8-5 最右边所示，白色和黑色小圆分别表示 LBP 中的 1 和 0。

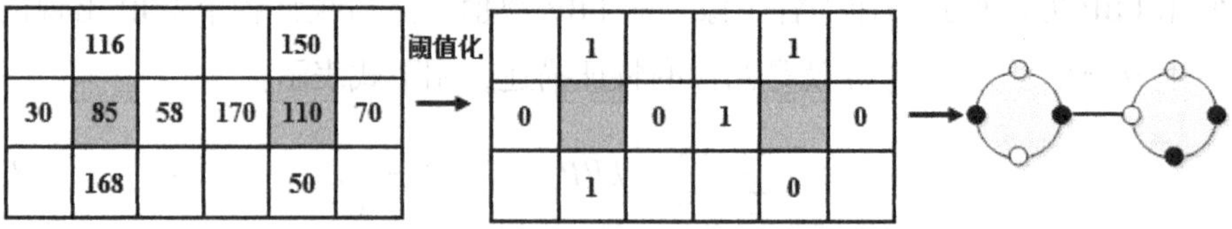

图 8-5　LBP 共生对

下面给出 LBP 共生对的定义，如图 8-6 所示，令 p 和 q 是任意两个 LBP 模式，这里 p，q 是用十进制表示，$p, q \in \{0, \cdots, N-1\}$，这里 N 为二进制模式的数量。令(x_p, y_p) 和(x_q, y_q) 表示两个模式在图像中的空间位置坐标，坐标系原点是图像左上角。这里用(p, q) 表示任何的有向模式对，其中 $\boldsymbol{v}_{pq}$ 表示从(x_p, y_p) 到(x_q, y_q) 的位移向量，位移向量 $\boldsymbol{v}_{pq}$ 用长度 d 和方向 α 表示，这样的两个 LBP 模式称为共生模式。在图 8-6 中，α 为 $\boldsymbol{v}_{pq}$ 向量与 y 轴正方向的夹角，通常取值为 $\theta_k = 2\pi k/n$，$k = \{0, \cdots, n-1\}$，d 的取值通常为 1，2，3。

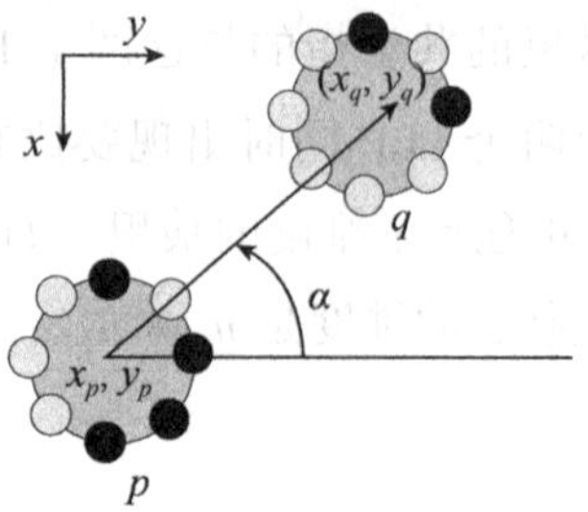

图 8-6　共生 LBP

8.2.2 旋转不变共生 LBP

为了让共生 LBP 描述子具有旋转不变性，需要先建立共生 LBP 之间的等价概念。共生 LBP 可以通过连续旋转相同角度 $\theta_k = 2\pi k/n$，进而得到的一系列不同的共生 LBP，这里 $k = \{0, \cdots, n-1\}$。当图像旋转时，图像中的像素点也旋转同样的角度。这里给出图像中两个相近像素点在旋转时，其共生 LBP 描述子的变化示意图，如图 8-7 所示。

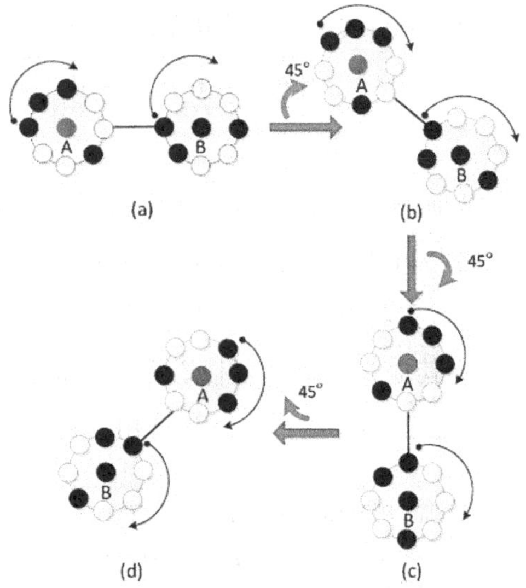

图 8-7　共生 LBP

图 8-7 中，A 和 B 是图像中两个相近的像素点，它们组成共生 LBP 描述子，图 8-7(a)是原始状态，当图像按顺时针旋转 45°时，A 和 B 组成的共生 LBP 也沿顺时针方向旋转 45°，变成图 8-7(b)的位置，图像继续旋转时，将变成图 8-7 中(c)和(d)的位置。

LBP 共生对(p, q)组成的向量与 y 正方向夹角为 α，这里记为(p, q, α)，其旋转角度 θ_k，得到向量(p', q', α')，其中 $\alpha' = (\alpha + \theta_k)\bmod 2\pi$，$(p', q', \alpha') = \xi(p, q, k)$，$k = \theta_k/(2\pi/n)$，LBP 共生对逆时针旋转 θ_k 得到新的 LBP 共生

对就相当于(p, q)循环右移k个位置（习惯上记录二进制数是将左边第 1 位作为最低位，当 LBP 逆时针旋转后，逆时针对 LBP 计数相当于循环右移）。这里ξ表示二进制数p和q分别循环右移k个位置。这里给出p循环右移的例子，设p'表示循环右移后的数值，令$p = 25$，$n = 25$，$k = 2$，则

$$p' = \{\xi(25_{\text{bin}}, 2)\}_{\text{dec}} = \{\xi(00011001, 2)\}_{\text{dec}} = \{01000110\}_{\text{dec}} = 70 \quad (8\text{-}5)$$

同理可以得到q'，进而最后得到(p', q')，和旋转不变 LBP 一样，LBP 共生对也需要定义一个标准形式，这里选择两个 LBP 组合而成的最小值为 LBP 共生的标准形式，用 combine(p, q)表示 LBP 共生对p和q组成的二进制数，用 combine$(p, q)_\theta$表示p和q组成的 LBP 共生对旋转θ角度得到的一系列二进制数，这里$\theta_k = 2\pi k/n$，$k = \{0, \cdots, n-1\}$，其他$n-1$个 LBP 共生对的值都等价于标准形式 $\min(\text{combine}(p, q)_\theta)$。

图 8-8 给出共生 LBP 描述子逆时针旋转一周的示意图，每次旋转$\pi/4$，共旋转 7 次，一共得到 8 个共生 LBP 描述子的位置，这里的 LBP 描述子数值的序列的初始值是从像素圆形领域正右方的像素点开始计数，即将$\theta=0$时的编码作为 LBP 共生对的初始形式，其他 7 种形式可以看做初始形式分别逆时针旋转$\theta = 2\pi k/n$，这里$n = 8$，$k = 1, 2, 3, \cdots, 7$。共生 LBP 每逆时针旋转$\theta = 2\pi/8$，即

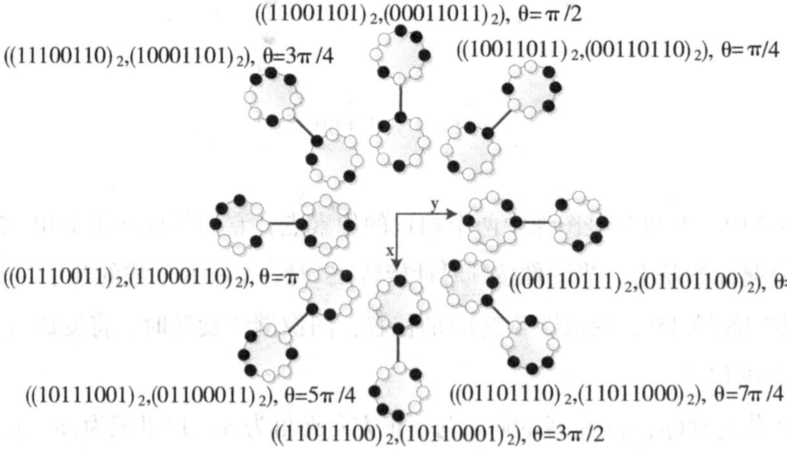

图 8-8　共生 LBP 旋转一周示意图

π/4 角度，则 LBP 共生对中的两个编码同时循环右移 1 位。取两个 LBP 组合而成的最小值为 LBP 共生的标准形式，这 8 个 LBP 共生对就有一个共同的标准形式，从而使得 LBP 共生对具有旋转不变性。旋转不变共生 LBP 不仅提高了图像的特征描述能力，而且还降低了描述子的维度，减少了计算量。如果考虑共生 LBP 中两个 LBP 描述子有方向的话，旋转不变共生 LBP 的维度为$(N_p)^2$，这里N_p表示一个 LBP 的维度，其值为 256(2^8)，所以旋转不变共生 LBP 的维度为 65536(256^2)。维度过高会带来更高的计算复杂度，很多研究者针对共生 LBP 描述子高维度问题提出降维方法[189-191]。下面介绍一种维度较低的旋转不变共生邻近 LBP(Rotation Invariant Co-occurrecnce among Adjacent LBPs，RICoALBP)[192]。

8.2.3 旋转不变共生邻近 LBP

Nosaka 等[192]提出了 RICoALBP 描述子，将 8 邻域的共生 LBP 描述子拆分成多个 4 邻域的共生 LBP 描述子，以获得更小的维度，如图 8-9 所示。

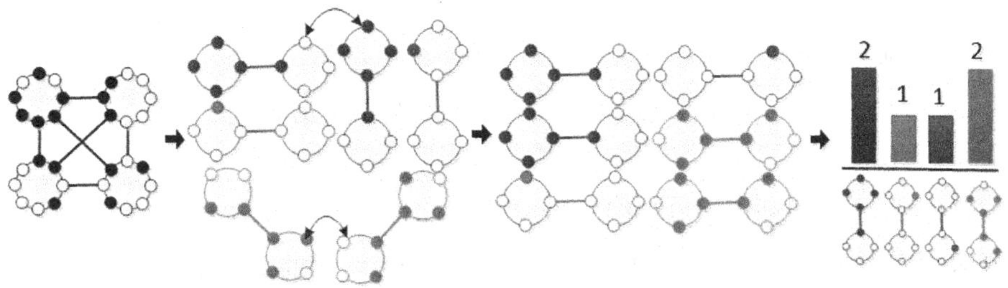

图 8-9 RICoALBP 的示例[192]

图 8-9 中使用 4 邻域的 LBP 描述子来表示像素点的共生 LBP，并且不考虑两个 LBP 描述子方向，可以进行对称变化得到共生 LBP 的等价模式，这样使得共生 LBP 的维度大大降低，其维度为 $N_p(N_p+1)/2$。以图 8-中像素点 8 邻域的共生 LBP 为例，其维度是 $4^2\times(4^2+1)/2=136$，比 PRI-CoLBP 的维度 65536 低很多。

8.3 基于 LBP 的羊绒羊毛识别流程

纤维识别过程分 3 个阶段，流程图如图 8-10 所示，首先我们对图像进行预处理，然后使用几种不同的 LBP 特征描述子来获取羊毛和羊绒图像特征，其次生成 LBP 特征直方图，最后使用分类器对直方图进行有监督分类。这里使用支持向量机作为分类器，因为 LBP 描述子维度比较高，所以这里支持向量机使用线性核函数。

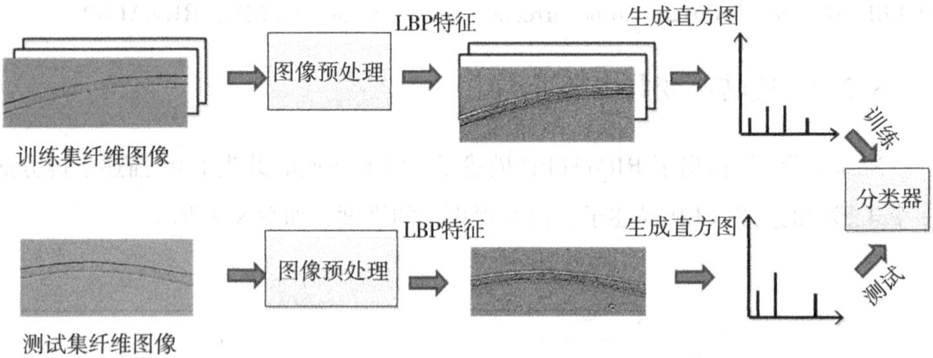

图 8-10　基于 LBP 的纤维识别流程图

从图 8-10 的纤维识别流程图来看，基于 LBP 特征与第 5 章中基于词袋模型的纤维识别流程比较相似，LBP 编码就好像词袋模型中的视觉单词，两种都是先从纤维图像中提取特征，再将特征转化为向量直方图，然后根据得到的向量直方图进行训练和测试。两种方法的识别流程不同之处的是 LBP 特征的编码方式是已经定义好的，并且 LBP 直方图上的基(bin)是固定的，特征向量的维度也是已知的，不需要使用聚类算法生成视觉词典，也不需要设定视觉词典大小。

8.4 实　　验

8.4.1 实验数据集

本章实验使用 3 个数据集，从每个数据集中随机选取 70%作为训练集，其余

30%作为测试集，每个实验重复 10 次，计算其平均值作为实验结果。所有数据集中的图像的类别都是已知的，即已经用真值标注。

数据集 1 中为扫描电子显微镜图像，一共 1000 幅图像，包含 500 幅土种毛和 500 幅国产白绒。拍摄设备为 Hitachi TM3000 台式扫描电子显微镜，放大 1000 倍，图像大小为 1280×1040。

数据集 2 和上一章使用的数据集相同，为光学显微镜图像，拍摄设备为 UVTEC CU-5 纤维投影仪，共 4939 幅纤维图像，其中包含 2843 幅羊绒图像和 2096 幅羊毛图像，放大倍数为 10×50，图像大小为 768×576。数据集 2 中大部分样本图像中只包含一根纤维，存在部分样本图像包含重叠纤维的情况。

数据集 3 包括 5 万幅图像，其中包含蒙古紫绒、国产青绒、蒙古青绒、国产白绒和土种毛各 1 万幅(纤维图像采集工作详见第 3 章内容)。采集设备为 UVTEC CU-5 纤维投影仪，放大倍数为 10×50，图像大小为 768×576。

8.4.2 实验设置

实验中使用 $LBP_{1,8}$、$LBP^{ri}_{1,8}$、$RICoLBP_{1,8}(d=1)$、$RICoLBP_{1,8}(d=2)$、$RICoLBP_{1,8}(d=3)$、$RICoALBP_{1,8}(d=1)$、$RICoALBP_{1,8}(d=2)$、$RICoALBP_{1,8}(d=3)$等 8 种不同的 LBP 描述子来提取图像特征，其中 d 表示共生 LBP 的距离，这里 LBP 描述子都设置成半径为 1，邻域为 8。表 8-1 中给出了每种描述子的维度，可以看到 $LBP^{ri}_{1,8}$ 的维度最低，为 36，而 $RICoLBP_{1,8}(d=1, 2, 3)$的维度高达 65536，相比而言需要更大的计算量。实验所用计算机的 CPU 为 i7-3770K@3.50GHz，内存 24GB。

表 8-1　LBP 描述子的维度比较

LBP 描述子	维　度
$LBP_{1,8}$	256
$LBP^{ri}_{1,8}$	36
$RICoLBP_{1,8}(d=1)$	65536
$RICoLBP_{1,8}(d=2)$	65536

续表

LBP 描述子	维　度
$RICoLBP_{1,8}(d=3)$	65536
$RICoALBP_{1,8}(d=1)$	136
$RICoALBP_{1,8}(d=2)$	136
$RICoALBP_{1,8}(d=3)$	136

8.4.3　图像预处理

对于数据集 2 和数据集 3 中的纤维图像预处理方法与第 7 章中预处理方法一致，这里不再叙述。数据集 1 中包含的为扫描电子显微镜图像，与数据集 2 和数据集 3 中的光学显微镜图像不同的是其图像分辨率高，非常清晰，所以不需要图像增强的步骤，下面列出数据集 1 中的扫描电子显微镜图像的预处理过程。

首先是对原始图像使用 Sobel 算子进行边缘检测，得到图 8-11(b)图像，可以看到图像轮廓基本上完整，但还是有部分鳞片边缘断开；对图 8-11(b)进行形态学膨胀，以此使得纤维图像中鳞片边缘都保留下来，如图 8-11(c)所示；接下来使用形态学的闭操作对图像进行填充，得到图 8-11(d)，图中除了有纤维的轮廓，还有一些噪声；去除图 8-11(d)中面积较小的区域，只保留最大区域，得到纤维的轮廓图 8-11(e)；再将纤维轮廓与原始图像进行合并，得到背景剔除后的纤维图像图 8-11(f)，可以看到背景剔除后，纤维表面鳞片和纤维主干边缘信息都保留下来。

8.4.4　实验结果与讨论

实验中我们记录下每个 LBP 描述子在不同数据集下的识别率，并且记录下测试集平均每次分类的时间，3 个数据集的识别率分别见表 8-2、表 8-3、表 8-4，每个描述子的采样半径都为 1，采样点都为 8。

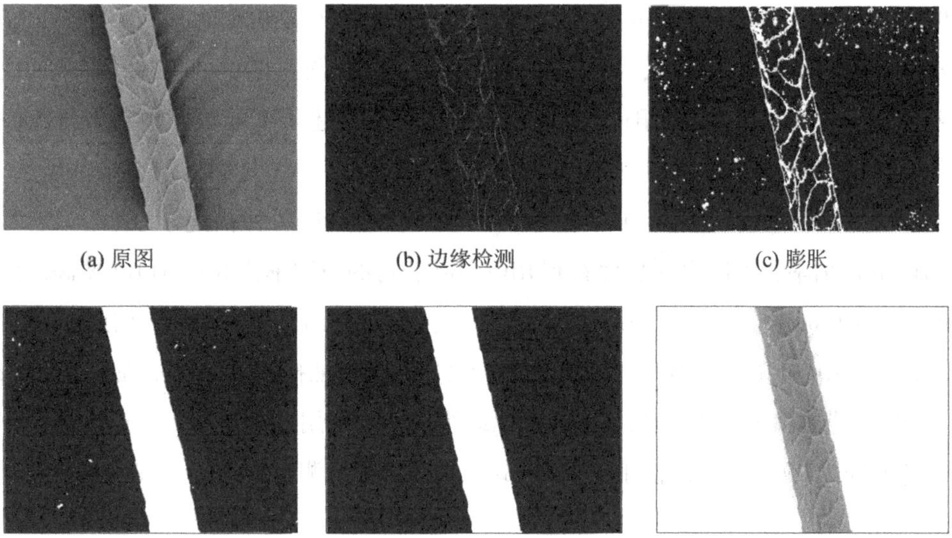

(a) 原图　(b) 边缘检测　(c) 膨胀

(d) 孔洞填充　(e) 纤维轮廓　(f) 去除背景

图 8-11　扫描电子显微镜图像预处理

表 8-2　不同 LBP 描述子在数据集 1 上的识别率

LBP 描述子	识别率(%)	平均测试时间(s)
$LBP_{1,8}$	73.62±3.54	0.19
$LBP^{ri}_{1,8}$	87.30±1.06	0.13
$RICoLBP_{1,8}(d=1)$	95.55±0.83	22.66
$RICoLBP_{1,8}(d=2)$	96.60±0.99	23.13
$RICoLBP_{1,8}(d=3)$	96.10±1.35	23.47
$RICoALBP_{1,8}(d=1)$	90.65±1.56	0.21
$RICoALBP_{1,8}(d=2)$	92.20±3.11	0.22
$RICoALBP_{1,8}(d=3)$	91.20±1.99	0.22

从表 8-2 可知，在数据集 1 中的扫描电子显微镜图像上，$RICoLBP_{1,8}$ 和 $RICoALBP_{1,8}$ 两种描述子都取得了 90%以上的识别率，其中 $RICoLBP_{1,8}$ 在距离 $d=2$ 时识别率最高，达到 96.60%左右。$RICoALBP_{1,8}$ 在距离 $d=2$ 时识别率达到

92. 20%左右。原始 $LBP_{1,8}$的识别率最低，只有 73. 62%左右。这是因为原始 LBP 描述子不具备旋转不变性，而纤维在图像中出现的位置是随机的，其纤维表面的鳞片纹理特征的方向也是随机的，所以原始 LBP 描述子不能很好地获取纤维图像中的纹理特征。

图 8-12 给出了数据集 1 中 RICoLBP 和 RICoALBP 两种描述子在(d=1，2，3)时的识别率，可以更明显地看到 RICoLBP 获得的识别率比 RICoALBP 要高。同时看到 $RICoLBP_{1,8}$描述子的维度高达 65536，而 $RICoALBP_{1,8}$的维度只有 136。也就是说，$RICoLBP_{1,8}$描述子用空间的复杂度换取了特征描述能力的增强。从表8-2 可知，数据集 1 的测试集数量为 300 幅纤维图像，使用 $RICoLBP_{1,8}$描述子进行测试的时间为 20 余秒，而使用 $RICoALBP_{1,8}$描述子进行测试的时间只有 0. 2s 左右。

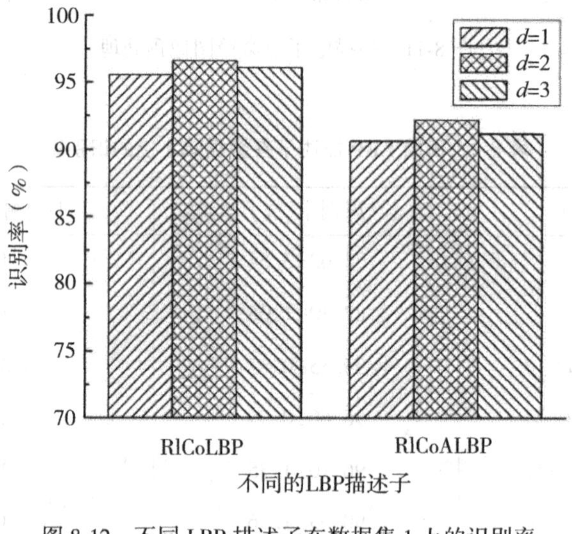

图 8-12　不同 LBP 描述子在数据集 1 上的识别率

表 8-3　数据集 2 的识别率

LBP 描述子	识别率(%)	平均测试时间(s)
$LBP_{1,8}$	69. 03±3. 21	0. 25
$LBP^{ri}_{1,8}$	81. 10±1. 69	0. 17

续表

LBP 描述子	识别率(%)	平均测试时间(s)
$RICoLBP_{1,8}(d=1)$	89.17±1.26	26.49
$RICoLBP_{1,8}(d=2)$	90.48±1.36	27.18
$RICoLBP_{1,8}(d=3)$	90.40±1.27	27.36
$RICoALBP_{1,8}(d=1)$	88.76±1.46	0.23
$RICoALBP_{1,8}(d=2)$	88.52±1.41	0.24
$RICoALBP_{1,8}(d=3)$	87.84±1.41	0.26

数据集 2 的实验结果见表 8-3，且得到了与数据集 1 类似的情况，同样是 RICoLBP 获得最高的识别率，其中 $RICoLBP_{1,8}(d=2)$ 的识别率达到了 90.48%，而 RICoALBP 在 $d=1$，2，3 上的识别率都没有超过 90%，且都稍低于 RICoLBP 描述子。同时可以看到表 8-3 中的各个 LBP 描述子获得的识别率都比表 8-2 中的低，这是因为数据集 1 中的样本是扫描电子显微镜图像，其清晰度要远高于数据集 2 中的光学显微镜图像，这说明了纤维图像的清晰度会明显影响 LBP 描述子的识别率。同时，看到表 8-3 中数据集 2 训练的时间要比表 8-2 中多一些，这是因为数据集 2 中的样本要比数据集 1 的要多。图 8-13 给出了数据集 2 中 RICoLBP 和 RICoALBP 两个描述子在($d=1$，2，3)时的识别率的比较，可以看到在数据集 2 上，RICoLBP 获得的识别率比 RICoALBP 要高，同时共生距离 d 对两种描述子的识别率也有一定影响。

8.4.5　基于 LBP 特征的方法与其他方法的比较

至此，我们在前面的研究内容中提出基于投影曲线、基于 SIFT 特征的词袋模型、基于 LBP 特征等 3 种不同的纤维识别方法，这里将 3 种方法进行横向比较，实验样本使用的是数据集 2，比较结果见表 8-4。

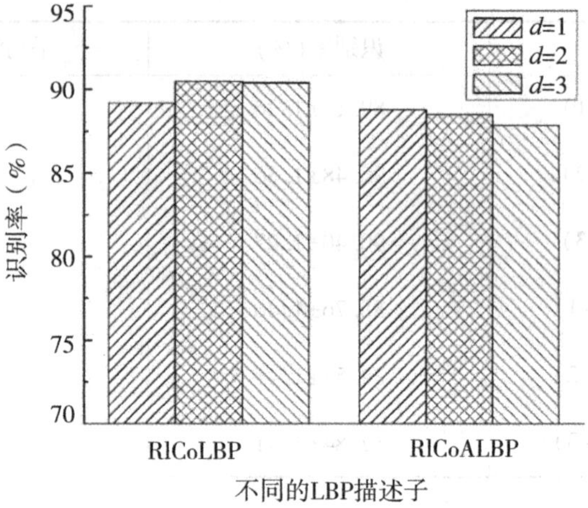

图 8-13　不同 LBP 描述子在数据集 2 上的识别率

表 8-4　三种方法的横向比较

方　　法	识别率(%)
基于投影曲线	86.35
基于 SIFT 特征的词袋模型	93.23
$RICoLBP_{1,8}(d=2)$	90.48
$RICoALBP_{1,8}(d=1)$	88.76

表 8-4 中基于投影曲线的方法使用的是 RQA+SVM 组合，其中递归图的阈值距离 ε 值设定为 5；基于词袋模型的方法使用 SIFT 特征描述子提取图像特征，并使用空间金字塔匹配来增强模型描述能力，视觉词典大小和分辨率水平分别设定为 600 和 2；基于 LBP 方法选用的是 $RICoLBP_{1,8}(d=2)$ 和 $RICoALBP_{1,8}(d=1)$ 描述子。从表 8-4 可知，基于词袋模型的纤维识别方法识别率最高，达到 93.23%；由于样本中包含有少量多根纤维的图像，这些图像会影响投影曲线的正确获取，所以基于投影曲线的方法识别率最低，只有 86.35%。基于 LBP 特征的方法中两种描述子的识别率为 90.48% 和 88.76%，都低于基于 SIFT 特征的词袋模型，但是该方法不用生成视觉词典，训练时间不会随着样本数量增大而快速增长，因此

当训练集比较大时可以考虑选用基于 LBP 特征纤维识别的方法。

8.4.6 多分类纤维识别

前面的研究内容是根据调研企业的要求，研究的是羊绒/羊毛纤维二分类的问题，在提出的几种不同方法中，基于空间金字塔匹配和词袋模型的方法取得最好的识别率，基本上达到预期目标。接下来，合作企业根据实际需求，提出第二阶段的研究目标——多分类纤维的识别。多分类纤维识别意味着原来分到大的类别中纤维需要细分为更多的类别，比如羊绒可以分为青绒和白绒，这需要提取到纤维间的更为细微的差别，需要识别模型具有更强的特征描述能力。

首先我们尝试着使用前面提出来的几种方法来进行纤维识别，实验样本使用数据集 3，其中包含了 5 种纤维图像，实验使用本文前面提出的 3 种方法进行测试：基于 LBP 特征的方法使用的是 $\mathrm{RICoLBP}_{1,8}(d=2)$ 描述子；基于词袋模型的方法使用的是 SIFT 特征，使用空间金字塔匹配增强对特征描述能力，分辨率水平和视觉词典大小分别设定为 2 和 600；基于投影曲线的方法使用仍然是使用 RQA 特征方法。实验结果见表 8-5，我们发现在多类纤维识别中 3 种方法的识别率都不高，没有超过 80%，这是因为数据集 3 中 5 种纤维图像包含更加多样化的鳞片模式，识别难度要大于之前的二分类问题，实验中使用的 3 种方法都不能很好地辨别这 5 种纤维。

表 8-5　数据集 3 的识别率

方　法	识别率(%)
基于投影曲线	71.57
基于 SIFT 特征的词袋模型	75.35
基于 LBP 特征	73.67

我们重新审视了本文已经研究的几种羊绒/羊绒识别方法，这些方法仍然属于传统的技术路线范畴，即输入图像→人工设计特征提取方法→识别。而目前快速发展的深度学习方法采用的技术路线是：输入图像→自动提取特征→识别。当前深度学习技术在图像分类和目标检测领域获取了巨大成功，因此我们下一步将

展开了基于深度学习的羊绒/羊毛纤维识别研究，具体研究内容将在第 9 章介绍。

8.5　本章小结

本章首先介绍 LBP 特征描述子的基本原理，然后使用几种不同的 LBP 描述子进行纤维识别，实验结果表明 RICoLBP 和 RICoALBP 描述子可以较好地解决羊绒/羊毛二分类问题。其中，基于 RICoLBP 的识别方法效果最好，其在扫描电子显微镜纤维数据集上最高可以获得 96%左右的识别精度，在光学显微镜图像上的识别率也达到 90%以上。通过对比本章提出的 3 种方法，基于 SIFT 的词袋模型的方法对羊绒/羊毛两种纤维识别率最高，而基于 LBP 特征的方法不需要生成视觉词典，当训练集比较大时可以考虑选用基于 LBP 特征纤维识别的方法。而对于难度更大的多类纤维识别任务，本章提出的几种方法识别率都不理想。而在实际应用中，多类纤维识别也是检测人员经常遇到的情况，目前已研究的方法不能解决该问题，因此我们开始探索深度学习技术在纤维识别中的应用。

第9章　基于卷积神经网络 Fiber-Net 的羊绒羊毛识别方法

我们在尝试了基于投影曲线的识别方法[164]、基于词袋模型识别方法[193]以及基于 LBP 特征的识别方法后，发现这几种方法都未能很好地解决多分类纤维的识别问题，从而继续探求新的方法。

目前，相对而言视觉特征表达及图像分类较优秀的方法是以卷积神经网络为代表的深度学习方法，深度神经网络能够比传统模式识别方法更好地提取图像中的复杂特征，从而在图像分类中取得更好的识别率。而前面提出的几种方法都是使用人工指定特征类型的方法，因此我们开始尝试着使用深度学习进行自动提取特征的方法。同时，我们也重新审视了人类检测纤维的方法，通过到企业和检测机构的走访和学习，发现培养人工鉴别工程师需要使用大量样本进行训练。而深度学习是一种端到端的多层特征学习方法，该方法也需要大样本的支持。由此，我们开始大量拍摄羊绒/羊毛纤维的显微镜图像，建立了一个羊绒羊毛图像数据集(本书第3章介绍了图像拍摄工作)，并在较大样本下开始探索"基于深度学习的羊绒羊毛纤维识别"。

本章使用卷积神经网络对羊绒和羊毛纤维的显微镜图像进行训练和测试，参照 VGGNet 构建了一个卷积神经网络 Fiber-Net，并在5种纤维的数据集上达到92.74%的识别率。实验中还尝试了迁移学习和视觉特征可视化方法在纤维识别中的应用。本章主要的结构安排如下：首先介绍实验中使用的迁移学习等概念，然后介绍 Fiber-Net 的训练和测试，接下来评估 VGGNet 模型在纤维识别上迁移学习的效果，最后使用可视化方法观察模型提取的特征在三维空间的分布。

9.1　卷积神经网络

深度学习技术中具有代表性的网络结构是卷积神经网络，从 2012 年 AlexNet 提出开始，卷积神经网络就受到了广泛关注。随着研究的深入，通过加大网络深度和宽度，增加网络新功能模块等方法，人们在 AlexNet 的基础上提出结构更复杂、性能更好的卷积神经网络。目前较流行的卷积神经网络模型是 VGGNet[124]、GoogLeNet[125]和 ResNet[126]等，图 9-1 中是几种经典卷积神经网络模型的发展过程[194]。AlexNet 是将卷积层、池化层、全连接层以堆叠的方式构成的，通常称之为“平坦”(Plain)网络。VGGNet 是比 AlexNet 层数更深的 Plain 网络，其架构经常被作为卷积神经网络的一个标准架构。本文也将 VGGNet 作为一个标准网络，在其基础上探索适合纤维识别的卷积神经网络。在第 2 章我们已经介绍过这几种经典卷积神经网络的架构，本章主要研究卷积神经网络在纤维识别中的应用。

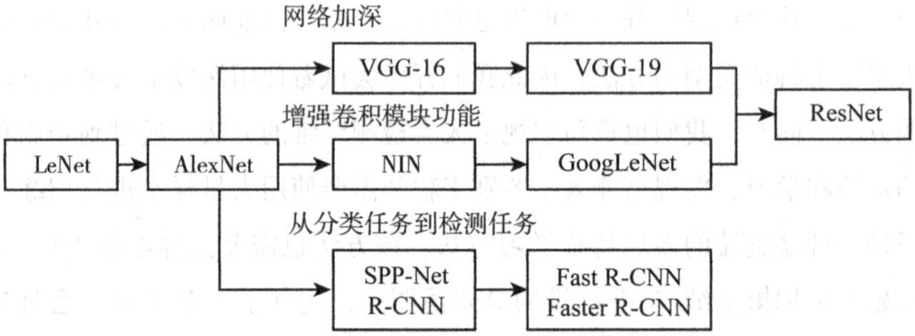

图 9-1　卷积神经网络模型发展过程

9.2　迁移学习

在传统的机器学习中，要想使得训练的模型具有较好的性能，所用样本需要满足两个条件：①训练过程中具有足够多的已标注的样本；②测试样本和训练样本具有相同的分布而又相互独立。只有满足这两个条件，机器学习方法才能有效工作。而在现实中许多任务往往无法满足这两个条件，如在一些领域中样本数量非常有限，或者标注样本比较困难等。在一些情况下，测试和训练使用的样本不满足同分布假设[194,195]。针对此问题，人们提出了迁移学习的思想。

迁移学习(Transfer Learning)是将一个任务中学习到的知识用于新的学习任务中，是不同任务间共享知识和转移知识的一种能力[196]。迁移学习放宽了传统机器学习对样本的要求，使用从已有样本数据中学习到的知识来解决新领域中的问题。迁移学习可以这样定义：对于一个目标领域 D_T 和源领域 D_S，以及它们对应的两个学习任务 T_T 和 T_S，其中 $D_T \neq D_S$，$T_T \neq T_S$，迁移学习是利用学习任务 T_S 在源领域 D_S 中学习到的知识，以此来帮助提高目标学习任务 T_T 在领域 D_S 上的性能。

基于卷积神经网络的迁移学习也是目前迁移学习领域的研究热点，人们对其进行了大量的研究，并且发现与传统的机器学习方法相比，深度学习方法可以获取数据中更丰富有效的特征信息，从而可以进行更加鲁棒、泛化能力更强的特征表达[129,197,198]。卷积神经网络的迁移学习，通常是在较大规模数据集上训练模型，形成泛化性能较好的先验知识，从而可以将训练好的模型应用于具体领域。

在图像分类任务中，卷积神经网络前面的网络层通常检测到的是比较低级的特征(如边缘和轮廓等)，这些信息也可能有助于其他图像分类任务。因此，使用卷积神经网络来开展迁移学习任务通常更有优势[199]。

VGGNet、GoogLeNet 等模型在 ILSVRC 比赛中取得了比较好的图像识别率，我们可以用这些模型在大规模图像数据集 ImageNet 上训练过所得的部分参数作为初始参数，再使用我们的纤维图像数据集对模型其他层继续训练，这样可以将在 ImageNet 数据集上学习到的特征知识迁移到纤维图像识别任务上。ImageNet 是由斯坦福大学的李飞飞教授等人创建的用于计算机视觉研究的图像数据库，也是目前计算机视觉研究领域最大的图像数据库，该图像库也用于一年一度的 ImageNet 大规模视觉识别竞赛。以 ILSVRC2012 比赛中所用的 ImageNet 数据集为例，其包含图像的数量已经超过 120 万幅。本文选用在 ImageNet 图像库中学习到的参数主要原因是 ImageNet 图像库包含图像数量多、种类广，在该数据中训练较好的模型通常具有较强的视觉特征表达能力，并在其他数据集上也有较好的泛化性能。

9.3 数据的降维可视化

数据可视化是将数据集中单个数据当做一个元素，数据的各个属性作为空间维度，大量数据在空间中构成可视化的数据图形或图像，从而将数据以人们容易理解的视觉方式显示出来，有助于人们更好地观察、探索和分析数据。在实际工作中我们获取的数据通常比较复杂，维度比较高，通常要使用数据降维技术。降维是在保留数据的主要特征前提下，减小数据的维度。降维可视化可以对数据进行分析，从可视化结果中观察数据的分布及数据间的关系；同时也可以作为对其他算法的验证。目前降维的方法主要包括线性降维方法和非线性降维方法，线性降维方法原理比较简单，是通过建立线性的映射关系，把高维数据投射在低维空间上，其中常用的方法是主成分分析(Principal Component Analysis，PCA)。

PCA 是将在高维空间中多个线性相关的变量转化为较少的新变量，转换后的变量相互独立，同时新变量尽可能多地保留原始数据的主要信息。这里简单说明一下 PCA 的原理。

设原始数据的样本数量为 n，每个样本使用 m 个变量来描述，则原始数据可以表示为矩阵 $\boldsymbol{X}=(x_{ij})_{n\times m}$，其中 $i=1, 2, \cdots, n$，$j=1, 2, \cdots, m$。即

$$\boldsymbol{X}=\begin{bmatrix} x_{11} & x_{12} & \cdots & x_{1m} \\ x_{21} & x_{22} & \cdots & x_{2m} \\ \vdots & \vdots & & \vdots \\ x_{n1} & x_{n2} & \cdots & x_{nm} \end{bmatrix} \tag{9-1}$$

PCA 需要得到一个系数矩阵 $\boldsymbol{U}=(a_{ij})_{n\times m}$，$i=1, 2, \cdots, n$，$j=1, 2, \cdots, m$，使得 $\boldsymbol{Y}=\boldsymbol{U}^{\mathrm{T}}\boldsymbol{X}$，其中 $\boldsymbol{Y}=Y_1, Y_2, \cdots, Y_m$ 是转化后得到的新变量，且 Y_1，Y_2，$\cdots$，Y_m 相互正交，通常称为主成分。PCA 中新变量的方差大小表示携带信息量的多少，方差大的变量提供信息大。通常将方差大的主成分用 Y_1 表示，称为第一主成分，方差第二大主成分用 Y_2 表示，依次类推。为了确保数据可观测，在可视化技术中，通常使用三个主成分或两个主成分来表示三维或二维空间的图像，本节使用PCA 方法，将 5 种不同纤维图像输入卷积神经网络中，将从卷

积层得到的高维特征进行降维，然后在三维空间中进行可视化，进而观测数据的分布。

9.4 基于反卷积的图像重建

当图像输入到卷积网络中，网络中每层都会输出特征图，但这并不能直接得知是图像中哪些信息刺激网络而生成特征。对此，Zeiler 等[129]提出了一种反卷积(Deconvent)技术来重构卷积网络中间层产生的输入刺激，并将重构信息映射到像素空间，这样就观察到图像中哪些部分在卷积网络中产生了特征信息。具体方法如图 9-2 所示，图中描述了前后两层卷积和反卷积的运算过程。

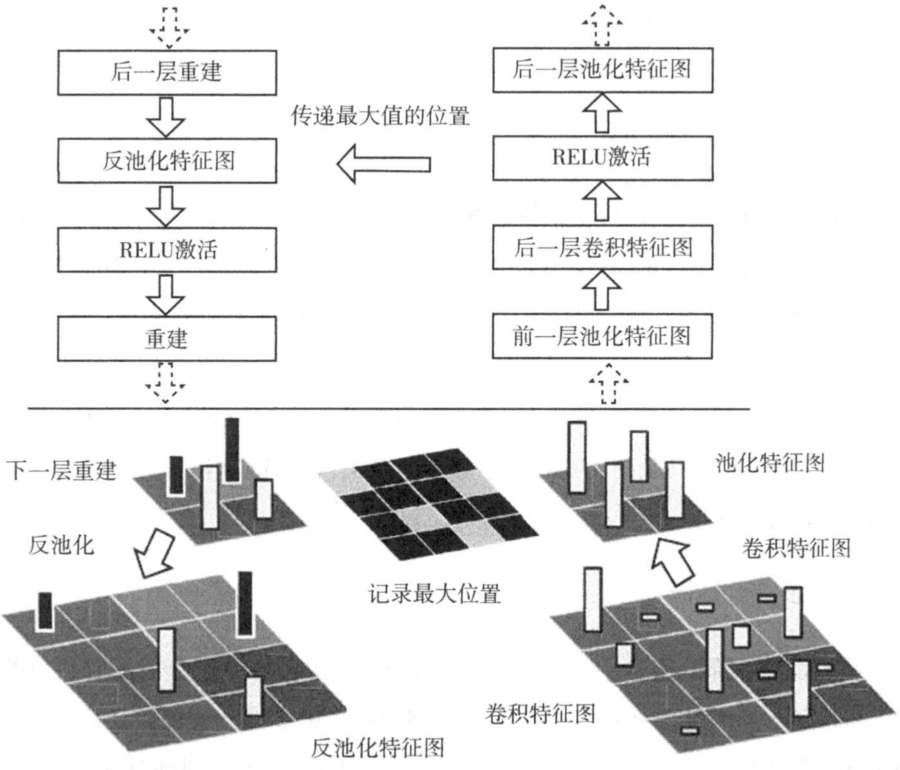

图 9-2 反卷积操作[129]

反卷积网络是在原来的卷积神经网络模型中的每个卷积层都加一个反卷积层，再依次卷积、ReLU 激活、最大池化后得到特征，该特征不仅作为输入进入下一个卷积层运算，同时也作为反卷积层的输入，在反卷积层依次进行反池化（Unpooling）、ReLU 激活和反卷积。

首先是反池化操作，在进行最大化池化时，建立一个表格用于记录池化操作时最大值的位置，当反池化操作时将该位置填入最大值，并将其余位置的值设为0；然后是 ReLU 操作，仍然使用 ReLU 函数使得输出为非负数；反卷积操作使用卷积层的核的转置作为反卷积层的核来重构信息。在实验中，我们使用反卷积方法对输入图像进行重建，从而可以更好地观察输入图像中哪些信息是卷积神经网络提取的有效特征。

9.5　实验结果与分析

9.5.1　实验数据集

实验数据集使用我们自主拍摄的光学显微镜图像，拍摄设备为 UVTEC CU-5 纤维投影仪光学显微镜，图像放大倍数为 50×10，采集图像大小为 768×576，本文第 3 章详细介绍了拍摄方法。数据集中包含蒙古紫绒、国产青绒、蒙古青绒、国产白绒、土种毛等 5 个类别的纤维图像，如图 9-3 所示，其中每种纤维 1 万幅图像，5 种纤维共 5 万幅图像。从每种纤维随机挑选 1000 幅作为测试集，即测试集共 5000 幅图像。其余的 45000 幅图像中，随机挑选 5000 幅作为验证集，其他 40000 幅作为训练集。

9.5.2　实验设置

我们设计 3 部分实验，第 1 部分参照 VGG-16 模型建立一个卷积神经网络模型 Fiber-Net，并使用纤维图像数据集在模型训练；第 2 部分实验是迁移学习，以 VGG-16 模型为例，使用在 ILSVRC2012 数据集 ImageNet 上训练过所得的参数，将模型在大规模图像数据集上学习到的特征知识迁移到纤维图像识别任务上，评估卷积神经网络迁移学习在纤维识别中的效果；第 3 部分实验使用 Fiber-Net 模

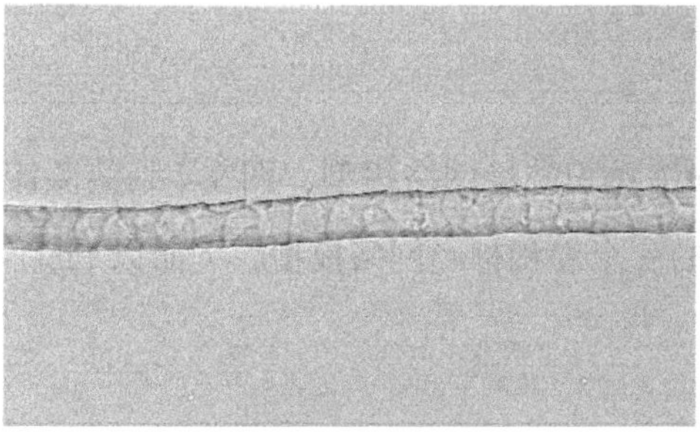

（a）土种毛

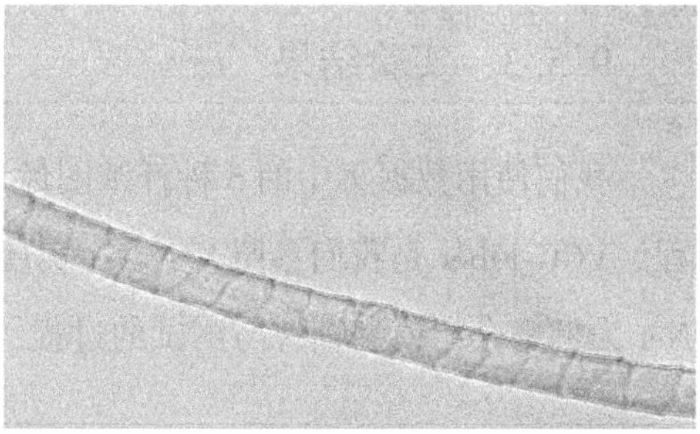

（b）国产白绒

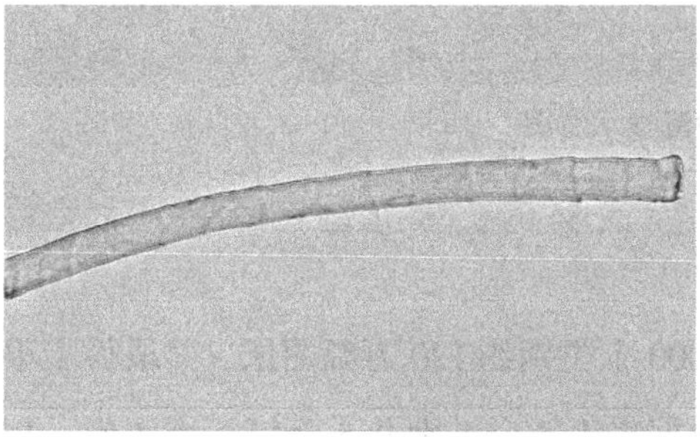

（c）国产青绒

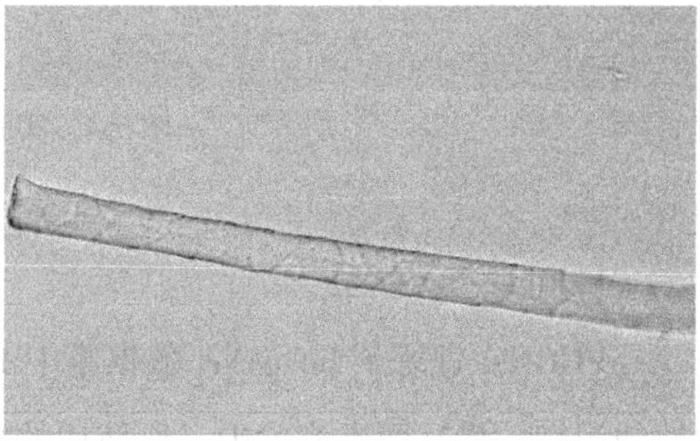

（d）蒙古青绒

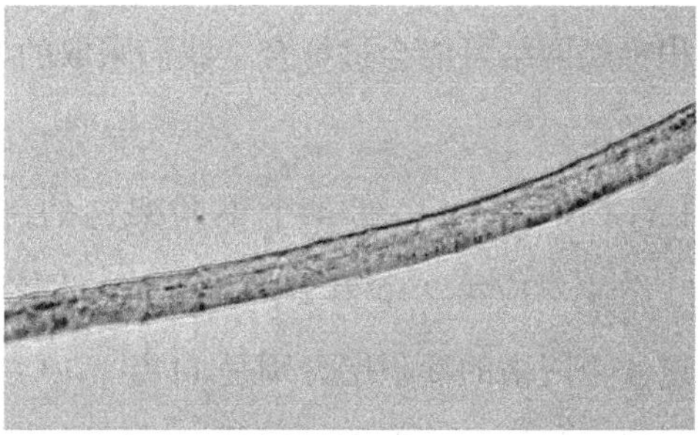

（e）蒙古紫绒

图 9-3 不同的纤维的光学显微镜图像

型提取的纤维图像特征进行反卷积重建输入图像，以观察输入纤维图像中刺激卷积网络模型的特征信息，另外还对模型提取的纤维图像特征降维，并进行三维空间可视化，以观测特征的分布情况。实验所用计算机的 CPU 为 i7-3770K@3.50GHz，内存 24GB，GPU 为 1080Ti，显存 11GB，操作系统为 Ubuntu 16.04TLS，使用谷歌公司的深度学习开源框架 TensorFlow。

9.5.3　实验结果

我们使用数据集中的 5 种纤维图像训练卷积神经网络模型，图 9-4 是实验流程。VGG-Fiber 是我们参照 VGGNet 实现的一个卷积神经网络模型，下面以 Fiber-Net 为例来介绍模型训练与测试的过程。

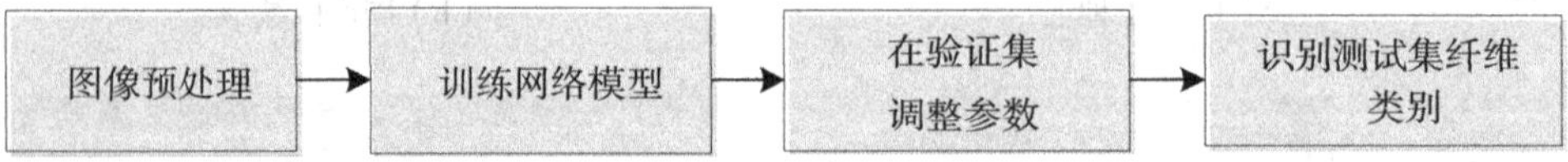

图 9-4　实验流程示意图

1) Fiber-Net 模型

VGGNet 训练了 ImageNet 数据集中 1000 个类别约 120 万幅图像，并取得了很好的识别效果。而本实验中，所使用的数据集为 5 个类别共 5 万幅纤维图像，相比之下，我们的数据量和类别都少于 ImageNet，在逐层堆叠的卷积网络 VGGNet 等层次比较深的卷积神经网络可能会过拟合。我们采取的方法是先比较层数，然后确定每层卷积核的数量。

首先尝试使用 VGGNet 中定义的 4 个不同架构的网络 VGG-11、VGG-13、VGG-16 和 VGG-19，分别对应第 2 章表 2-6 中的 VGG 网络配置的 A、B、D 和 E 等 4 个架构网络。这 4 个网络的卷积层分别是 11 层、13 层、16 层、19 层，逐渐增多，使用这 4 个网络在数据集上训练和测试，最后比较它们的识别率，如图 9-5 所示。

从图 9-5 中我们发现尽管随着网络层数的提升训练集的识别率呈增长趋势，但是在测试集上 VGG-13 的识别率最高，其中原因可能是在样本量不足够大的情况下，使用深的网络更容易出现过拟合，因此我们初步确定使用 13 层或 14 层的网络。接下来，尝试着根据 VGG-13 来调整每层的卷积核数量。我们设置了不同的网络配置，见表 9-1。

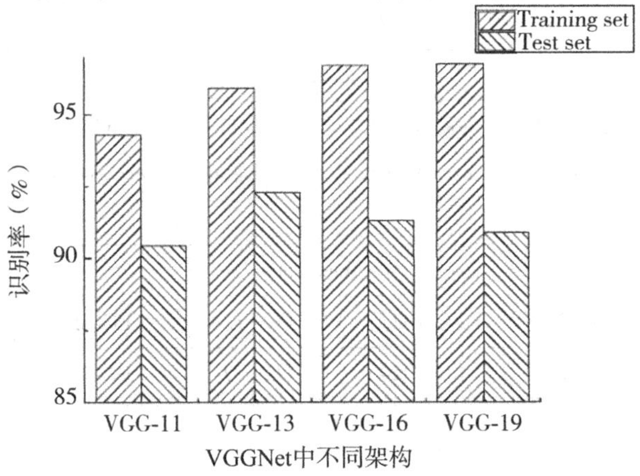

图 9-5 VGGNet 不同架构的网络的识别率

表 9-1 不同卷积网络配置的比较

卷积网络配置					
配置 1	配置 2	配置 3	配置 4	配置 5	配置 6
13 个权重层	13 个权重层	13 个权重层	13 个权重层	13 个权重层	14 个权重层
输入(224×224 RGB 图像)					
conv3-64 conv3-64	conv3-32 conv3-32	conv3-32 conv3-32	conv3-32 conv3-32	conv3-32 conv3-32	conv3-32 conv3-32
maxpool					
conv3-128 conv3-128	conv3-128 conv3-128	conv3-64 conv3-64	conv3-64 conv3-64	conv3-64 conv3-64	conv3-64 conv3-64
maxpool					
conv3-256 conv3-256	conv3-256 conv3-256	conv3-128 conv3-128	conv3-128 conv3-128	conv3-128 conv3-128	conv3-128 conv3-128
maxpool					
conv3-512 conv3-512	conv3-512 conv3-512	conv3-256 conv3-256	conv3-256 conv3-256	conv3-128 conv3-128	conv3-256 conv3-256

续表

卷积网络配置					
maxpool					
conv3-512 conv3-512	conv3-512 conv3-512	conv3-512 conv3-512	conv3-256 conv3-256	conv3-256 conv3-256	conv3-256 conv3-256 conv3-256
maxpool					
FC-4096	FC-1024	FC-1024	FC-512	FC-512	FC-512
FC-4096	FC-1024	FC-1024	FC-512	FC-512	FC-512
FC-5					
softmax					

接下来我们使用表 9-1 中不同的网络在数据集上进行训练和测试，并比较网络在测试集上的识别率，如图 9-6 所示。

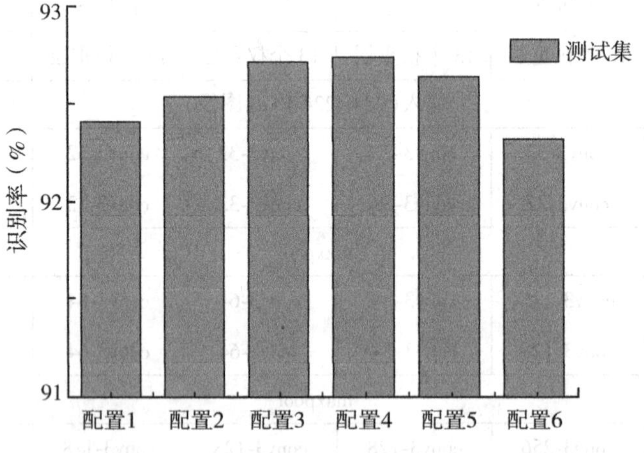

图 9-6　不同网络配置下测试集的识别率

从图 9-6 中可以看到在配置 3 和配置 4 的时候网络模型在测试集上的识别率较高，而从表 9-1 中可以看到配置 4 的网络中最后两个卷积层为使用卷积核数量较少一些，前两个全连接层数量也比配置 3 的要少，因此我们选用配置 4 作为纤维识别模型，并将其命名为“Fiber-Net”。图 9-7 中是经典 VGG-16 与 Fiber-Net 模型架构的比较，模型中最后的全连接层 fc_n 中结点数根据分类数量的不同而设定，这里是对 5 种纤维分类，该连接层的结点数设置为 5。

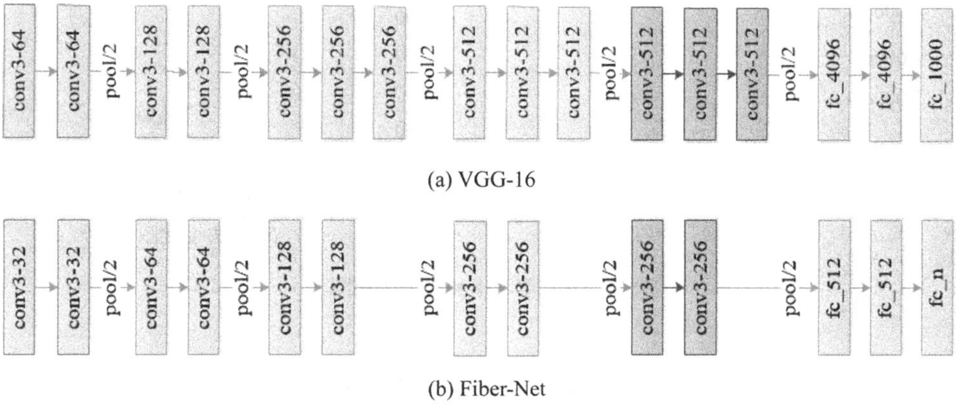

图 9-7　VGG-16 与 Fiber-Net 模型架构

2) Fiber-Net 模型的训练与测试

下面以 Fiber-Net 模型为例来介绍训练过程，首先进行图像预处理，将原始图像缩小至 256×256 大小，然后将图像随机裁剪至大小为 224×224，再将每幅图像中的像素减去训练集中所有图像的 3 通道平均值。使用训练集训练网络模型，验证集调试模型超参数，最后确定参数为：每次训练批次大小(batch_size)设置为 32，梯度下降的优化方法使用 Adam 算法，常数 ρ 的值为 10^{-8}，矩估计指数衰减率 ρ_1 和 ρ_2 分别设置为 0.9 和 0.999。使用指数衰减方法为每一轮训练优化时提供学习率，设定初始学习率为 0.001，衰减系数是 0.93，衰减速度是每 2 轮(epoch)进行一次学习率的衰减。共进行了 70 万步(step)训练，通过 TensorFlow 中的可视化工具 Tensorboard 观察到当模型训练到 50 万步时，损失(loss)相对比较稳定，图 9-8 是 Fiber-Net 在数据集上训练时的学习率和损失的变化情况。此时训练集的识别率为 95.70%，验证集的识别率为 93.55%，测试集的识别率为 92.74%。

混淆矩阵(Confusion matrix)是评估监督学习分类准确度的有效工具，可以将数据的预测值与真值对比，并可以用多指标度量分类效果。这里使用的混淆矩阵是纤维的真实类别与模型预测类别的汇总，这里计算测试集中 5 种纤维分类的混淆矩阵，见表 9-2。

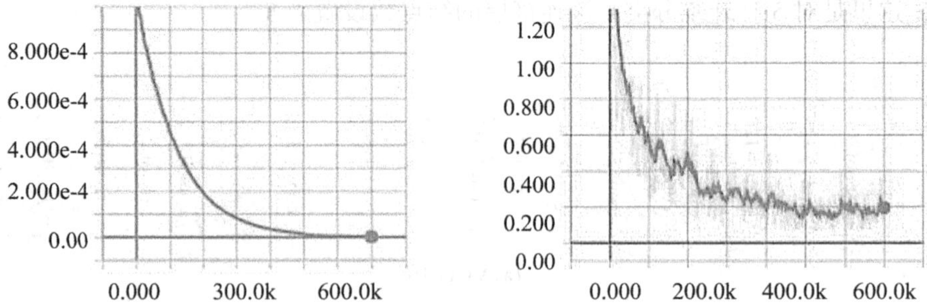

(a) 学习率变化图　　(b) 损失变化图

图 9-8　学习率和损失变化图

表 9-2　测试集的混淆矩阵

预测 已知	蒙古紫绒	国产青绒	蒙古青绒	国产白绒	土种毛
蒙古紫绒	997	0	0	1	2
国产青绒	2	908	35	24	31
蒙古青绒	2	36	898	16	48
国产白绒	2	57	27	864	50
土种毛	0	7	18	8	967

如表 9-2 所示，混淆矩阵的每一行都代表了纤维的真实类别，每一行的数据之和是数据集中该类纤维的数量；每一列代表了纤维的预测类别，每一列的数据之和表示预测为该类别的纤维数量；表中对角线是正确判断每种纤维类别的数量。表 9-2 中第 1 行表示测试集中的蒙古紫绒图像被模型预测为各个类别的数量，测试集中共 1000 幅紫绒纤维图像，其中有 1 幅图像被预测为国产白绒，2 幅图像被预测为土种毛，其余 977 幅图像全部判断正确。因为紫绒表面呈紫褐色，特征明显，所以其识别率最高，这与人工检测的结果也是相吻合的。另外，土种毛的识别率也比较高，只有 33 幅图像被识别错误。相比较而言，国产青绒、蒙古青绒和国产白绒的识别率较低，其中国产白绒比较容易被模型误判为国产青绒和土种毛。

3)纤维预测概率

Fiber-Net 网络模型判断纤维种类的方法是：分类层使用 Softmax 回归计算输入纤维图像为每种纤维类别的概率值大小，选取其中概率值最大的种类为纤维预测类别。我们将纤维预测概率以可视化的形式表示出来，图 9-9 是蒙古紫绒预测的结果。

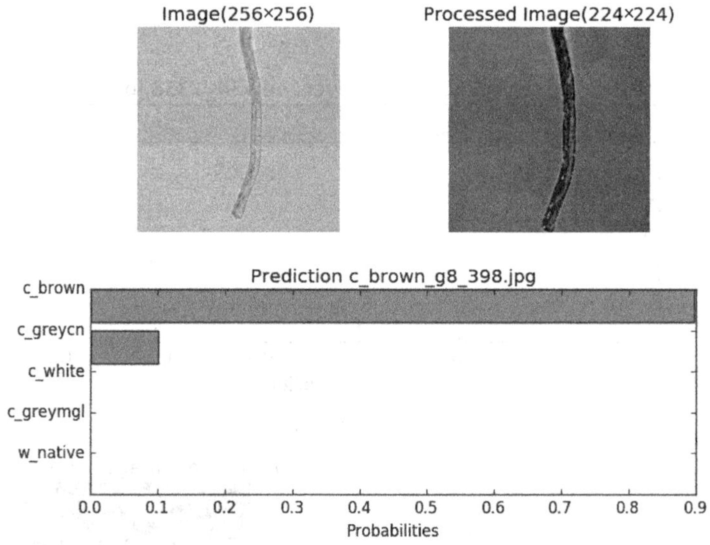

图 9-9　使用 Fiber-Net 对蒙古紫绒的预测示意图

实验中使用 c_brown、c_greycn、c_greymgl、c_white 和 w_native，分别表示蒙古紫绒、国产青绒、蒙古青绒、国产白绒和土种毛，并使用类别对应字符串作为前缀对纤维图像文件进行命名，如测试图像文件名“c_brown_g8_398”表示该纤维图像的类别真值(Ground truth)是蒙古紫绒。在图 9-9 中，左上的纤维图像是原始纤维图像缩放为 256×256 大小，右边的纤维图像是将左边图像进行预处理后获得的图像。两幅纤维图像下面的字符串中“Prediction”标签后面是该纤维图像的文件名。图 9-10 是模型对该纤维图像类别的预测，预测类别最高的按顺序放在最上面。从图 9-9 中可以看出，该图像的预测值为蒙古紫绒的概率为 90%左右，为国产青绒的概率为 10%左右，将概率最高的类别作为其预测值，根据图像名的前缀得知类别真值为“c_brown”，与预测结果一致。图 9-10 中列出 Fiber-Net 对国产青绒、蒙古青绒、国产白绒和土种毛等纤维的预测。

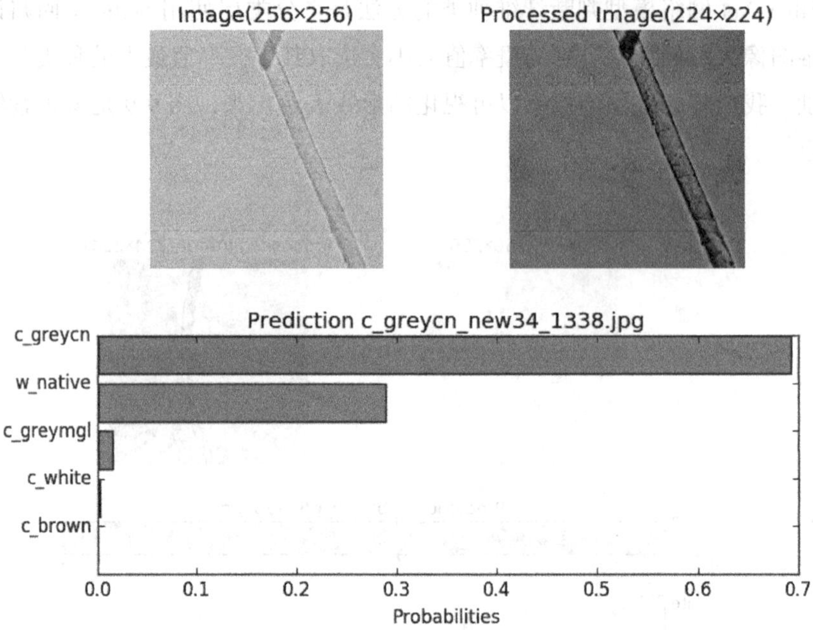

（a）国产青绒的预测示意图

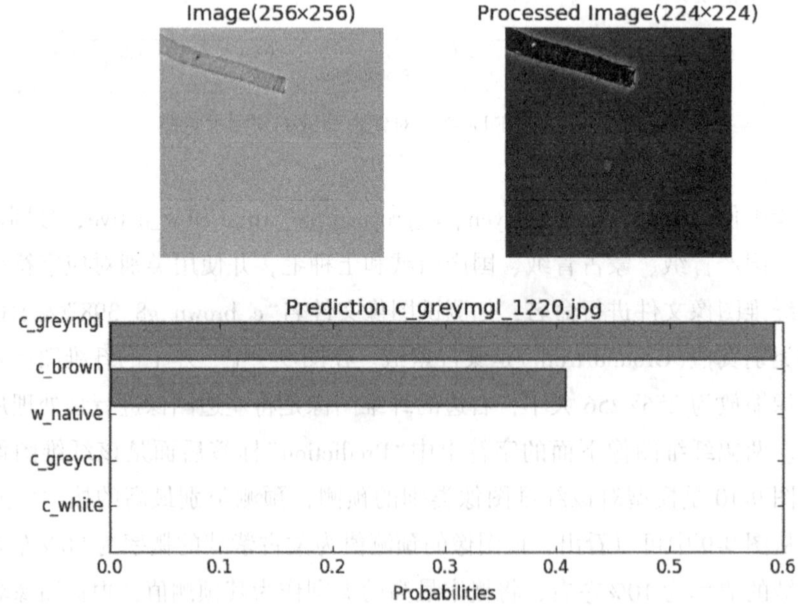

（b）蒙古青绒的预测示意图

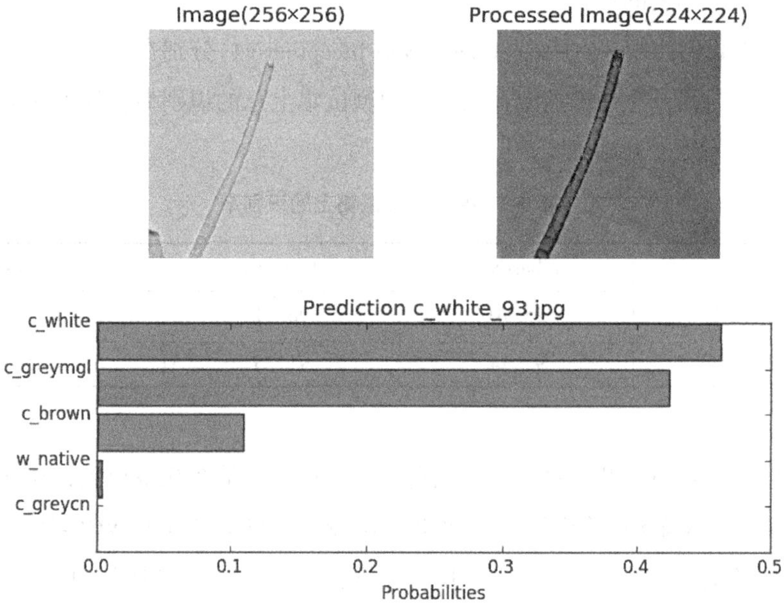

(c) 国产白绒的预测示意图

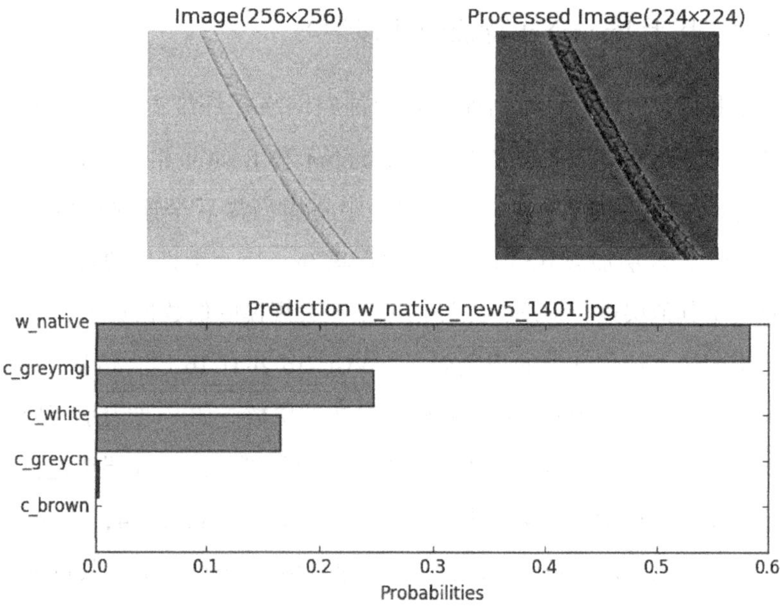

(d) 土种毛的预测示意图

图 9-10 使用 Fiber-Net 对纤维的预测示意图

4)不同模型识别率的比较

接下来我们使用 VGG-16、GoogLeNet(Inception-v4)分别在 5 种纤维图像的训练集上进行训练，并计算模型在训练集和测试集上总的识别率，见表 9-3。

表 9-3　模型在数据集上的识别率

	Fiber-Net	VGG-16	Inception-v4
训练集(%)	95.70	96.71	96.33
测试集(%)	92.74	91.25	92.53

我们发现 4 种模型在测试集上识别率比较接近，都在 91%以上，说明这 4 种模型识别多分类羊绒/羊毛纤维的效果都比较好。Fiber-Net 和 VGG-16 网络属于卷积层堆叠的 Plain 网络，其中 Fiber-Net 在纤维识别上的识别率和 Inception-v4 很接近。

9.5.4　基于 ImageNet 特征的迁移学习

实验中我们以 VGG-16 为例评估卷积神经网络在纤维识别上迁移学习的效果，测试模型选用 VGG-16 是因为与 GoogLeNet 和 ResNet 相比，VGG-16 的层数较少，更容易说明迁移学习的效果。实验中将模型最后全连接层的结点改为 5(纤维的种类)，逐层加载 ILSVRC2012 数据集 ImageNet 上训练的参数，然后使用数据集对模型其他层进行训练，以评估模型在大规模图像数据集上学习到的各层特征在纤维图像上迁移学习的识别效果。VGG-16 共有 16 层，包括 13 个卷积层和 3 个全连接层。这里用 k 表示加载模型参数的层数，如 $k=1$ 表示模型只加载第 1 层的参数，$k=13$ 表示加载前 13 层的参数，即只训练最后 3 层全连接层，$k=0$ 时相当于没使用迁移学习。实验中迁移学习中令 $k=0$，1，2，4，7，9，10，13，14，15，数据集仍使用 5 种纤维图像，即蒙古紫绒、国产青绒、蒙古青绒、国产白绒、土种毛，不同层次特征迁移学习的识别率如图 9-11 所示。

从图 9-11 中可以发现在只迁移前两层特征时，迁移后的模型与 VGG-16 模型直接训练纤维图像的识别率比较接近，但随着特征迁移层数的增加，模型的识别

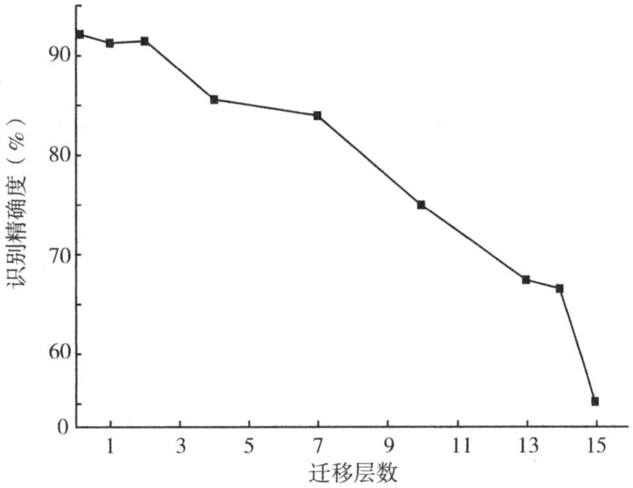

图 9-11 VGG-16 各层特征迁移学习的识别率

率呈下降趋势，可能的原因是 CNN 模型在底层通常学习到的是图像低级特征，如边、角、曲线等，这些低级特征的通用性较强，所以前两层特征迁移学习在纤维图像识别上也有较好效果。CNN 模型的高层往往描述的是比较抽象的特征，而由于 ImageNet 数据集与纤维显微镜图像数据集差别较大，模型在其中提取的高层抽象特征不适用于纤维图像识别，所以使用迁移的高层特征时模型识别率较低，并且随着迁移层数的增加，模型性的识别率明显下降。

另外，我们使用不同大小的训练集来评估 CNN 模型迁移学习的效果，根据上面实验中迁移学习的效果，这里选用加载在 ImageNet 数据集上训练好的前两层参数的 VGG-16 模型，命名为 VGG-18-T，没有特征迁移学习 VGG-16 模型命名为 VGG-18-O，实验选用数据集仍然是 5 种纤维光学显微镜图像，训练集大小选择为 40000、30000、20000 和 10000，并分别命名为数据集 A、B、C、D。测试集大小为 5000，训练集和测试集中各种纤维的比例均为 1∶1∶1∶1∶1。实验结果如图 9-12 所示。可以看到，随着训练数据集的逐渐减少，两个模型的识别率都呈下降趋势，而 VGG-18-T 识别率降低相对较为缓慢。可能的原因是迁移学习模型的前两层卷积网络有较好的泛化能力，可以对底层特征进行较强的描述，从而使得模型识别率受数据集减小的影响稍小一些。

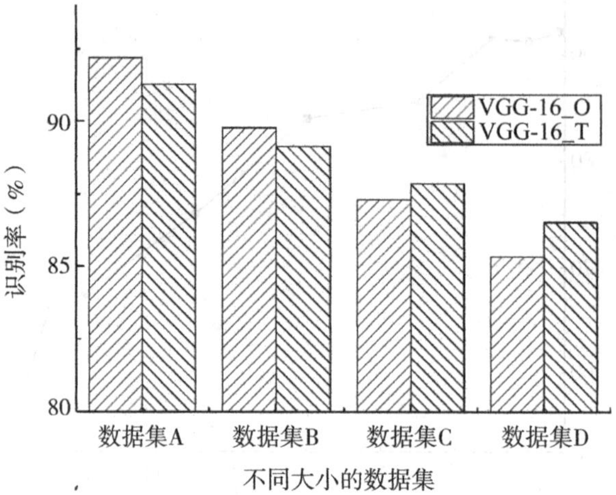

图 9-12　不同大小数据集迁移效果

9.5.5　特征图可视化

前文已从卷积神经网络 Fiber-Net 得到了不错的纤维识别效果，下面我们对该卷积神经网络运行机制进行探索，首先来看输入图像在经过卷积层、池化层后得到的特征图(Feature Map)。在将纤维图像输入卷积神经网络后，每个卷积层都会对图像进行卷积运算，并输出一系列特征图，如图 9-13 所示，这里我们将图像输入前面训练好的 Fiber-Net 模型，将特征图以图像的方式显示出来，使得我们知道图像经过卷积层以后得到的结果，实验中我们提取了 Fiber-Net 模型第 2、4、6、8、10 个卷积层输出的特征图，分别命名为 Map_1、Map_3、Map_5、Map_7、Map_9；还提取了 4 个池化层的特征图，分别命名为 Map_2、Map_4、Map_6、Map_8、Map_10；以及前两个全连接层的特征图，分别命名为 Feature_fc_1，Feature_fc_2。

图 9-14 是卷积神经网络 Fiber-Net 输入的一幅纤维图像及生成的部分特征图，其中图 9-14(a)和(b)是纤维原始图像和预处理过的图像，图 9-14(c)是卷积神经网络 Fiber-Net 第 2 卷积层输出的特征图以灰度图显示的图像(即图 9-13(c)中 Map_1)，该卷积层输出为(1，224，224，32)，其中 1 表示该批次(batch)输入了 1 幅图像；(224，224)表示输入图像经过卷积运算后得到矩阵的尺寸，32 表

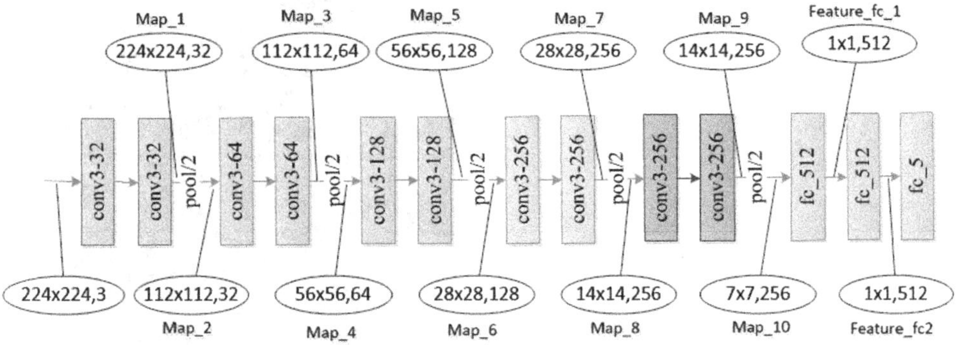

图 9-13　Fiber-Net 特征图输出示意图

示通道，是该卷积层的卷积核数量。这里将 Map_1 用 32 幅图像显示出来，每幅图像尺寸为 224×224。图 9-14(c)中一共显示 6 行图像，从上到下，从左到右的每幅小图依次显示了 Map_1 中 32 卷积核生成 32 个特征图。图 9-14(d)是卷积神经网络 Fiber-Net 第 4 个卷积层输出显示的图像(即图 9-13(d)中 Map_3)，该卷积层输出为(1，112，112，64)，这里以 64 幅灰度图表示。同样，图 9-14(e)是卷积神经网络 Fiber-Net 第 6 个卷积层的输出特征图显示的图像(即图 9-13(e)中 Map_5)，该卷积层输出为(1，56，56，128)，这里用 128 幅灰度图表示，将 128 幅图像分 12 行显示，由于 Map_3 和 Map_5 的矩阵中的值比较小，很难看出视觉效果，这里将其进行图像增强后以灰度图显示。

9.5.6 特征分布可视化

本节里我们将卷积神经网络 Fiber-Net 中提取的特征进行降维并可视化，从而观察 Fiber-Net 从纤维图像中提取的特征在空间的分布情况。这里选择 Fiber-Net 模型中的第 2 个全连接层输出的特征为例，首先使用之前学习到的参数，将测试集 5 种纤维共 5000 幅图像作为数据集，输入到 Fiber-Net 并进行运算，保存每幅输入图像在第 2 个全连接层得到的 512 维特征，最后获得 5000 个特征。然后使用 PCA 方法对这 512 维特征进行主成分分析，取贡献最大的前 3 个变量，前 3 个变量包含了 87.5%的信息。然后将这 3 个变量作为空间的 3 个坐标，从而可以在三维空间中观

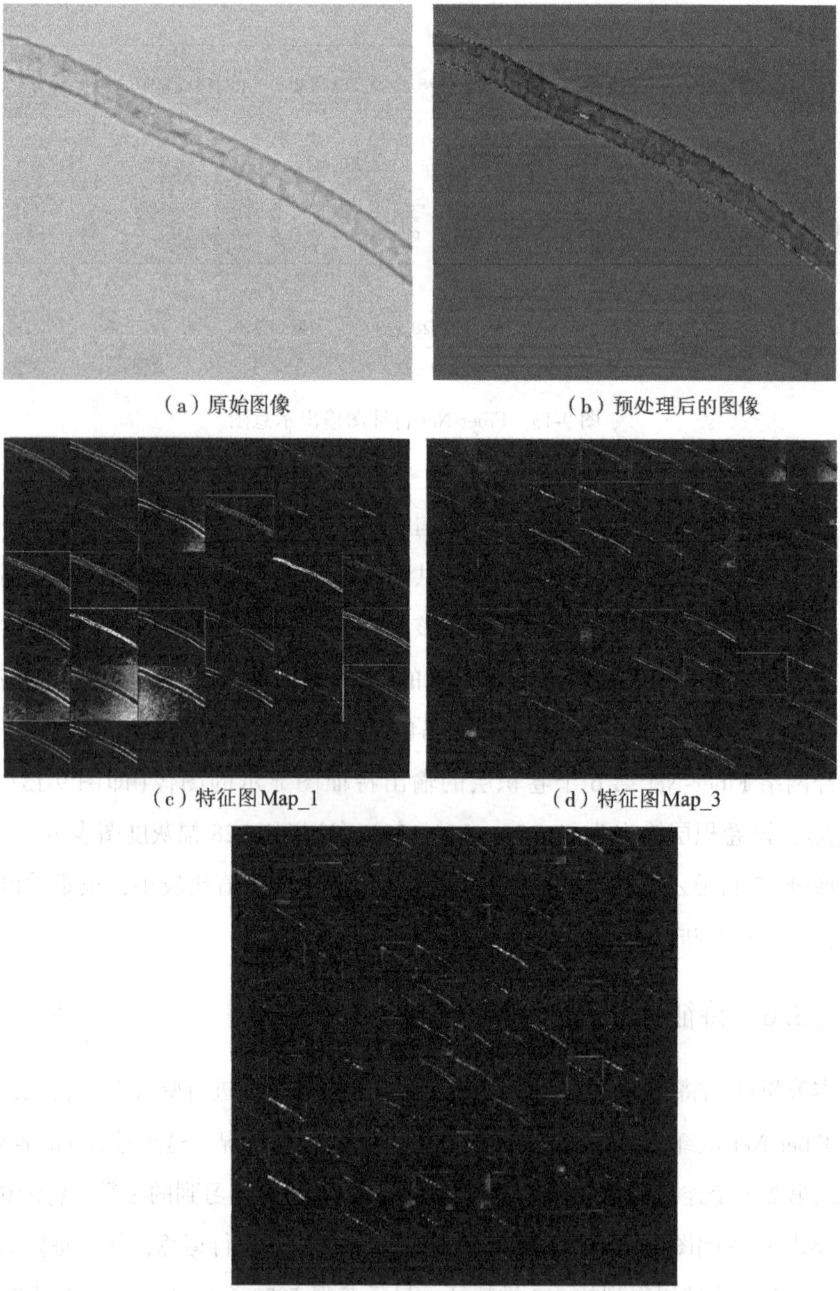

（a）原始图像　（b）预处理后的图像

（c）特征图Map_1　（d）特征图Map_3

（e）特征图Map_5

图 9-14　Fiber-Net 输入图像和特征图

察这些数据的分布情况，图 9-15 就是特征降维可视化的结果。

在图 9-15(彩图见附录)中，我们使用纤维图像的缩略图来表示纤维，一共 5000 幅缩略图，每幅表示一个样本，其 5 种不同背景色表示不同的纤维类别。从图中可以看到不同种类的纤维在空间中形成不同的聚集块，形成一个类似金字塔的锥体，其中蒙古紫绒、国产青绒、土种毛 4 种纤维主要分布在锥体的几个锥面，而国产白绒大部分分布在锥顶下面。蒙古紫绒与其他几种纤维在空间中的聚集块距离较远，表示蒙古紫绒可以与其他纤维更好地分开，而部分国产白绒样本在空间与其他 3 种纤维(国产青绒、蒙古青绒、土种毛)样本交叠在一起，空间距离较近。这与模型 Fiber-Net 识别各类纤维情况基本上是一致的，紫绒识别效果最好，而国产白绒的识别率最低。

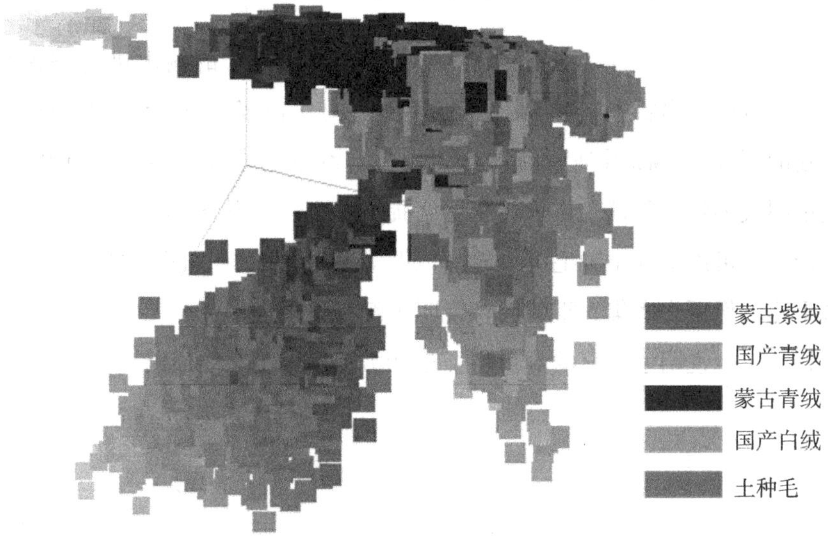

图 9-15 特征降维可视化效果

将降维后的 5000 个纤维样本进行归一化，然后在三维空间中观察纤维的分布，如图 9-16 所示(彩图见附录)。图中两幅图是从两个不同角度来观察数据在空间分布的情况，可以看到样本数据分布形成一个类似球体的分布，大部分数据分布在其表面，其中蒙古紫绒形成的聚集块与其他几种纤维空间距离较远。

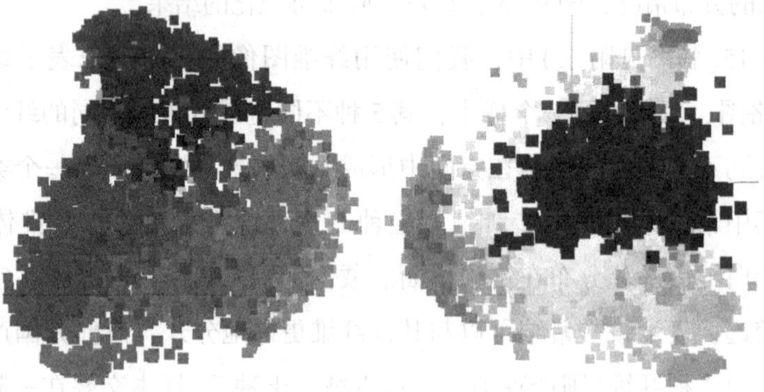

图 9-16　特征归一化后可视效果

9.5.7　基于反卷积技术的图像重建

我们使用反卷积技术，使用 Fiber-Net 第 2 个池化层的输出进行图像重建，重建的图像可以看出哪些能够刺激网络模型。图 9-17 给出了紫绒和土种毛的图像和重建的图像，可以看到紫绒重建图像中有纤维的轮廓，还包含有紫色和纹理，这说明模型将这些信息作为卷积网络提取的特征。从图 9-17(d) 中土种毛的重建图像中，可以看到土种毛纤维轮廓以及表面纹理，其表面纹理较图 9-17(a) 中紫绒重建图像更为密集。重建图像说明了纤维纹理和颜色是模型判断纤维类别的重要特征，也说明了明显的颜色特征是紫绒识别率更高的原因。

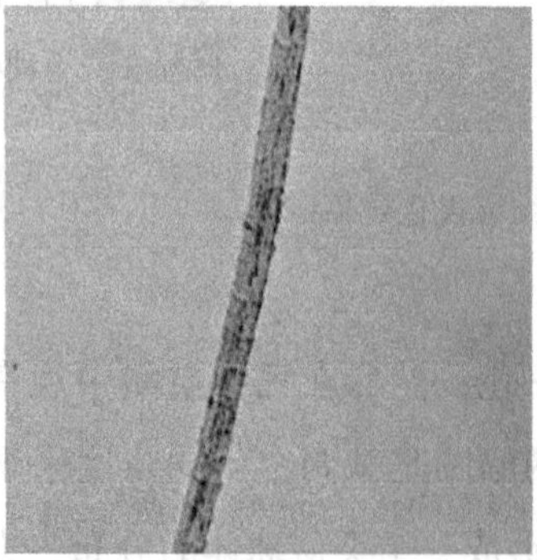

(a) 紫绒

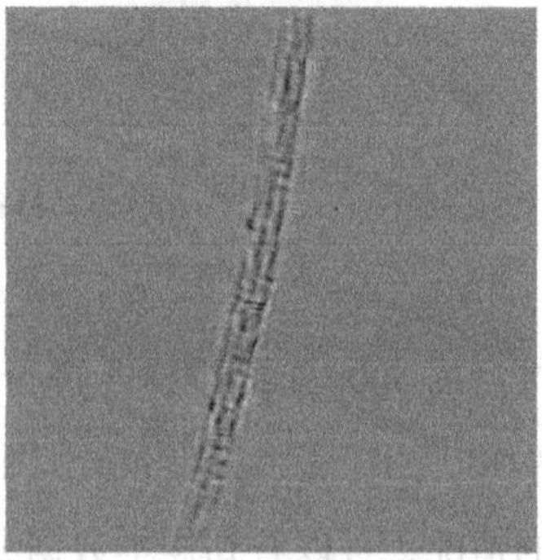

(b) 紫绒的重建图像

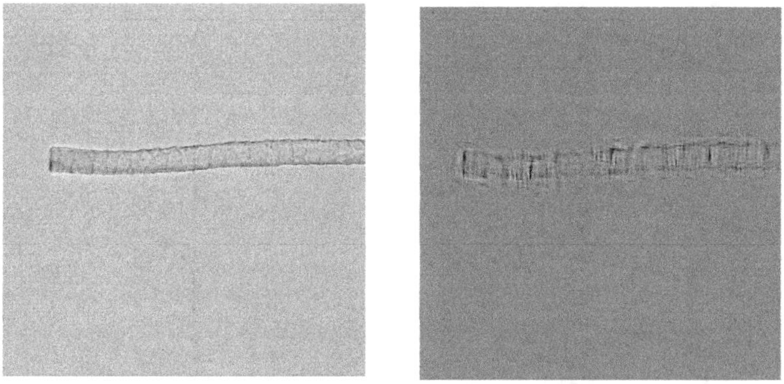

（c）土种毛　　（d）土种毛的重建图像

图 9-17　紫绒和土种毛原图及对应的反卷积重建图像

由于纤维的扫描电子显微镜图像更为清晰，我们按照同样的方法将羊绒(国产白绒)和羊毛(土种毛)的扫描电子显微镜图像使用 Fiber-Net 训练完以后，同样在第 2 个池化层内具有最强激活值的卷积核对应的特征进行图像重建，如图 9-18 所示。由于扫描电子显微镜图像的清晰度更高，所以从图 9-18 中可以明显地看到，纤维表面的纹理是卷积神经网络获取的显著特征。

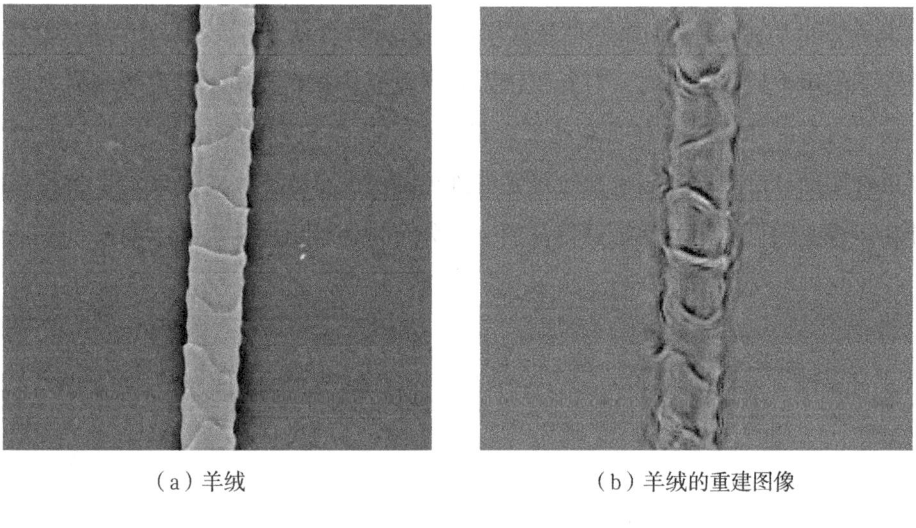

（a）羊绒　　（b）羊绒的重建图像

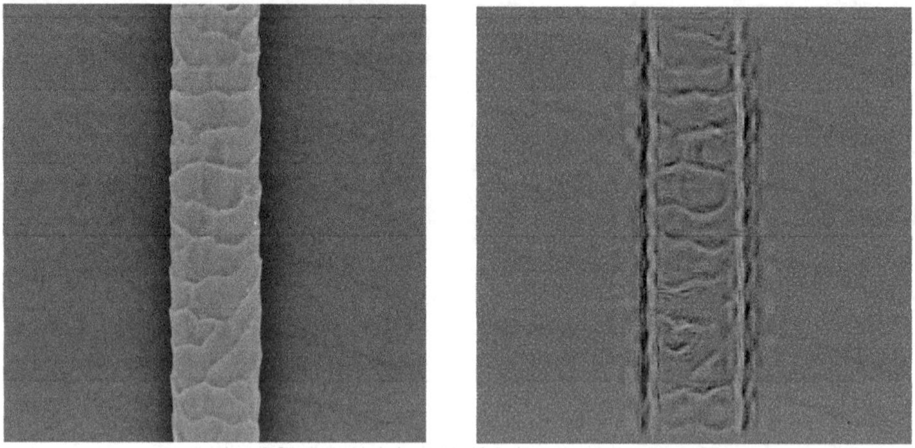

（c）羊毛　　　（d）羊毛的重建图像

图 9-18　羊绒和羊毛扫描电子显微镜图像及对应的反卷积重建图像

9.6　本章小结

本章建立了一个卷积神经网络模型 Fiber-Net，并使用 5 种不同纤维对模型进行训练，模型在测试集的识别率达到 92.74%。在实验中使用了在 ImageNet 数据集训练好的 VGG-16 模型来评估迁移学习对纤维图像的识别效果，发现底层的两个卷积层用于迁移学习时，对纤维识别效果较好，并且当样本容量较小时，使用迁移学习对提升识别率有明显帮助。最后使用反卷积方法对 Fiber-Net 提取的特征重建图像，可以看到颜色和纹理是纤维识别的主要特征；对提取特征进行降维并在三维空间可视化，观察到特征的空间分布与纤维识别结果基本一致。

第 10 章　基于残差网络模型的纤维识别方法

前面的内容研究了基于 Fiber-Net 的纤维识别方法，并取得了较好的识别效果。随着 ResNet 模型的提出，越来越多的研究者开始尝试其在各个领域的应用，本章主要研究基于残差网络的纤维识别方法。

10.1　研究方法

研究中分为以下几个步骤：第一步使用光学显微镜对 6 种羊绒和羊毛纤维样本进采集，建立实验数据集；第二步对训练集中的羊绒和羊毛纤维图像进行数据增强；第三步使用残差网络模型对训练集进行训练，并调试参数；第四步使用调试好的模型对测试集进行识别。

10.1.1　实验模型

前文第 2 章已经给出残差网络的结构，残差网络的核心思想就是引入了残差模块，通过短连接使得网络能够很好地学习残差函数。残差网络在深度学习中有着重要的地位，它的出现极大地推动了深度学习模型的发展，为后续很多网络结构的出现起到了启发的作用。残差网络也是一个非常优秀的模型，它可以构建比较深的层次，有效减缓了深层的网络中常见的梯度爆炸和梯度消失问题，有着非常广泛的应用。本章将讨论基于残差网络模型的纤维识别的研究。下面给出了残差网络 ResNet18 的网络结构，如图 10-1 所示[200]。

本章将使用 ResNet18、ResNet34、ResNet50，以及 InceptionV3、InceptionV4 共 5 种深度学习模型进行训练和测试，对各个模型进行优化，并比较它们的检测

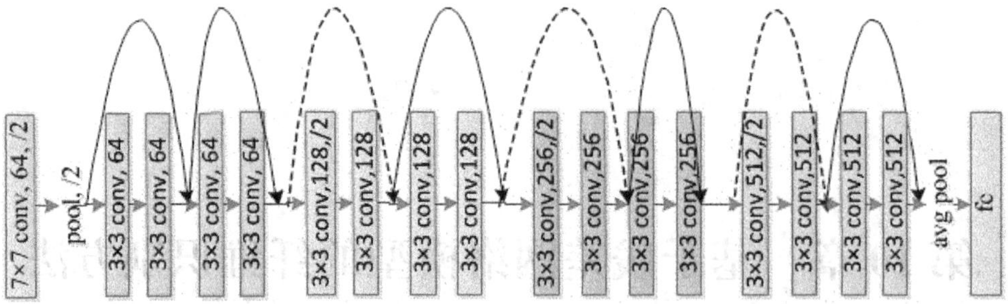

图 10-1　ResNet18 的网络结构

准确率和检测速度，最后给出最优的纤维识别模型。

10.1.2　数据增强

在训练层次较深的卷积神经网络模型时，如果数据样本较少，容易出现过拟合现象。对此，数据增强是一种有效的方法，数据增强扩充了样本，在训练时能够使模型更关注规律性的信息，这样可以明显提高模型的泛化能力。这里使用的数据增强方式主要有翻转和随机变换对比度[201]。

10.2　实　　验

10.2.1　样本

实验使用的样本由鄂尔多斯羊绒集团提供，包含了六种不同类型的羊绒和羊毛纤维，分别是国产白绒、国产青绒、蒙古青绒、蒙古紫绒、澳毛和土种毛。为了获取这些纤维的显微镜图像，我们采用了北京合众视野的 UVTEC CU-5 纤维投影仪，放大倍数为 10×50，具体示例如图 10-2 所示。在拍摄时，我们使用了 50 倍的物镜放大倍数和 10 倍的目镜放大倍数。每个纤维类别拍摄了一万张图像，图 10-2 展示了这六种纤维的部分示例图像。在拍摄过程中，每张图像仅包含一根纤维，并通过调整焦距使得纤维表面鳞片的纹理清晰可见。

数据集中共包含 6 万幅样本图像，每种纤维图像有 1 万幅。为了进行测试和验证，我们从每种纤维中随机选择了 1000 幅样本图像，总计测试集包含 6000 幅

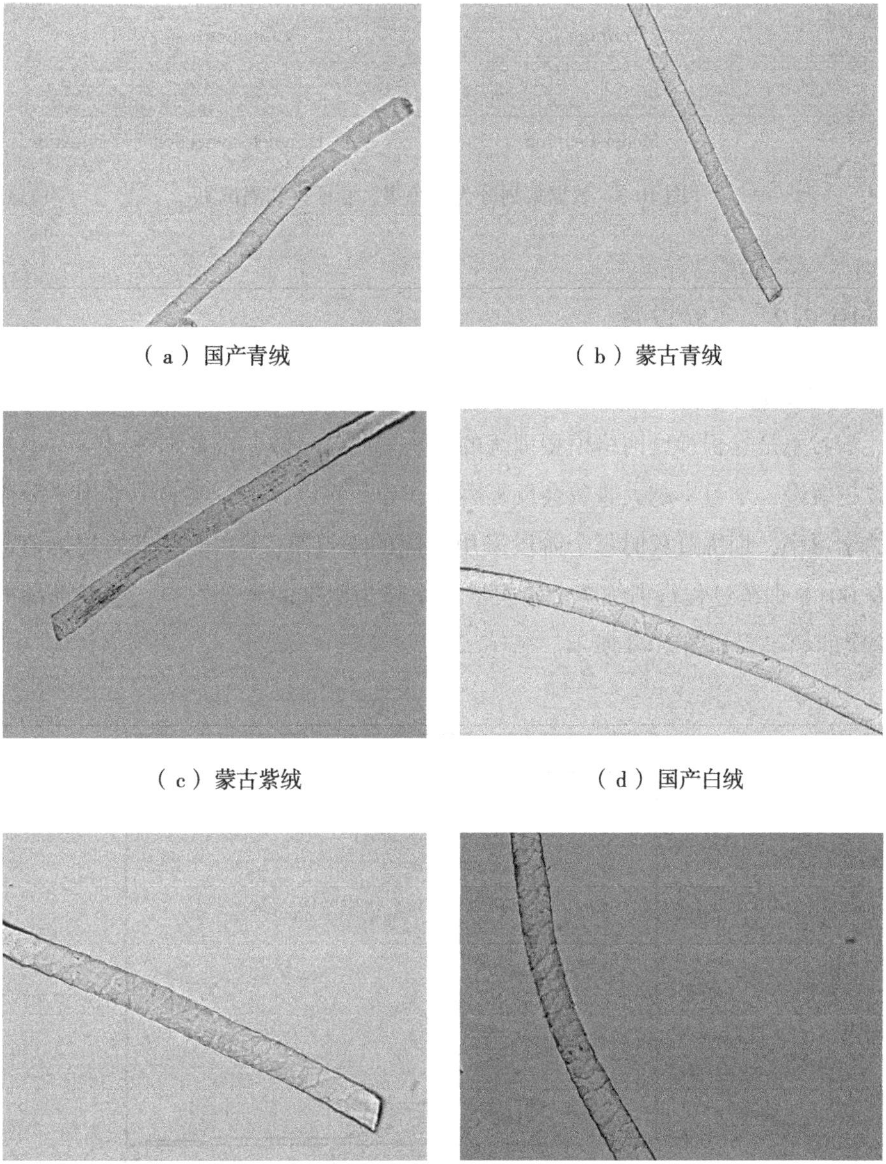

（a）国产青绒　（b）蒙古青绒

（c）蒙古紫绒　（d）国产白绒

（e）土种毛　（f）美利奴羊毛

图 10-2　六种纤维的显微镜图像

纤维图像。随机从数据集中选 1000 幅图像作为验证集，共计 6000 幅样本图像。剩下的 48000 幅图像则用作训练集。图 10-3 展示了数据集的划分情况。

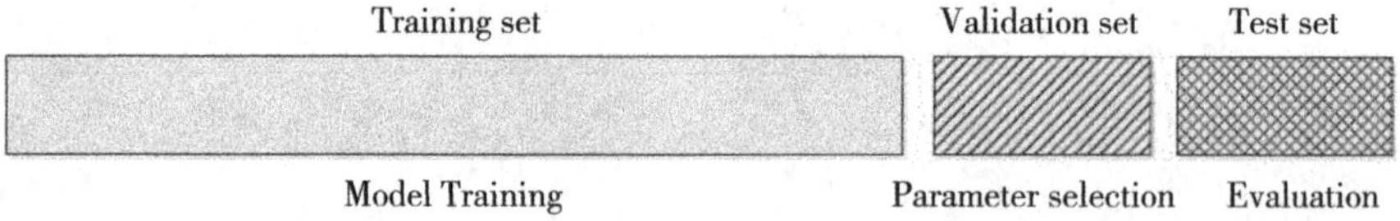

图 10-3　数据集划分为训练集、验证集和测试集

10.2.2　实验设置

1)学习率

学习率是卷积神经网络模型训练的一个重要超参数，模型训练时学习率越小收敛越缓慢，学习率越大收敛会反复震荡，导致难以收敛，实验中采用了分段函数的学习率，训练过程时每个阶段采用不同的学习率[202]。学习率的初始值设置为 0.001，训练过程每训练 7 个轮次学习率降为原来的十分之一，模型训练的前 4 轮次的学习率如图 10-4 所示。

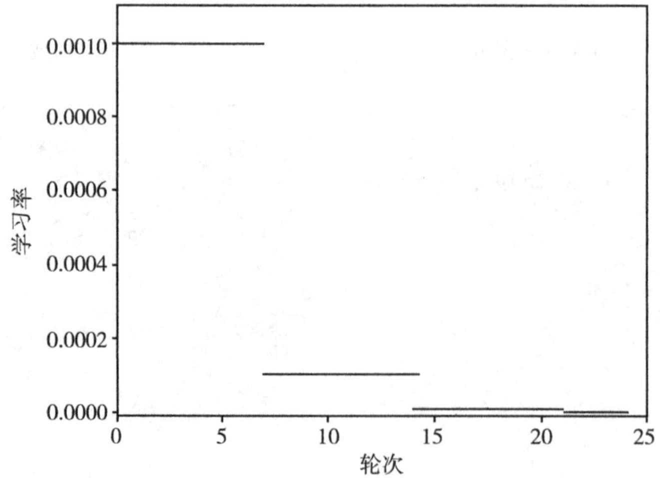

图 10-4　学习率变化图

2)初始化权重

网络中权重的初始值如何设定非常重要，很大程度上会影响该算法是否收

敛，并影响到该算法最终是否能够训练出理想的实验结果。我们设计了三种参数初始化方法进行比较[201]。

(1) Kaiming 初始化，这种方法是设置深度学习网络中卷积层权重服从均值为 0，方差为 $\sqrt{\frac{4}{n_{\text{in}} + n_{out}}}$ 的高斯分布；

(2) 加载在 ImageNet 数据集上预训练的权重，并且在训练时所有层的权重不固定；

(3) 加载在 ImageNet 数据集上预训练的权重，全连接层权重不固定，固定其他层的权重[203]。

10.2.3　实验结果与分析

下面列出前文提到的 3 种不同参数初始化时模型的训练集和测试集准确率，如图 10-5 所示。优化方法的选择在后面讨论，这里选用的是 Adam 方法。

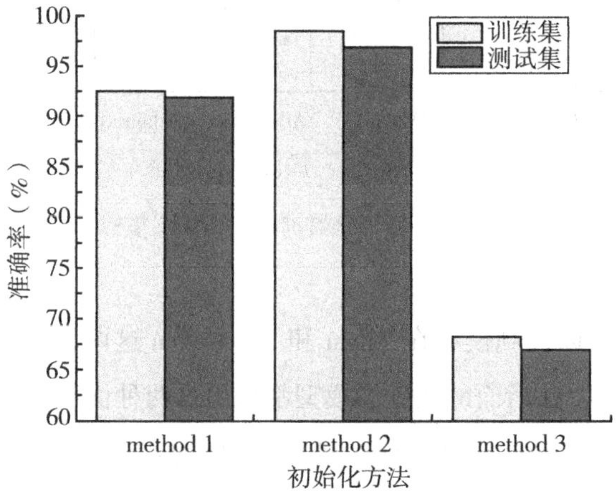

图 10-5　三种不同初始化方案训练集和测试集准确率

从图 10-5 中可以看到第 2 种参数初始化方法分类准确率要高于其他两种方法，这说明第二种中参数初始化方法(迁移大规模图像集上预训练的参数)能够提高网络模型的准确率。这是因为使用预训练的参数作为初始值，参数变化的幅度相对较小，有利于避免模型训练时陷入到局部最小值，从而能够获得较好的准确率。

下面讨论模型训练时优化方法的选择，实验中比较了 Momentum、Adagrad、Adadelta、RMSprop 以及 Adam 等梯度下降优化方法，使用这 5 种优化方法得到的纤维识别率如图 10-6 所示，这里模型使用的是 ResNet18 网络。

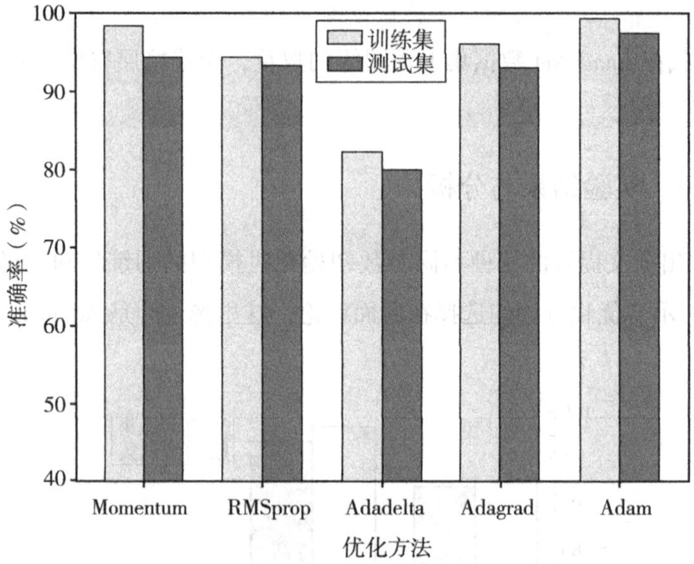

图 10-6　五种不同优化器训练集和测试集的准确率

从图 10-6 中可以看到模型在 Adam 和 Momentum 这两种优化方法获得的准确率要高于其他方法，在后面的实验中模型都采用这两种优化方法。

实验中比较了不同卷积神经网络模型的准确率，使用了 ResNet18、ResNet34、ResNet50、InceptionV3、InceptionV4 等共 5 个不同的经典模型对样本进行训练和测试(这里每个模型名称后面的数字代表模型层数)，每个模型都分别尝试了 Adam 和 Momentum 优化器两种优化方法[201]。实验中比较了这几个模型的识别率，如图 10-7 和图 10-8 所示。

从图 10-7 和图 10-8 中得出，ResNet18 模型使用 Adam 的优化方法时，其识别率高于其他模型。ResNet18 效果之所以更好，原因主要有：①相对于 Inception

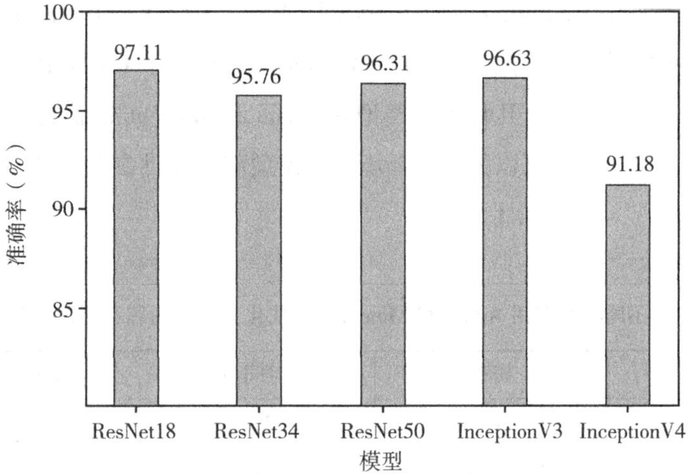

图 10-7　Adam 优化方法下各个模型的准确率

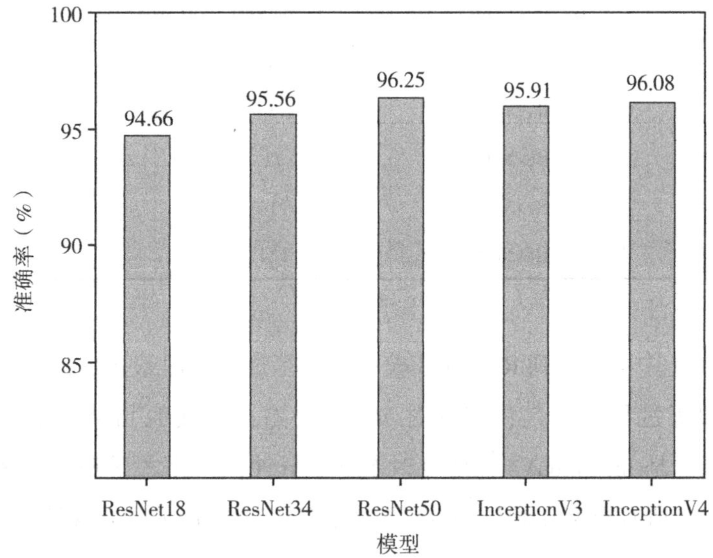

图 10-8　Momentum 优化方法下各个模型的准确率

网络，残差网络结构的引入会使网络更容易收敛，这有效缓解了梯度消失和爆炸的问题，准确率会得到较大提升；②相比于 ImageNet 这样的数百万图像的大规模数据集，实验中数据集中 6 万样本规模不大，对该样本进行训练拟合的参数也不需要太多，ResNet18 的网络层数已经满足要求[201]。ResNet34 等网络模型参数更多，参数冗余容易造成过拟合，故而在测试集上效果低于 ResNet18。

另外，实验中记录了几种不同模型在 Adam 和 Momentum 优化方法下训练和测试的耗时，通过比较可以为实际环境下对模型部署提供参考，其中训练集训练 24 轮次(Epoch)，见表 10-1。

表 10-1　不同模型使用 Adam 和 Momentum 优化方法时训练和测试的花费时间

优化方法	模型	训练时间(min)	测试时间(s)
Adam	InceptionV3	262	32
	InceptionV4	571	51
	ResNet18	70	16
	ResNet34	117	17
	ResNet50	176	23
Momentum	InceptionV3	280	30
	InceptionV4	548	51
	ResNet18	71	16
	ResNet34	116	17
	ResNet50	181	23

从表 10-1 中可以看到 ResNet18 模型的训练过程耗时最少，使用两种优化算法在整个训练过程时都是仅仅耗时 70min 左右，而其他几个模型耗时都超过 100min，特别是 InceptionV4 训练耗时 500 多分钟，相比之下 ResNet18 模型训练要省时很多。所有模型在测试 6000 张图片都耗时都不到 60s，特别是 ResNet 模型只花费了 16s。

下面以 ResNet18 为例，给出模型在训练时训练集和验证集的损失和准确率变化。这里 batch size 为 64，优化算法使用 Adam，样本图像尺寸调整为 256×256，如图 10-9 和图 10-10 所示。

从图 10-9 和图 10-10 中可以发现损失和准确率曲线在前面几个 Epoch 都比较陡峭，可能是网络并没有完全收敛，模型还在寻找最优解。训练 15 个轮次

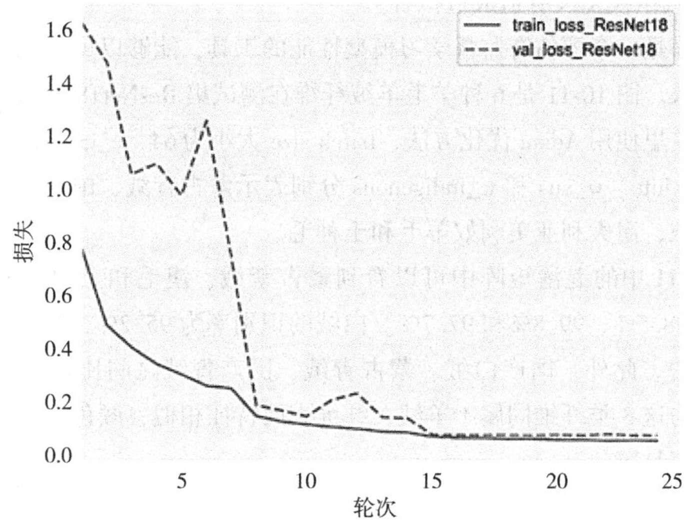

图 10-9　ResNet 18 模型在训练过程中损失的变化曲线

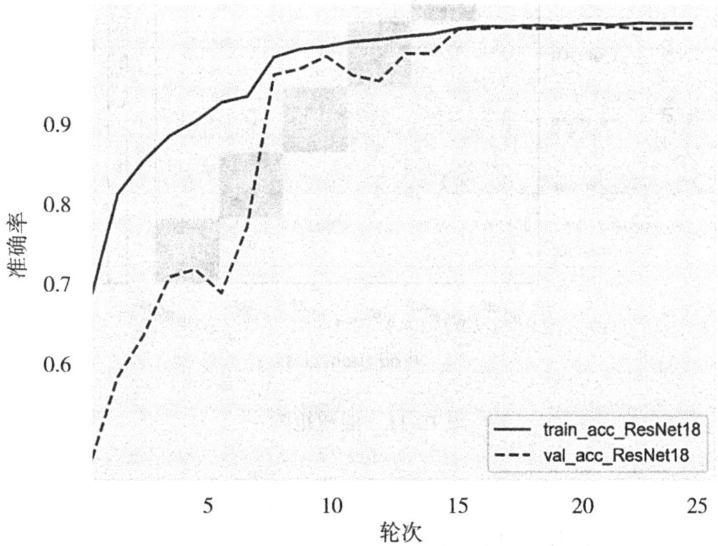

图 10-10　ResNet 18 模型在训练过程中准确率的变化曲线

(Epoch)以后曲线明显变得平缓并且收敛，说明此时训练已经到了比较充分的程度，并且训练集和验证集损失(Loss)比较低，准确率都较高且比较接近，这说明了 ResNet18 网络模型没有造成过拟合。

混淆矩阵是一个评估有监督学习模型性能的工具，能够以可视化的方法观察模型分类效果。图 10-11 是 6 种羊毛羊绒纤维在测试集 ResNet18 模型下准确率的混淆矩阵，这里使用 Adam 优化方法，batch size 大小为 64，c_greymgl、c_greycn、c_brown、c_white、w_aus 和 w_indigenous 分别表示蒙古青绒、国产青绒、蒙古紫绒、国产白绒、澳大利亚美利奴羊毛和土种毛。

从图 10-11 中的混淆矩阵中可以看到蒙古紫绒、澳毛和土种毛的识别率较高，分别为 98.5%、99.8%和 97.7%。白绒的识别率为 95.2%，是这 6 种纤维中识别率最低的。此外，国产白绒、蒙古青绒、国产青绒之间比较容易被分类错误，这是因为这 3 类纤维同属于羊绒，纤维表面特征相似，颜色也差别不大，在显微镜下不容易区分。

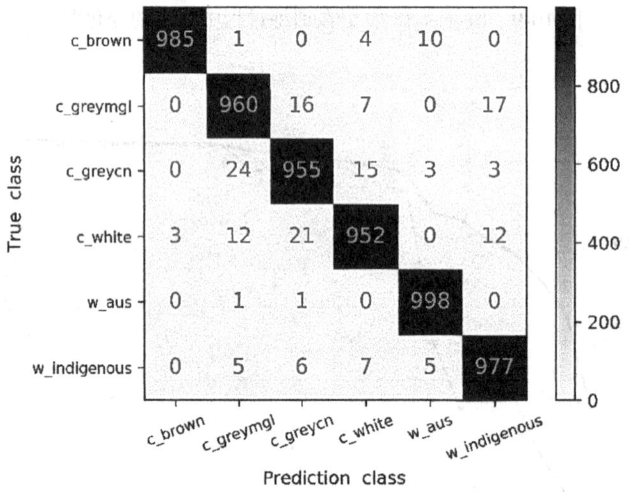

图 10-11　混淆矩阵

10.2.4　与其他方法的比较

下面将实验结果与其他研究方法进行比较，这几种方法都是基于纤维的视觉特征的识别方法，见表 10-2。其中 Xing[204]，Zhong[164]，Lu，Tao 的方法属于人工提取特征。Wang[205]的方法与我们的方法相似，都是使用卷积神经网络自动提取特征的，差别主要在于我们使用的残差网络更复杂，层数更多。另外，从纤维的数量上看，我们提出的方法经过大样本的测试，普适性更强。而其他几种方法中，样本的数量大多是1000多，最多的也都不超过4000，而且这些方法中只识别羊绒和羊毛两个类别，准确率都低于96%。我们的样本总数为60000，一共分为6个类别，总的识别率为97.1，且每种类别的纤维识别率都超过95%。综上，我们提出的方法在实践的可靠性上更高，识别的效果也更好，且能够有效识别多个类别的相似纤维，适应性也更强。

表10-2　与其他方法的比较

方法	类别数量	样本数量	特征	准确率(%)
Xing[204]	2	1000	Morphological	94.2
Zhong[164]	2	3457	Project curve +recurrence quantification analysis	93.5
陶伟森	2	1000	Morphology and texture	93.1
Wang[205]	2	1980	CNN	92.1
Ours	6	60000	CNN	97.1

10.2.5　特征可视化

深度学习模型训练过程的可视化是解释模型运行机制的常用方法，本文也使用特征图可视化和热力图来说明 ResNet18 模型在纤维识别中的内部运行情况[206]。

实验中通过比较得知 ResNet18 模型在识别精度和速度上都是效果最好的，为了能够更好地审视该模型的训练过程，这里将 ResNet 网络中部分特征图进行可视化。从输入层开始，在第一个卷积模块输出的特征图记为 Map_1_conv1，第一个卷积模块 BN 层(批量归一化层)和 ReLU 层输出的特征图记为 Map_1_bn 与 Map_Map_1_relu。第一个卷积块包含的64个卷积核，所以会输出64个特征图。由于 ResNet18 模型中不同层的输出也不一样，为了方便展示，实验中所有特征图都是只选择前64个卷积核得到的特征矩阵，实验中选择输出的特征图如图10-12所示。

这里随机选择一幅纤维图像(图10-13)输入到训练好的 ResNet 模型，然后输出图10-12中标记的位置，获取得到该纤维处理到该层的特征图，这些特征图如

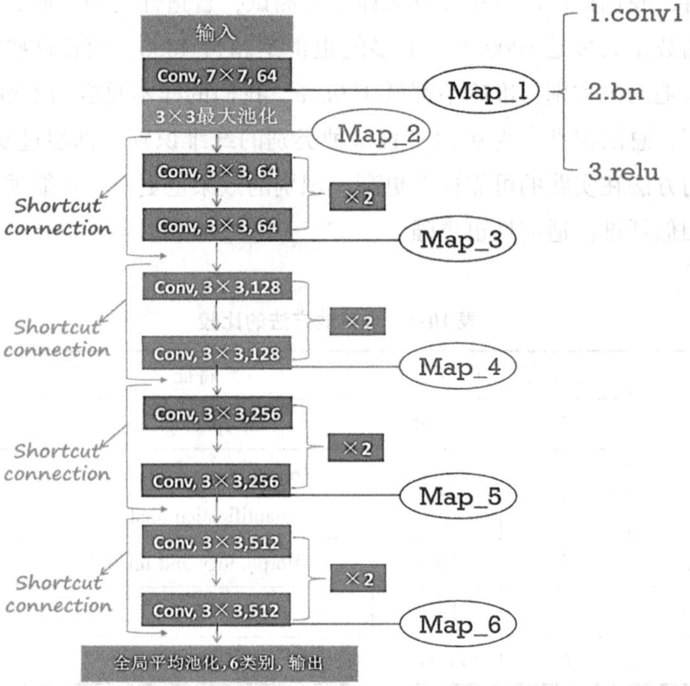

图 10-12　ResNet18 模型特征图输出示意图

图 10-14 所示。

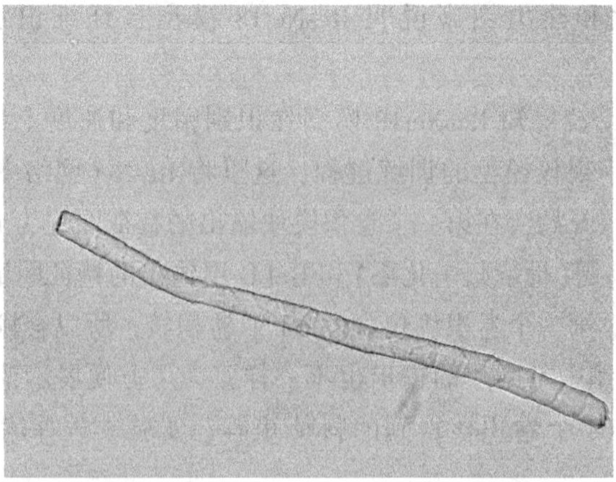

图 10-13　输入 ResNet18 模型中的纤维图像

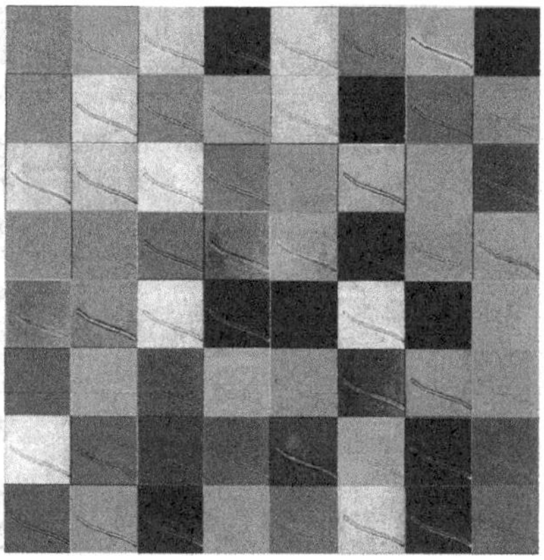

（a）Map_1_conv1

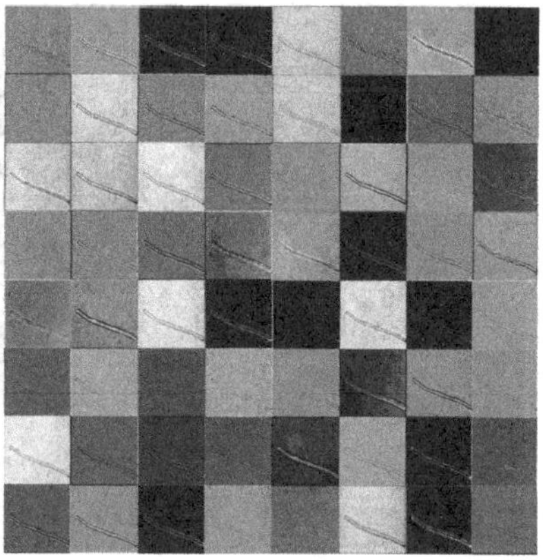

（b）Map_1_bn

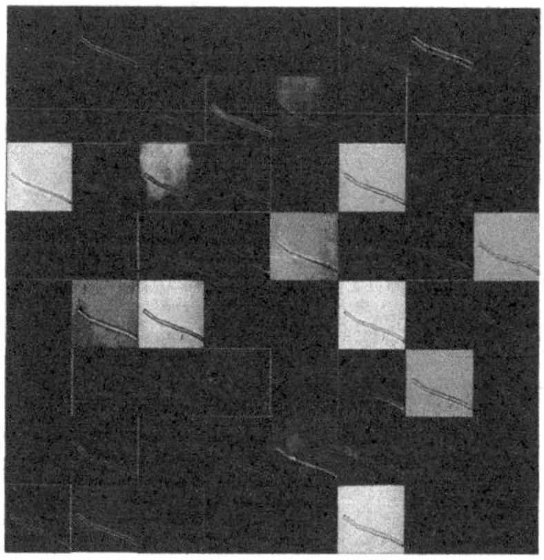

（c）Map_1_relu

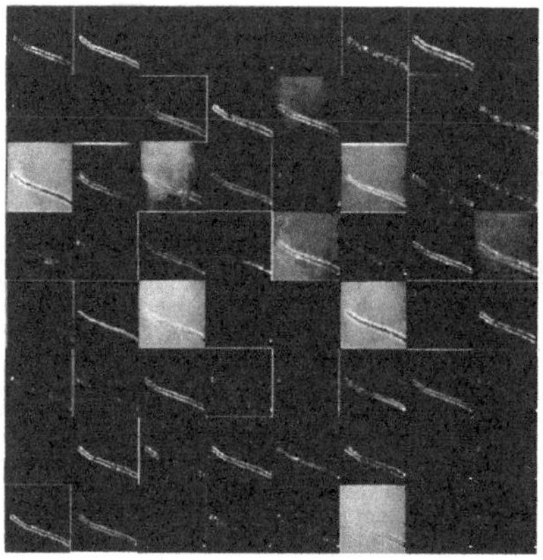

（d）Map_2

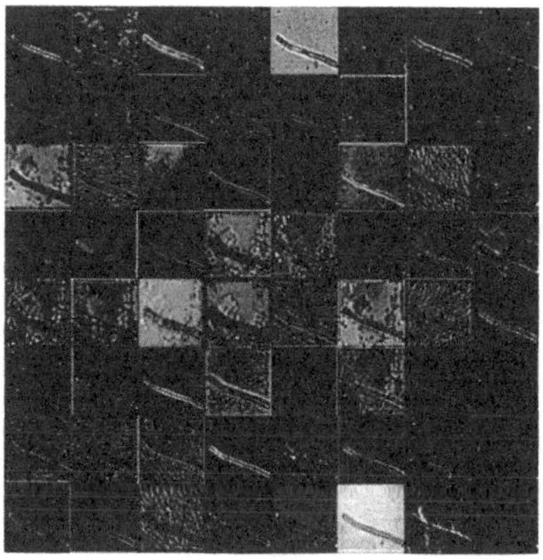

（e）Map_3

（f）Map_4

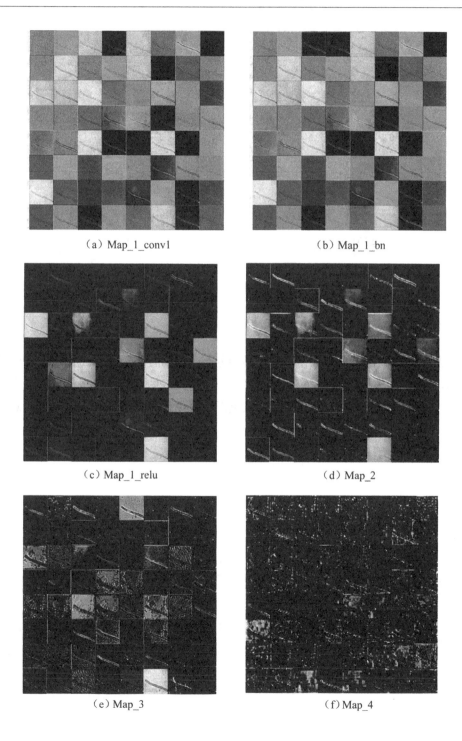

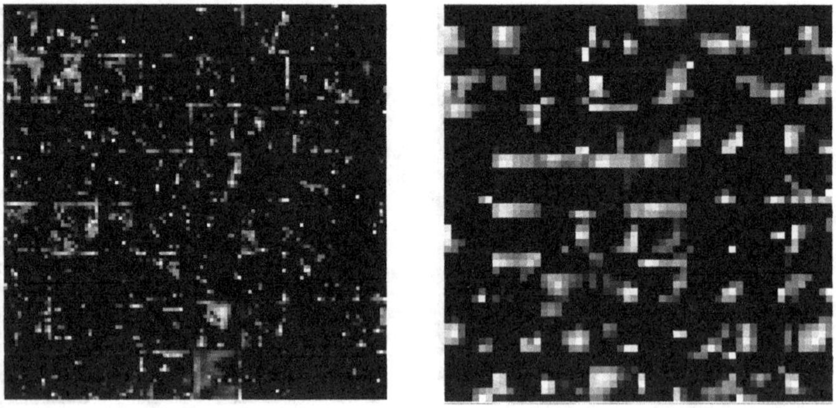

（g）Map_5　　（h）Map_6

图 10-14　特征图可视化

10.2.6　热力图

热力图用颜色来表示数据权重强弱和分布，可以直观地显示出样本图像中哪些区域是模型关注的区域，实验中将网络模型中提取的特征图 Map_6 使用热力图表示出来。热力图也可以看做是一个权重图，这里热力图中的像素大小表示对分类效果影响的大小，影响越大的像素值也越大，图 10-15 列出了国产青绒和国产白绒的两幅热力图(彩图见附录)。

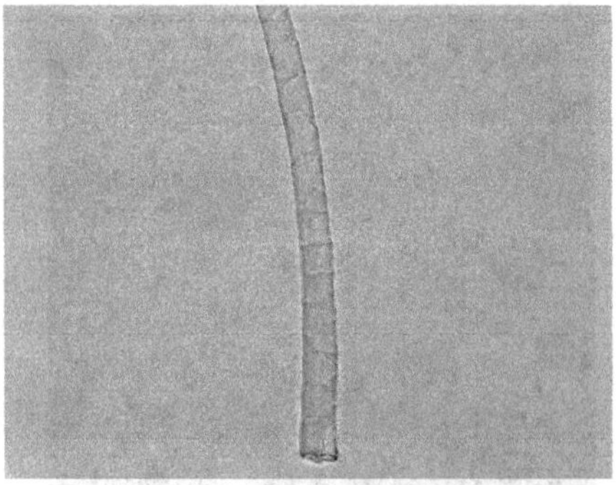

（a）国产白绒原图

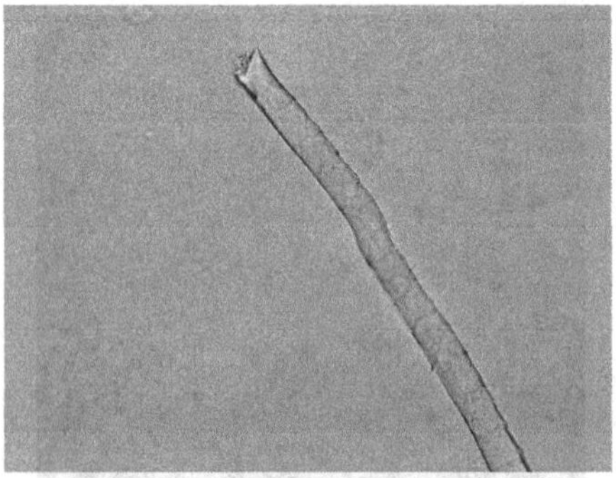

（b）国产青绒原图

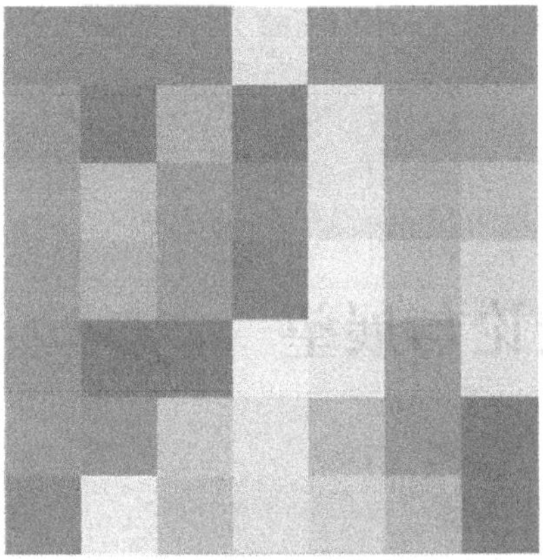

（c）国产白绒权重特征图

（d）国产青绒权重特征图

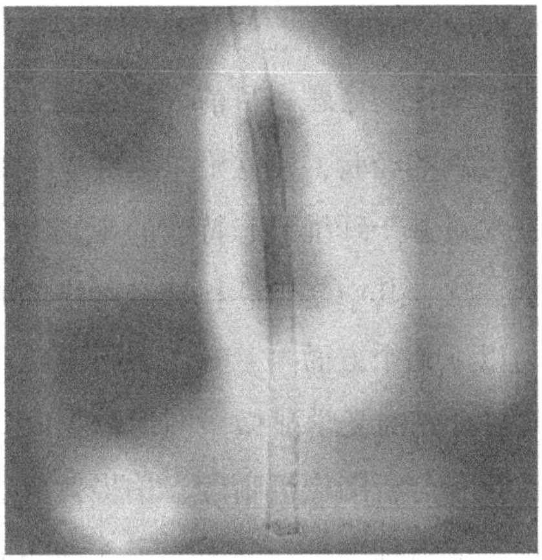

（e）国产白绒热力图

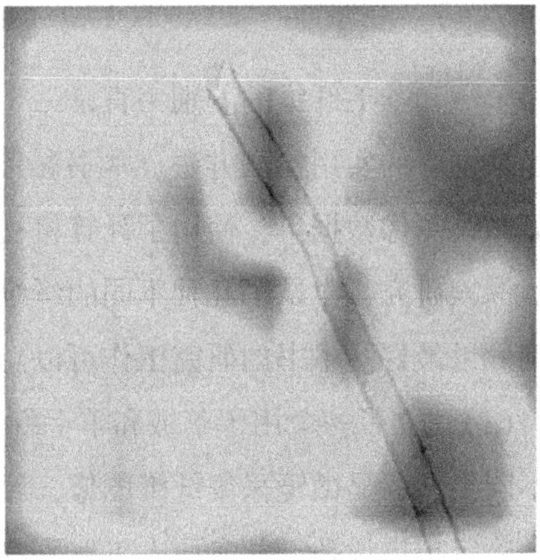

（f）国产青绒热力图

图 10-15 纤维的热力图示例图

10.3 本章小结

本章尝试了使用多个卷积神经网络模型来识别羊绒羊毛纤维图像，实验样本使用了 6 种不同的羊绒和羊毛纤维样本的光学显微镜图像，实验结果表明残差网络模型能够较好地识别这几种纤维，总的识别率为 97.1%，且每种纤维识别率都在 95%以上。基于残差网络的羊绒羊毛纤维识别方法准确率高，速度快，有望以后在纤维检测中辅助或代替人工鉴别纤维。实验中还将 ResNet18 模型中部分特征图可视化，这有助于对残差模型运行过程的理解。

第 11 章　结论与展望

11.1　结　　论

羊绒和羊毛纤维的鉴别一直是一个具有挑战性的命题，目前人工检测方法仍然是最主要的实用检测方法。本书参考人工鉴别的经验，建立了羊绒和羊毛纤维的显微镜图像数据集，使用了计算机视觉技术对基于纤维形态特征的识别方法进行了深入研究，尝试了几种不同的纤维识别方法，其中基于卷积神经网络的方法识别效果最好。本书的研究工作可以总结为以下几个方面：

(1)建立了一个用于羊绒和羊毛纤维识别研究的光学显微镜图像数据集。使用不同类型的显微镜采集纤维图像，经过比较和分析图像清晰度、拍摄效率和成本，确定拍摄设备，并参照人工鉴别经验规定成像标准。一共采集了 5 种不同种类的羊绒和羊毛纤维图像 5 万余幅，为基于视觉形态的羊绒/羊毛纤维识别研究提供数据支持。

(2)研究了基于纹理特征分析的动物纤维的方法，该方法从羊绒/羊毛图像中纤维表面提取了 14 个灰度共生矩阵的统计特征，然后使用主成分分析法提取前 4 个主成分。构建 BP 神经网络，将提取的主成分特征值输入 BP 神经网络训练，通过比较，最后得到隐藏层为 7，且使用 Matlab 中“traindx”函数训练的网络得到的识别率最高。

(3)研究了基于纤维表面的几何特征进行纤维识别的方法，首先对羊绒和羊毛纤维图像进行图像处理，得到单像素的纤维轮廓骨架图，从中提取了纤维直径、鳞片周长、鳞片面积等 7 个几何特征值，将训练集中提取的几何特征组成的向量集合输入到支持向量机中进行训练和测试。实验中使用多项式核、RBF 核、Sigmoid 核作为支持向量机的核函数，分别得出测试集的识别率最高为 87.4%。

(4)提出一种投影曲线的纤维鉴别方法，首先将羊绒/羊毛纤维图像进行图像预处理，然后将得到的纤维纹理聚集块图转化为投影曲线，接下来使用离散小波变换、递归定量分析、曲线的直接几何描述等 3 种方法从投影曲线中提取特征，再将特征输入到神经网络、支持向量机、核岭回归等几种分类方法对纤维进行识别分类。实验中选用了纤维的光学显微镜图像作为数据集，通过比较几种方法的测试结果，发现递归定量分析和支持向量机组合取得 90.8%的最高识别率。最后使用了 15 组不同混合比的羊绒/羊毛纤维进行测试，结果显示该方法稳定性较好。

(5)研究了基于 SIFT 特征的词袋模型在羊绒/羊毛纤维识别中的应用。使用 SIFT 描述子提取图像中纤维的形态特征，实验中通过比较和分析得知空间金字塔匹配和词袋模型可以有效地表达纤维图像视觉特征，从而可以达到较好的纤维识别效果。讨论了模型中参数的设置，指出当视觉词典大小设置为 600，分辨率水平设置为 2 时模型的识别率最高。实验中使用不同混合比的数据集验证了模型的鲁棒性，并发现去掉背景后的纤维图像识别率要略高一些。并且在实验中发现随着数据集的增大，生成视觉词典的时间随之快速增长。

(6)将纤维图像中的鳞片模式看做纹理特征，使用纹理特征描述子局部二进制模式(LBP)来提取纤维图像特征，评估了基于不同的 LBP 描述子的方法在纤维识别上的效果。通过实验指出旋转不变共生 LBP 能够更好地表达纤维图像特征，其识别效果最好，而旋转不变共生邻近 LBP 虽然识别率稍低一些，但其特征维度更低，识别速度更快。

通过使用不同的图像分类方法对纤维图像数据集进行识别，发现基于人工指定特征的几种识别方法在羊绒和羊毛二分类上都表现出较高的精度，但对于多类纤维识别性能较差。而使用卷积神经网络模型在 5 种纤维数据集上识别率可达到 92%以上，可以较好地解决纤维多分类识别问题。实验结果表明，对于羊绒/羊毛纤维识别问题，卷积神经网络模型要优于基于人工指定特征的识别方法。

(7)研究了卷积神经网络模型在纤维识别中的应用。使用改进的 VGGNet 和残差网络在大样本纤维数据集上训练后，平均识别率最高达到 97.1%，说明卷积神经网络模型能够快速准确地识别多类别纤维。

基于 ImageNet 大规模图像数据集训练好的模型参数，评估了卷积神经网络迁移学习在纤维图像识别上的效果。实验中通过逐层迁移特征，发现卷积网络底层特征迁移学习的效果较好，而随着迁移层数增加，迁移学习效果成下降趋势。我们又在不同大小的数据集尝试迁移学习的效果，发现底层特征的迁移学习在一定程度上可以减缓因样本容量较小导致模型识别率下降的问题。

研究了卷积神经网络提取的特征可视化，将特征以灰度图形式显示，并使用反卷积技术将特征反向映射到像素空间重建图像，以观测输入图像中刺激卷积网络的特征信息。将卷积神经网络提取的特征进行降维，以更直观的形式观察纤维特征在三维空间中的分布。

11.2　不足与展望

本书研究了基于视觉形态特征的羊绒/羊毛纤维识别，并取得了一些成果，但还有一些不足，主要是关于纤维图像自动采集系统的研究，自动图像采集也是实现纤维自动化识别的重要环节之一。本书使用的纤维图像仍为人工采集，没有实现检测过程完全自动化。另外仍有一些问题需要继续研究，主要有以下几个方面：

(1)采集更多种类、更多数量的羊绒和羊毛纤维图像，建立大型纤维图像库，为进一步研究提供大样本支持，以提高模型的识别率和鲁棒性。

(2)分析纤维识别中影响识别率的特征成分，比如研究纤维边缘与鳞片纹理特征对正确识别纤维的贡献，从而帮助图像采集与特征提取方面得到改进。

(3)我们在采集图像时，发现一根纤维在不同焦距下会呈现不同的图像，如第 3 章图 3-7 中所示，从直观上看，焦距不同的图像反映的特征信息也是有差别的。而这些图像可以看作是同一个样本的多个实例，如何使用多个实例来更全面地表达样本特征，从而提高模型的性能，这也是我们下一步要研究的内容。

(4)将模型推广到更多种类的纤维材料识别，比如扩展到马海毛、牦牛毛、羊驼毛等动物纤维之间，棉、麻等纤维之间，以及各种羽绒之间的识别。

(5)研究功能更为强大的纤维识别模型，使其除了能用于羊绒和羊毛纤维的种类鉴别，还可以识别纤维的产地和评估纤维的品质，在纤维检测过程中挖掘更多信息，进一步促进纤维检测技术智能化发展。

参考文献

[1]路凯．羊绒羊毛纤维显微视觉特征表达与识别算法研究[D]．上海：东华大学，2018.

[2]中国国家统计局．中国统计年鉴——2022[M]．北京：中国统计出版社，2022.

[3]宁夏回族自治区纺织纤维检验局．山羊绒及其制品质量检验[M]．银川：宁夏人民出版社，2017.

[4]石先军．羊绒特征判析准则及快速识别算法研究[D]．上海：东华大学，2011.

[5]闫钰维，孙润军，魏亮，等．羊毛与羊绒鉴别技术的研究进展[J]．毛纺科技，2022，50(12)：102-110.

[6]柴新玉．基于SEM图像的羊绒羊毛纤维鉴别[D]．上海：东华大学，2018.

[7]WORTMANN F J. SEM analysis of wool/specialty fiber blends-state of the art[J]. Schriften der Deutsches Wollforschungsinstitut，1990，106(1)：113-120.

[8]MCCARTHY B. Speciality textile fibres[J]. Textiles，1991，21：6-8.

[9]罗俊丽，路凯，张泊平，等．羊绒和羊毛鉴别方法研究现状与展望[J]．毛纺科技，2021，49(10)：112-117.

[10]BERGEN W V. Cashmere[J]. The Melliand，1929，6(1)：855-859.

[11]WILDMAN A B. The identification of animal fibres[J]. Journal of The Forensic Science Society，1961，1(2)：115-119.

[12]LANGLEY K D，KENNEDY T A. The identification of specialty fibers[J]. Textile Research Journal，1981，51(11)：703-709.

[13] KUSCH P A W. Scanning electron microscope investigations to distinguish between sheep wool and goat hair (e. g. mohair) [J]. Amer Dyest Reptr, 1983, 25: 427-429.

[14] WORTMANN F J, ARNS W. Quantitative fiber mixture analysis by scanning electron microscopy: part I: blends of mohair and cashmere with sheep's Wool[J]. Textile Research Journal, 1986, 61(7): 371-374.

[15] VARLEY A R. A modified method of cuticle scale height determination for animal fibers[J]. AATCC Review, 2006, 6(5): 39.

[16] 赵永聚，王剑，周群，等. 绵羊毛与山羊绒的主要品质和超显微结构比较[J]. 西南大学学报(自然科学版)，2008，30(3)：75-79.

[17] ROBSON D, WEEDAL P. Fibre measurement from SEM image using image processing and analysis techniques [C]. Proceeding of Second International Symposium on Specialty Animal Fibers, 1990: 138-146.

[18] 赵国樑，徐静. 利用近红外光谱技术进行羊毛、羊绒鉴别[J]. 毛纺科技，2006(1)：42-45.

[19] 吕丹，于婵，赵国樑. 利用近红外光谱进行羊绒与羊毛的鉴别技术研究[J]. 北京服装学院学报(自然科学版)，2010，30(2)：29-34.

[20] 吴桂芳，何勇. 应用可见/近红外光谱进行纺织纤维鉴别的研究[J]. 光谱学与光谱分析，2010，30(2)：331-335.

[21] ZOCCOLA M, LU N, MOSSOTTI R, et al. Identification of wool, cashmere, yak, and angora rabbit fibers and quantitative determination of wool and cashmere in blend: a near infrared spectroscopy study[J]. Fibers and Polymers, 2013, 14(8): 1283-1289.

[22] 周金凤. 多焦面图像融合及其在纺织品数字化检测中的应用[D]. 上海：东华大学，2018.

[23] ZHOU J, WANG R, WU X, et al. Fiber-content measurement of wool-cashmere blends using near-infrared spectroscopy [J]. Applied spectroscopy, 2017, 71(10): 2367-2376.

[24] 茅明华，李伟松. 近红外光谱法检测纺织品中羊绒和羊毛含量[J]. 毛纺科

技，2014，42(7)：41-43.
[25]刘心如．可见-近红外漫反射光谱分析技术鉴别检测动物毛绒纤维的研究[D]．兰州：甘肃农业大学，2013.
[26]HAMLYN P F，MCCARTHY G N，J. B. Wool-fibre identification by means of novel species-specific DNA probes[J]．Journal of the Textile Institute，1992，83(1)：97-103.
[27]SUBRAMANIAN S，KARTHIK T，VIJAYARAAGHAVAN N N. Single nucleotide polymorphism for animal fibre identification[J]．Journal of Biotechnology，2005，116(2)：153.
[28]张小莉，池海涛，张经华，等．羊绒和羊毛纤维检测技术研究进展[J]．上海毛麻科技，2009，37(3)：39-42.
[29]TANG M，ZHANG W，ZHOU H，et al. A real-time PCR method for quantifying mixed cashmere and wool based on hair mitochondrial DNA[J]．Textile Research Journal，2014，84(15)：1612-1621.
[30]ZHANG X，WU X，YANG H，et al. Identification of cashmere and wool by DNA barcode[J]．Journal of Natural Fibers，2023，20(1)：2175100.
[31]GILL R，GILL S，SLYADNEV M，et al. Identification and quantitation of cashmere (pashmina) fiber and wool using novel microchip based real-time PCR technology[J]．Journal of Textile Science and Technology，2018，4(4)：141.
[32]韩军，耿榕，孙旸，等．DNA 检测技术在羊绒羊毛定性定量分析中的应用进展[J]．中国纤检，2022，561(6)：71-73.
[33]李典典．山羊绒和绵羊毛混合物荧光 PCR 法测试研究[J]．针织工业，2023(3)：86-88.
[34]CLERENS S，CORNELLISON C D，DEB-CHOUDHURY S，et al. Developing the wool proteome[J]．Journal of Proteomics，2010，73(9)：1722-1731.
[35]张娟．质谱技术对羊绒的鉴定方法探究[D]．北京：北京服装学院，2016.
[36]费静，陈晓，刘敏华，等．分子生物学技术在绵羊毛、山羊绒鉴别中研究应用进展[J]．现代纺织技术，2022，30(1)：36-40.
[37]费静，谢璐蔓，吴娟，等．基于 MALDI-TOF-MS 的羊绒羊毛蛋白定量法及

其应用[J]. 现代纺织技术，2021，29(4)：76-80.

[38]YUAN S L，LU K，ZHONG Y Q. Identification of wool and cashmere based on texture analysis[J]. Key Engineering Materials，2016，671：385-390.

[39]刘小楠，马彩霞，刘峰，等．基于光学显微图像特征的羊绒识别技术[J]. 毛纺科技，2014，42(10)：57-61.

[40] SOMMERVILLE P J. Introduction of SIROLAN-LASERSCAN as the standard service for certification of mean fibre diameter by AWTA Ltd [J]. Wool Technology & Sheep Breeding，2000，48(3)：198-232.

[41]PERRY B A. 65—FIDIVAN—An automated system for the rapid measurement of fibre diameters[J]. Journal of the Textile Institute，1973，64(12)：681-687.

[42] ROBSON D，WEEDALL P J，HARWOOD R J. Cuticular scale measurements using image analysis techniques[J]. Textile Research Journal，1989，59(12)：713-717.

[43]ROBSON D. Animal fibre analysis using imaging techniques，part 1：scale pattern data[J]. 1997.

[44] ROBSON D. Animal fiber analysis using imaging techniques. Part II. Addition of scale height data[J]. Textile Research Journal，2000，67(10)：747-752.

[45]KONG L X，SHE F H，NAHAVANDI S，et al. Fuzzy pattern recognition and classification of animal fibers[J]. 2001，2(23)：1050-1055.

[46] SHE F H，KONG L X，NAHAVANDI S，et al. Intelligent animal fiber classification with artificial neural networks[J]. Textile Research Journal，2002，72(7)：594.

[47]周剑平，封举富，孙宝海．电镜羊绒毛图象自动识别方法研究[J]. 中国图象图形学报，2001，6(10)：979-983.

[48]杨建忠，王荣武．羊绒与羊毛纤维表面形态的图像处理与识别[J]. 毛纺科技，2002(5)：12-15.

[49]彭伟良，蒋耀兴．山羊绒和细支绵羊毛纤维的图像识别技术[J]. 实验室研究与探索，2005，24(4)：28-29.

[50]沈精虎，王晓红．图像处理在特种动物毛纤维识别中的应用[J]. 纺织学报，

2004，25(4)：26-27.

[51]QIAN K，LI H，CAO H，et al. Measuring the blend ratio of wool/cashmere yarns based on image processing technology[J]. Fibres & Textiles in Eastern Europe，2010，81(4)：35-38.

[52]SHANG S Y，LIU Y X，YI H Y，et al. The research on identification of wool or cashmere fibre based on the digital image[C]. International Conference on Machine Learning and Cybernetics，2010：833-838.

[53]ZHANG J，PALMER S，WANG X. Identification of animal fibers with wavelet texture analysis[J]. Lecture Notes in Engineering & Computer Science，2010，2183(1)：742-747.

[54]李桂萍，钟跃崎，王荣武．基于谱线分析的羊绒和羊毛的辨别[J]. 毛纺科技，2010，38(5)：38-41.

[55]蒋高平，钟跃崎，王荣武．基于谱线特征的羊绒与羊毛的鉴别[J]. 纺织学报，2010，31(4)：15-19.

[56]JIANG G，ZHONG Y，WANG R. A Recognition Method for Wool and Cashmere Fiber Based on the Feature of the Spectral Line[C]. International Conference on Information Science & Engineering，2009：4679-4682.

[57]SHI X J，YUAN Z H，LIU G，et al. Animal Fiber Classification Based on Fuzzy Neural Network[C]. International Conference on Fuzzy Systems and Knowledge Discovery，2008：195-199.

[58] SHI X，YU W. A new classification method for animal fibers[C]. 2008 International Conference on Audio，Language and Image Processing，2008：206-210.

[59]刘亚侠，侍瑞峰．基于角点检测的绒毛纤维鳞片翘脚和厚度的自动提取研究[J]. 北京服装学院学报(自然科学版)，2017，37(2)：49-53.

[60]陶伟森，许忠保，陈威，等．采用数字图像处理的羊毛与羊绒纤维识别[J]. 棉纺织技术，2018，46(2)：1-4.

[61]陶伟森．基于支持向量机的羊毛与羊绒纤维识别研究[D]. 武汉：湖北工业大学，2018.

[62]XING W, LIU Y, XIN B, et al. The application of deep and transfer learning for identifying cashmere and wool fibers[J]. Journal of Natural Fibers, 2022, 19(1): 88-104.

[63]XING W, DENG N, XIN B, et al. Investigation of a novel automatic micro image-based method for the recognition of animal fibers based on wavelet and Markov random field[J]. Micron, 2019, 119: 88-97.

[64]ZHU Y, HUANG J, WU T, et al. Identification method of cashmere and wool based on texture features of GLCM and Gabor[J]. Journal of Engineered Fibers and Fabrics, 2021, 16: 1558925021989179.

[65]孙春红，丁广太，方坤．基于稀疏字典学习的羊绒与羊毛分类[J]. 纺织学报，2022，43(4)：28-32，39.

[66]朱耀麟，穆婉婉，王进美，等．基于改进 B-CNN 模型的羊绒与羊毛纤维识别[J]. 西安工程大学学报，2021，35(6)：46-53.

[67]ZANG L, XIN B, DENG N. Identification of wool and cashmere fibers based on multiscale geometric analysis[J]. The Journal of The Textile Institute, 2022, 113(6): 1001-1008.

[68]ZANG L, XIN B, DENG N. Identification of overlapped wool/cashmere fibers based on multi-focus image fusion and convolutional neural network[J]. Journal of Natural Fibers, 2022, 19(13): 6715-6726.

[69]ZHU Y, HUANG J, WU T, et al. An identification method of cashmere and wool by the two features fusion[J]. International Journal of Clothing Science and Technology, 2022, 34(1): 13-20.

[70]YILDIZ K. Identification of wool and mohair fibres with texture feature extraction and deep learning[J]. IET Image Processing, 2019.

[71]OHI A Q, MRIDHA M F, HAMID M A, et al. Fabricnet: A fiber recognition architecture using ensemble convnets [J]. IEEE Access, 2021, 9: 13224-13236.

[72]ZHU Y, DUAN J, WU T. Animal fiber imagery classification using a combination of random forest and deep learning methods[J]. Journal of Engineered Fibers and

Fabrics, 2021, 16: 15589250211009333.

[73] SUN C. Fine-grained image classification of cashmere wool based on sparse dictionary learning [C]. 2021 International Conference on Communications, Information System and Computer Engineering (CISCE): IEEE, 2021: 326-329.

[74] 马永才，刘生红．羊绒、羊毛(改性羊毛)的定性鉴别与定量分析[J]. 毛纺科技，2001(6)：42-45.

[75] MARSHALL R C, ZAHN H, BLANKENBURG G. Possible identification of specialty fibers by electrophoresis[J]. Textile Research Journal, 1984, 54(2): 126-128.

[76] FUJISHIGE S, KOSHIBA Y. Identifying cashmere and merino wool fibers [J]. Textile Research Journal, 1997, 67(8): 619-620.

[77] 侯秀良，高卫东，王善元，等．山羊绒纤维的拉伸性能[J]. 纺织学报，2007，28(10)：18-22.

[78] 陈前维，张一心，张引，等．拉细羊毛的结构形态与性能[J]. 毛纺科技，2009，37(5)：45-49.

[79] 廖爱玲．"100%山羊绒"未检测出一丝羊绒[N]. 新京报，2013-03-17.

[80] 张芳琳．40件网购羊绒衫比较试验 三成有问题 苏宁易购售千元羊绒衫无羊绒[J]. 中国消费者，2017(3)：53-55.

[81] 沈志坚，鲍亚飞．质检总局网购100%羊绒衫 实测一丝羊绒也没有[N]. 广西质量监督导报，2014-1109.

[82] 季长清，高志勇，秦静，等．基于卷积神经网络的图像分类算法综述[J]. 计算机应用，2022，42(4)：1044-1049.

[83] 张珂，冯晓晗，郭玉荣，等．图像分类的深度卷积神经网络模型综述[J]. 中国图象图形学报，2021，26(10)：2305-2325.

[84] 黄晟．图像特征提取与分类超图的学习算法研究[D]. 重庆：重庆大学，2015.

[85] CONG S, ZHOU Y. A review of convolutional neural network architectures and their optimizations [J]. Artificial Intelligence Review, 2023, 56 (3):

1905-1969.
[86]盖荣丽，蔡建荣，王诗宇，等．卷积神经网络在图像识别中的应用研究综述[J]．小型微型计算机系统，2021，42(9)：1980-1984.
[87]KOVAČI，MARAK P. Finger vein recognition：utilization of adaptive gabor filters in the enhancement stage combined with sift/surf-based feature extraction [J]. Signal，Image and Video Processing，2023，17(3)：635-641.
[88]周洋平．颜色特征辅助的智能车辆目标跟踪方法研究[D]．重庆：重庆邮电大学，2021.
[89]王承琨．基于木材横截面光谱和纹理特征的材种分类方法研究[D]．哈尔滨：东北林业大学，2021.
[90]寇旗旗．基于主曲率的图像纹理特征提取方法研究[D]．徐州：中国矿业大学(徐州)，2019.
[91]REVAUD J，LAVOUE G，ARIKI Y，et al. Fast and cheap object recognition by linear combination of views[C]. Proceedings of the 6th International Conference on Image and Video Retrieval：ACM，2007：194-201.
[92]赵永威．图像语义表达与度量学习技术研究[D]．郑州：中国人民解放军战略支援部队信息工程，2016.
[93]李莹莹．图像局部特征描述子的构建研究[D]．合肥：合肥工业大学，2015.
[94]BAY H，TUYTELAARS T，GOOL L V. SURF：Speeded Up Robust Features [J]. Computer Vision & Image Understanding，2006，110(3)：404-417.
[95]DALAL N，TRIGGS B. Histograms of oriented gradients for human detection[C]. computer vision and pattern recognition，2005：886-893.
[96]雷雨果，梁楠，刘春梅．图像纹理特征分析及提取方法[J]．软件工程，2022，25(7)：5-8.
[97]汪宇玲．多特征融合图像纹理分析[D]．南京：南京航空航天大学，2019.
[98]HARALICK R M，SHANMUGAM K，DINSTEIN I H. Textural features for image classification[J]. Systems Man & Cybernetics IEEE Transactions on，1973，smc-3(6)：610-621.
[99]李可心．基于激光扫描的改进 SOM 神经网络混凝土结构损伤识别研究[D].

哈尔滨：东北林业大学，2020.

[100]MOHAMMADPOUR P, VIEGAS D X, VIEGAS C. Vegetation mapping with random forest using sentinel 2 and GLCM texture feature—a case study for lousã region, portugal[J]. Remote Sensing, 2022, 14(18): 4585.

[101]刘金平. 泡沫图像统计建模及其在矿物浮选过程监控中的应用[D]. 长沙：中南大学，2013.

[102]LI C, HUANG Y, HUANG W, et al. Learning features from covariance matrix of gabor wavelet for face recognition under adverse conditions[J]. Pattern Recognition, 2021, 119: 108085.

[103]刘丽，匡纲要. 图像纹理特征提取方法综述[J]. 中国图象图形学报，2009，14(4)：622-635.

[104]ELIAS S J, HATIM S M, HASSAN N A, et al. Face recognition attendance system using Local Binary Pattern (LBP)[J]. Bulletin of Electrical Engineering and Informatics, 2019, 8(1): 239-245.

[105]CSURKA G, DANCE C R, FAN L, et al. Visual Categorization with Bags of Keypoints[C]. European Conference on Computer Vision, 2004.

[106]LAZEBNIK S, SCHMID C, PONCE J. Beyond Bags of Features: Spatial Pyramid Matching for Recognizing Natural Scene Categories[C]. Computer Vision and Pattern Recognition, 2006: 2169-2178.

[107]张旭. 面向局部特征和特征表达的图像分类算法研究[D]. 合肥：合肥工业大学，2016.

[108]陈文浩. 扶余油田水平井平台区改进油藏地质模型精度的方法研究[D]. 北京：中国石油大学，2016.

[109]史亚. 多核学习算法与应用研究[D]. 西安：电子科技大学，2015.

[110]MCCULLOCH W S, PITTS W. A logical calculus of the ideas immanent in nervous activity[J]. The Bulletin of Mathematical Biophysics, 1943, 5: 115-133.

[111]梁霄. 机器学习在量子物理学中的应用[D]. 合肥：中国科学技术大学，2019.

[112]马宇航．金属板带表面缺陷图像聚类方法研究[D]．沈阳：东北大学，2019.

[113]ROSENBLATT F. The perceptron：a probabilistic model for information storage and organization in the brain[J]. Psychological Review，1958，65(6)：386.

[114]张锟．高分辨率遥感图像目标检测方法研究[D]．广州：华南理工大学，2021.

[115]RUMELHART D E，HINTON G E，WILLIAMS R J. Learning representations by back-propagating errors[J]. Nature，1986，323(6088)：533-536.

[116]HINTON G E，SALAKHUTDINOV R. Reducing the dimensionality of data with neural networks[J]. Science，2006，313(5786)：504-507.

[117]孟丹．基于深度学习的图像分类方法研究[D]．上海：华东师范大学，2017.

[118]HINTON G E，OSINDERO S，TEH Y W. A fast learning algorithm for deep belief nets[J]. Neural Computation，2006，18(7)：1527-1554.

[119]BENGIO Y，COURVILLE A C，VINCENT P. Representation Learning：A Review and New Perspectives[J]. IEEE Transactions on Pattern Analysis and Machine Intelligence，2013，35(8)：1798-1828.

[120]BENGIO Y，LAMBLIN P，DAN P，et al. Greedy layer-wise training of deep networks [C]. International Conference on Neural Information Processing Systems. Cambredge MA：MIT Press，2006：153-160.

[121] HUBEL D H，WIESEL T N. Receptive fields，binocular interaction and functional architecture in the cat's visual cortex[J]. The Journal of physiology，1962，160(1)：106.

[122]LéCUN Y，BOTTOU L，BENGIO Y，et al. Gradient-based learning applied to document recognition[J]. Proceedings of the IEEE，1998，86(11)：2278-2324.

[123]KRIZHEVSKY A，SUTSKEVER I，HINTON G E. ImageNet classification with deep convolutional neural networks[J]. Communications of the Acm，2012，60(2)：2012.

[124] SIMONYAN K, ZISSERMAN A. Very Deep Convolutional Networks for Large-Scale Image Recognition [C]. International conference on learning representations. San Diego, USA, 2015.

[125] SZEGEDY C, LIU W, JIA Y, et al. Going deeper with convolutions [C]. Computer Vision and Pattern Recognition. Boston: MA, 2015: 1-9.

[126] HE K, ZHANG X, REN S, et al. Deep Residual Learning for Image Recognition[J]. 2015: 770-778.

[127] SCHERER D, MüLLER A, BEHNKE S. Evaluation of Pooling Operations in Convolutional Architectures for Object Recognition[C]. International Conference on Artificial Neural Networks, 2010: 92-101.

[128] 冯子勇. 基于深度学习的图像特征学习和分类方法的研究及应用[D]. 广州: 华南理工大学, 2016.

[129] ZEILER M D, FERGUS R. Visualizing and Understanding Convolutional Networks[C]. Proceedings of European Conference on Computer Vision, 2014: 818-833.

[130] 李英杰, 张惊雷. 基于全卷积网络的图像语义分割算法[J]. 计算机应用与软件, 2020, 37(8): 213-218, 273.

[131] 张永华. 基于深度学习的华南登陆台风偏振雷达定量降水估测研究[D]. 南京: 南京信息工程大学, 2022.

[132] 周天顺, 党鹏飞, 谢辉. 基于改进的 AlexNet 网络模型的遥感图像分类方法研究[J]. 北京测绘, 2018, 32(11): 1263-1266.

[133] 冯宇旭, 李裕梅. 深度学习优化器方法及学习率衰减方式综述[J]. 数据挖掘, 2018, 8(4): 15.

[134] DUCHI J C, HAZAN E, SINGER Y. Adaptive Subgradient Methods for Online Learning and Stochastic Optimization [J]. Journal of Machine Learning Research, 2011, 12: 2121-2159.

[135] 崔佳彬. 基于生成对抗网络的 COMET 实验束流模拟重采样方法研究[D]. 郑州: 郑州大学, 2021.

[136] KINGMA D P, BA J L. Adam: A Method for Stochastic Optimization [C].

International Conference on Learning Representations. San Diego, USA, 2015.
[137]宫文峰，陈辉，张泽辉，等．基于改进卷积神经网络的滚动轴承智能故障诊断研究[J]．振动工程学报，2020，33(2)：400-413.
[138]杨庭威，曹丹平，杜南樵，等．基于深度学习的接收函数横波速度预测[J]．地球物理学报，2022，65(1)：214-226.
[139] SCHAUL T, ANTONOGLOU I, SILVER D. Unit Tests for Stochastic Optimization[J]. Nihon Naika Gakkai Zasshi the Journal of the Japanese Society of Internal Medicine, 2013, 102(6): 1474-1483.
[140]ARORA S, BHASKARA A, GE R, et al. Provable Bounds for Learning Some Deep Representations [J]. International Conference on Machine Learning, 2014: 584-592.
[141]焦明艳．一种基于灰度共生矩阵的羊绒与羊毛识别方法[J]．成都纺织高等专科学校学报，2017，34(3)：126-129.
[142]陈威．羊绒和羊毛纤维图像识别方法研究[D]．武汉：湖北工业大学，2019.
[143]刘爽．基于BP神经网络的羊绒与羊毛纤维图像识别方法研究[D]．武汉：湖北工业大学，2020.
[144]陈庆利，黄果，秦洪英．数字图像的分数阶微分自适应增强[J]．计算机应用研究，2015，32(5)：1597-1600.
[145]袁森林．基于纹理分析的羊绒羊毛鉴别[D]．上海：东华大学，2016.
[146]叶琳．形状描述与匹配的理论与应用研究[D]．北京：北京交通大学，2011.
[147]刘东超，林语，原辉，等．灰度纹理与油气特征融合的油纸绝缘老化状态评估[J]．中国电力，2020，53(12)：159-166，197.
[148]张益杰，程敬亮，李娅．磁共振图像的纹理分析在界定高级别脑胶质瘤边界中的应用[J]．临床放射学杂志，2017，36(3)：315-318.
[149]朱佳梅．基于多特征和深度学习的森林烟火视频识别方法研究[D]．哈尔滨：东北林业大学，2022.
[150]李倩玉．基于多元统计的口型特征提取[D]．北京：华北电力大学，2013.

[151]蒋捷峰．基于 BP 神经网络的高分辨率遥感影像分类研究[D]．北京：首都师范大学．

[152]赵倩，丁蓓蓓，魏杰．基于主成分分析的 BP 神经网络岩性识别在 YD 油田中的应用[C]．2018IFEDC 油气田勘探与开发国际会议，2018：6.

[153]朱宗宝，王坤侠，肖玲玲，等．一种基于小波包主成分分析的语音情感识别方法[J]．安徽建筑大学学报，2017，25(5)：35-39.

[154]杨明月．私募基金的行业指数编制中赋权方法的对比评价[D]．上海：上海外国语大学，2018.

[155]曹淑琳．基于深度学习的无线网络流量预测[D]．西安：电子科技大学，2019.

[156]卢建中，程浩．改进 GA 优化 BP 神经网络的短时交通流预测[J]．合肥工业大学学报(自然科学版)，2015，38(1)：127-131.

[157]龚声蓉，刘纯平，赵勋杰，等．数字图像处理与分析[M]．2 版．北京：清华大学出版社，2014.

[158]李刚，宋文静．基于图像直方图的车牌图像二值化方法研究[J]．交通运输系统工程与信息，2009，9(1)：113-116.

[159]朱耀麟，张春风，武桐，等．基于贝叶斯模型的羊绒羊毛识别[J]．棉纺织技术，2021，49(4)：1-5.

[160]朱俊平．基于图像处理与支持向量机的羊绒羊毛鉴别[D]．上海：东华大学，2017.

[161]郭伟．基于图像理解的毛绒纤维检测算法研究[D]．天津：天津工业大学，2013.

[162]李瑞环．混合深度学习模型在刑事案例中刑期预测的方法研究[D]．长沙：湖南大学，2019.

[163]陈恒．基于羊绒与羊毛纤维数字图像的特征提取与优化研究[D]．北京：北京服装学院，2015.

[164] ZHONG Y，LU K，TIAN J，et al. Wool/cashmere identification based on projection curves[J]. Textile Research Journal，2017，87(14)：1730-1741.

[165]WANG R W，WU X Y，WANG S Y，et al. Automatic Identification of Ramie

and Cotton Fibers Using Characteristics in Longitudinal View, Part I: Locating Capture of Fiber Images [J]. Textile Research Journal, 2009, 79 (14): 1251-1259.

[166]WANG R W, WU X Y, WANG S Y, et al. Automatic Identification of Ramie and Cotton Fibers Using Characteristics in Longitudinal View. Part II: Fiber Stripes Analysis[J]. Textile Research Journal, 2009, 79(17): 1547-1556.

[167]王荣武. 基于图像处理技术的苎麻和棉纤维纵向全自动识别系统[D]. 上海: 东华大学, 2007.

[168]李双成, 刘逢媛, 戴尔阜, 等. NDVI 与气候因子耦合关系及其地域差异的定量递归分析——以云南省纵向岭谷区为例[J]. 北京大学学报(自然科学版), 2008, 44(3): 483-489.

[169]李新杰. 河川径流时间序列的非线性特征识别与分析[D]. 武汉: 武汉大学, 2013.

[170]ZBILUT J P, WEBBER J C L. Recurrence quantification analysis [J]. Understanding Complex Systems, 2006, (1-4): 449.

[171]WEBBER C L, ZBILUT J P. Dynamical assessment of physiological systems and states using recurrence plot strategies[J]. Journal of Applied Physiology, 1994, 76(2): 965-973.

[172]ZBILUT J P, WEBBER C L. Embeddings and delays as derived from quantification of recurrence plots[J]. Physics Letters A, 1992, 171: 199-203.

[173]OCAK H. Automatic detection of epileptic seizures in EEG using discrete wavelet transform and approximate entropy [J]. Expert Systems with Applications, 2009, 36(2): 2027-2036.

[174]黄凯奇, 任伟强, 谭铁牛. 图像物体分类与检测算法综述[J]. 计算机学报, 2014, 37(6): 1225-1240.

[175]CULA O G, DANA K J. Compact representation of bidirectional texture functions [C]. Computer Vision and Pattern Recognition, 2001: 1041-1047.

[176]吴丽娜. 基于词袋模型的图像分类算法研究[D]. 北京: 北京交通大学, 2013.

[177]赵理君，唐娉，霍连志，等．图像场景分类中视觉词包模型方法综述[J]．中国图象图形学报，2014，19(3)：333-343.

[178] LOWE D G. Distinctive Image Features from Scale-Invariant Keypoints [J]. International Journal of Computer Vision，2004，60(2)：91-110.

[179] BROWN M，LOWE D G. Invariant Features from Interest Point Groups [C]. British Machine Vision Conference，2002：1-10.

[180]张艺，钟映春，陈俊彬．基于视觉字典容量自动获取的 LDA 场景分类研究[J]．广东工业大学学报，2015，32(4)：150-154.

[181]路凯，钟跃崎，朱俊平，等．基于视觉词袋模型的羊绒与羊毛快速鉴别方法[J]．纺织学报，2017，38(7)：130-134.

[182]吴桂芳．基于红外光谱和场发射扫描电镜技术的羊绒原料品质分析的研究[D]：杭州：浙江大学，2009.

[183] OJALA T，PIETIKAINEN M，MAENPAA T. Multiresolution gray-scale and rotation invariant texture classification with local binary patterns [J]. IEEE Transactions on Pattern Analysis and Machine Intelligence，2002，24(7)：971-987.

[184] OJALA T，PIETIKAINEN M，MAENPAA T. Gray Scale and Rotation Invariant Texture Classification with Local Binary Patterns[C]. European Conference on Computer Vision：Springer，2000：404-420.

[185] YANG H，WANG Y. A LBP-based Face Recognition Method with Hamming Distance Constraint [C]. International Conference on Image and Graphics，2007：645-649.

[186] GUO Z，ZHANG L，ZHANG D. A Completed Modeling of Local Binary Pattern Operator for Texture Classification[J]. IEEE Transactions on Image Processing，2010，19(6)：1657-1663.

[187]刘丽，谢毓湘，魏迎梅，等．局部二进制模式方法综述[J]．中国图象图形学报，2014，19(12)：1696-1720.

[188]齐宪标．共生局部二值模式及其应用[D]．北京：北京邮电大学，2015.

[189] SHADKAM N，HELFROUSH M S. Texture classification by using co-occurrences

of Local Binary Patterns[C]. Iranian Conference on Electrical Engineering, 2012: 1442-1446.

[190]LIAO S, CHUNG A C S. Dominant Local Binary Patterns for Texture Classification[J]. IEEE Transactions on Image Processing, 2009, 18(5): 1107-1118.

[191]NANNI L, BRAHNAM S, LUMINI A. Random interest regions for object recognition based on texture descriptors and bag of features[J]. Expert Systems With Applications, 2012, 39(1): 973-977.

[192]NOSAKA R, SURYANTO C H, FUKUI K. Rotation Invariant Co-occurrence among Adjacent LBPs[C]. Asian Conference on Computer Vision: Springer, 2012: 15-25.

[193]LU K, ZHONG Y, LI D, et al. Cashmere/wool identification based on bag-of-words and spatial pyramid match[J]. Textile Research Journal, 2017: 004051751772302.

[194]宋光慧. 基于迁移学习与深度卷积特征的图像标注方法研究[D]. 杭州: 浙江大学, 2017.

[195]HE Q, ZHAO X, SHI Z. Minimal consistent subset for hyper surface classification method[J]. International Journal of Pattern Recognition and Artificial Intelligence, 2008, 22(1): 95-108.

[196]BENGIO Y, COURVILLE A, VINCENT P. Representation Learning: A Review and New Perspectives[J]. IEEE Transactions on Pattern Analysis & Machine Intelligence, 2013, 35(8): 1798.

[197]DONAHUE J, JIA Y, VINYALS O, et al. DeCAF: a deep convolutional activation feature for generic visual recognition[C]. Proceedings of International Conference on Machine Learning, 2014: 647-655.

[198]ZHOU B, GARCIA A L, XIAO J, et al. Learning Deep Features for Scene Recognition using Places Database[C]. Advances in Neural Information Processing Systems. 2014: 487-495.

[199]PAN S J, YANG Q. A Survey on Transfer Learning[J]. IEEE Transactions on

Knowledge & Data Engineering, 2010, 22(10): 1345-1359.

[200]罗俊丽，路凯．基于卷积神经网络和迁移学习的色织物疵点检测[J]．上海纺织科技，2019，47(6)：52-56.

[201]钟跃崎，郭腾伟，路凯，等．基于深度卷积神经网络的极相似动物纤维自动识别技术[J]．毛纺科技，2021，49(5)：86-91.

[202]郭腾伟．基于深度学习的羊毛羊绒纤维图像识别研究[D]．上海：东华大学，2019.

[203]钟准．行人再识别中数据增强与域自适应方法研究[D]．厦门：厦门大学，2019.

[204]XING W, LIU Y, DENG N, et al. Automatic identification of cashmere and wool fibers based on the morphological features analysis[J]. Micron, 2020, 128: 102768.

[205]WANG F, JIN X. The application of mixed-level model in convolutional neural networks for cashmere and wool identification[J]. International Journal of Clothing Science and Technology, 2018.

[206]衷路生，夏相明．基于深度残差网络的化工过程故障诊断[J]．过程工程学报，2020，20(12)：1483-1490.

附　　录

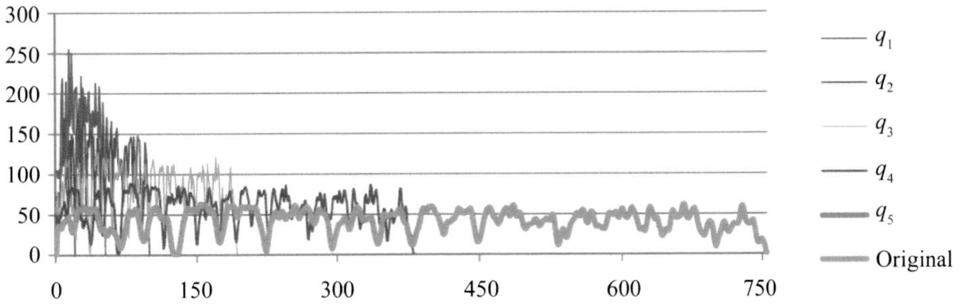

图 6-6　离散小波变换在不同级别上重建信号

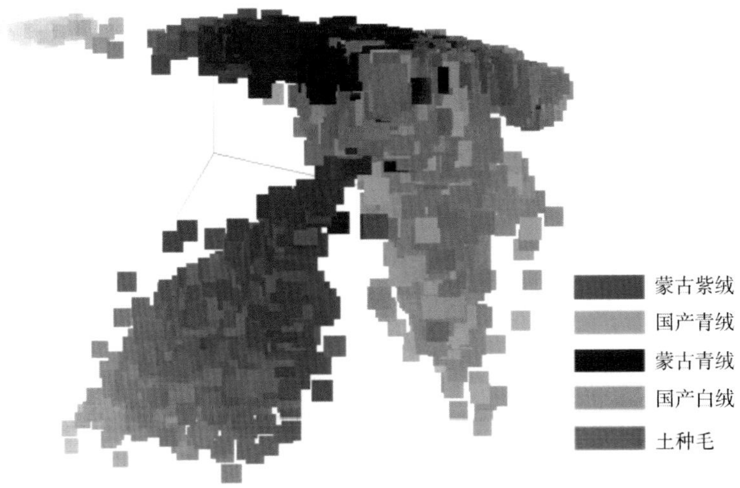

图 9-15　特征可视化

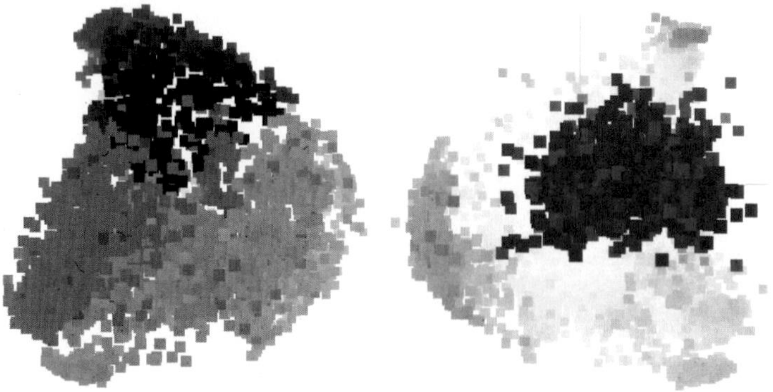

图 9-16　特征归一化后可视

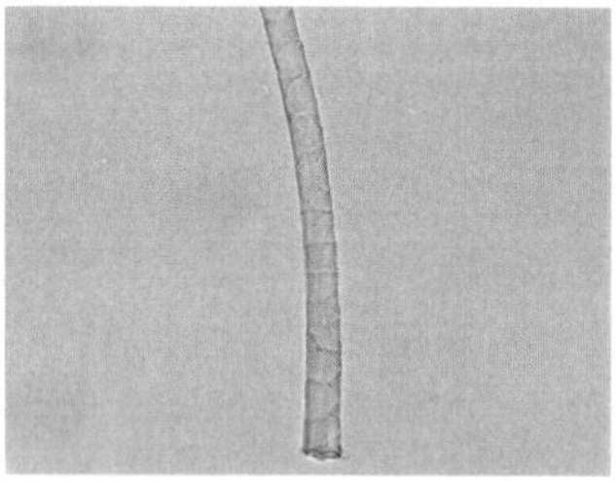

（a）国产白绒原图

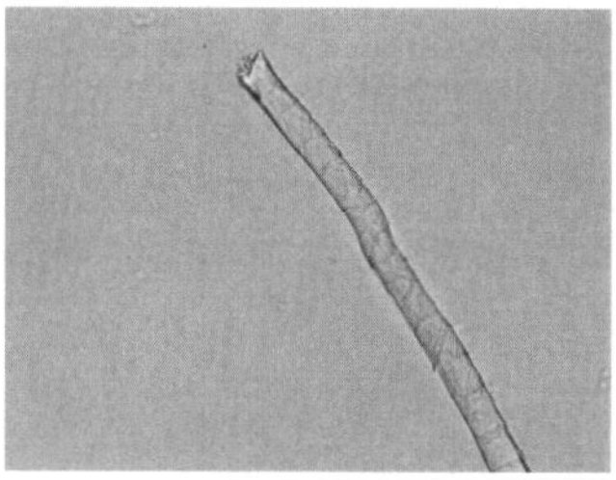

（b）国产青绒原图

（c）国产白绒权重特征图

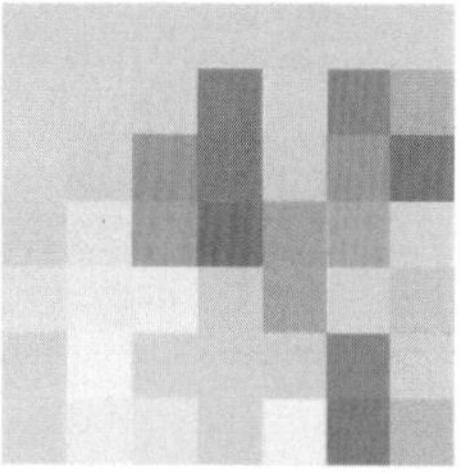

（d）国产青绒权重特征图

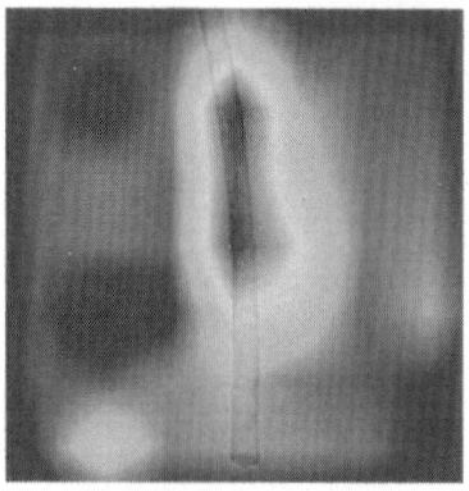

（e）国产白绒热力图

（f）国产青绒热力图

图 10-15　纤维的热力图示例图